■ 高等院校装备制造大类专业系列教材

机械设计基础

陈小芹　　　　　主　编

黄　钰　吴锦虹　熊晓琼　副主编

清华大学出版社
北京

内 容 简 介

本书基于职业院校"双高"建设、"提质培优"质量工程和"三教"改革基本要求,依据高等职业院校装备制造类学科专业规范和职业能力要求,以带式输送机传动装置的课程设计为主线贯穿全书内容。全书共14章,主要包括平面机构运动简图和自由度、传动装置主要参数、带传动、链传动、齿轮传动、蜗杆传动、轮系、常用连接、轴和轴承、平面连杆机构、凸轮机构等。各章设置了特色项目导入(包括液压挖掘机、带式输送机、减速器、滚齿机、涡轮螺旋桨发动机、汽车传动系及转向系、内燃机配气机构等),各章结尾设置了实训项目,并附有习题。各章配有微课视频、动画等数字化教学资源。另外,本书将课程思政内容融入"拓展阅读"栏目,使本书起到真正的育人作用。

本书可作为职业院校机械类及相关专业的教材,也可作为相关专业技术人员的参考书和自学用书。

图书在版编目(CIP)数据

机械设计基础/陈小芹主编. —北京:清华大学出版社,2022.7
高等院校装备制造大类专业系列教材
ISBN 978-7-302-61084-7

Ⅰ. ①机… Ⅱ. ①陈… Ⅲ. ①机械设计—高等学校—教材 Ⅳ. ①TH122

中国版本图书馆 CIP 数据核字(2022)第 100997 号

责任编辑:王剑乔
封面设计:刘 键
责任校对:李 梅
责任印制:宋 林

出版发行:清华大学出版社
　　　　网　　址:http://www.tup.com.cn, http://www.wqbook.com
　　　　地　　址:北京清华大学学研大厦 A 座　　**邮　编:**100084
　　　　社 总 机:010-83470000　　　　　　　　**邮　购:**010-62786544
　　　　投稿与读者服务:010-62776969,c-service@tup.tsinghua.edu.cn
　　　　质量反馈:010-62772015,zhiliang@tup.tsinghua.edu.cn
　　　　课件下载:http://www.tup.com.cn,010-83470410
印 装 者:三河市龙大印装有限公司
经　　销:全国新华书店
开　　本:185mm×260mm　　**印　张:**21.25　　　　**字　　数:**510 千字
版　　次:2022 年 8 月第 1 版　　　　　　　　　　**印　　次:**2022 年 8 月第 1 次印刷
定　　价:69.00 元

产品编号:096287-01

前　言

本书在职业院校机电类教育教学及课程体系改革与实践的基础上,通过融入课程思政(家国情怀、奉献精神和创新精神)进行价值引领,针对高等职业院校装备制造类学科专业规范和职业能力要求,吸收国内经典教材的内容特色,以应用为目的,以够用为度,夯实基本概念,强化机械设计与工程实际相结合。本书以带式输送机传动装置的课程设计为主线贯穿全书内容,教材内容及编写指导思想体现在以下几个方面。

(1)在教学内容处理上,兼顾知识体系的结构性和设计的实践性,将带式输送机传动装置的设计内容分解到各章节,以任务驱动展开教学,通过学习成果逐步达成,增强获得感和自信心,从而培养设计思维、绘图能力和探究精神。

(2)按照课程内容,各章设置了特色项目导入,配套各类视频、动画、图片等课程资源,可开展翻转课堂、线上线下混合式教学。

(3)在内容的编写体系上,每章主体内容之前提出了学习目标、重点与难点、案例导入,以便明确本章学习内容,各章结尾设置相应的实训项目和练习题,以便学生巩固提高。

(4)"机械设计基础"作为机械类专业的重要基础课,最终通过课程设计检验学生的综合能力和学习效果,从第 3 章开始布置课程设计题目,以后各章按进度完成设计任务,第 11 章完成设计说明书草稿,课程结束之前,完成设计文件。通过开展课程设计,综合运用了机械设计、机械制图、工程力学、工程材料、机械制造技术等课程知识,并进一步强化了绘图软件的使用。

本书由汕头职业技术学院陈小芹任主编,黄钰、吴锦虹、熊晓琼任副主编。具体编写分工如下:第 1 章至第 10 章由陈小芹编写,第 11 和 12 章由黄钰编写,第 13 章由吴锦虹编写,第 14 章由熊晓琼编写,附录由陈小芹整理。全书由汕头职业技术学院谢志刚主审。

限于编者水平,书中疏漏之处在所难免,恳切希望有关专家和读者批评、指正。

本书教学课件和部分习题答案(扫描二维码可下载使用)

编　者

2022 年 4 月

目　录

第 1 章

绪　　论

学习目标

　　本章要求掌握机器、机构、零件、构件和部件的概念,特别是机器、机构的组成和特征;了解机械零件的失效形式和设计准则、机械设计基本要求、一般过程和标准化等。

第 1 章
微课视频

重点与难点

◇ 机器的组成及其特征;

◇ 机械设计的基本要求;

◇ 机械零件常见的失效形式;

◇ 机械零件的设计准则。

1.1　机器、机构的组成及其特征

1.1.1　本课程研究对象——机械

1. 机械

本课程研究对象是机械,机械是机器和机构的统称。

在日常生活和生产实践中,人们广泛使用着各种各样的机械,以便减轻或代替体力劳动,提高工作效率,完成人力所不能完成的工作。回顾机械发展史,从杠杆、斜面、滑轮到起重机、汽车、飞机、电梯、工业机器人,都说明了机械的进步,标志着生产力不断向前发展。机械设计和制造能力是衡量一个国家现代化程度、工业化水平的重要标志。因此,对于工程技术人员,学习和掌握机械设计基础知识是极为必要的。“机械设计基础”课程是机械类专业和近机类专业的主要课程之一,也是一些非机械类专业的必修课或选修课。

2. 机械分类

根据机械的功用不同,可分为进行能量变换的动力机械、完成机械功的工作机械和做信息传递及变换的信息机械。

动力机械——内燃机、电动机、发电机和涡轮机等。

工作机械——金属切削机床、包装机、起重机、运输机和机械手等。

信息机械——打印机、绘图机、复印机、照相机和放映机等。

机械种类繁多,性能、用途各异,但在组成、运动和功能关系上具有一些共同的特征,下面分别介绍机器和机构的组成和特征。

1.1.2 机器

1. 机器的组成

机器由原动机、传动系统、工作机、控制和辅助系统组成,相互关系如图 1-1 所示。

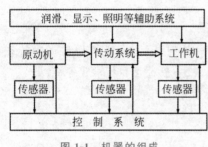

图 1-1 机器的组成

（1）原动机：它是机器的动力来源,如电动机、内燃机和液压马达等。电动机把电能转换为机械能,是最常用的原动机;内燃机把化学能转换为机械能,如汽车的发动机。

（2）传动系统：它是将原动机的动力和运动传递给工作机的中间环节,也称为传动装置,如汽车的传动系统、内燃机连杆、齿轮传动、带传动、螺旋传动等。

（3）工作机：最终直接完成机器各种功能,如汽车的车轮、车床上的刀架、卷扬机的卷筒、冲床上的冲头等。

（4）控制系统：通过传感器将机器的工作参数,如位移、速度、加速度、温度、压力等反馈给控制系统,从而保证机器的启动、停止和正常协调动作。

（5）辅助系统：包括润滑、显示、照明等,是保证机器正常工作不可缺少的部分。

例如：一台普通铣床的动力部分是电动机;传动部分是主轴箱和进给箱等;工作部分是主轴等。

2. 机器的特征

以四冲程内燃机为例,说明机器的特征。

图 1-2 所示为内燃机工作原理图,内燃机可以将燃料燃烧时的热能转化为机械能,再通过曲轴将动力输出。1 为内燃机缸体,2 为活塞,当汽缸中的油气混合物被火花塞点燃后,爆炸膨胀的气体推动活塞向下移动,通过与活塞和曲轴相联接的连杆 3,使曲轴 4 转动,再通过齿轮 5 和 6 的啮合带动凸轮轴转动,凸轮轴上的凸轮 7 和 8 分别推动进气阀杆 9 和排气阀杆 10,使两个阀门按预定规律打开和关闭,从而完成进气和排气任务。内燃机中的各个构件都按预定的规律运动,若失去规律,内燃机将无法正常工作。

由以上内燃机的工作原理及结构组成分析可知,机器具有的主要特征如下。

（1）机器是人为的实物组合,如内燃机由汽缸体、活塞、连杆、曲柄等组成。

（2）机器各运动单元具有确定的相对运动,如活塞在汽缸中做往复直线运动。每个独立的运动单元称为构件,如做平面运动的连杆、做回转运动的凸轮。

（3）机器必须能做有用功,完成物流、信息的传递或能量的转换,如内燃机把燃料的化

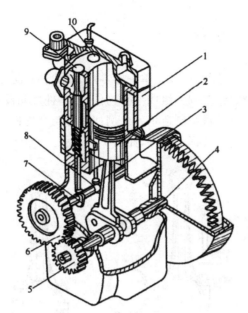

1—内燃机缸体；2—活塞；3—连杆；4—曲轴；5,6—齿轮；7,8—凸轮；9—进气阀杆；10—排气阀杆
图 1-2　内燃机工作原理

学能转化为机械能。

　　例如：电风扇是靠电动机使叶轮回转进行工作的，是把电能转换为机械能；发电机主要由定子和转子组成，当转子回转时，定子绕组中便产生并输出感生电流，把机械能转换成电能。

1.1.3　机构

1. 机构的特征

　　机构是具有确定相对运动的构件组合体，是用来传递运动和动力的构件系统。图 1-2 中的活塞、连杆、曲轴和缸体的组合可以将活塞的直线运动转变为曲轴的转动，称为曲柄滑块机构；凸轮、推杆和缸体的组合可以将凸轮的转动转变为推杆的直线移动，称为凸轮机构。机构具有以下特征。

　　(1) 机构是人为的实物组合。

　　(2) 机构各运动单元之间具有确定的相对运动。

　　机构具有机器的(1)(2)两个特征，但不具有第(3)个特征。

2. 机器与机构的关系

　　可见机器和机构最明显的区别在于：机器能做有用功，而机构不能，机构仅能实现预期的机械运动。两者之间也有联系，机器是由一个或几个机构组成的系统，组成机器的各个机构在一定的条件下按预定规律协调地相对运动，才最终使机器能够"做有用的机械功或实现能量转换"。

1.1.4　零件、构件和部件

构件是机构的最小运动单元,可以是单一的零件,如曲轴;也可以是几个零件组合的整体,如齿轮和轴用键刚性联接在一起,组成一个构件,各零件之间没有相对运动,形成一个运动的整体。零件是组成机器的最小制造单元。例如连杆是个构件,组成连杆的连杆体、连杆盖、套筒、轴瓦、螺栓、螺母和垫片都是零件,如图 1-3 所示。

连杆组分解

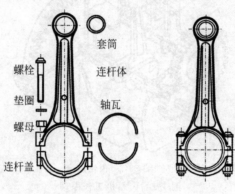

套筒

螺栓　　连杆体

垫圈　　轴瓦

螺母

连杆盖

图 1-3　连杆

为了实现一定的运动转换或完成某一工作要求,把若干构件组装到一起形成的组合体称为部件,如减速器、滚动轴承、离合器等。

1.2　机械设计的基本要求、方法和一般过程

设计机械产品时,首先要满足一定的要求,其次要按照一定的方法进行设计,不同的设计方法和设计过程也不尽相同。

1.2.1　机械设计的基本要求

机械设计有两大类:①应用新技术、新方法开发创造新机械;②在原有机械的基础上重新设计或进行局部改造,从而改变或提高原有机械的性能。设计质量的高低直接关系机械产品性能、价格及经济效益。机械的种类很多,用途、结构、性能差别很大,但设计的基本要求大致相同。

1. 功能要求

设计的机器能实现预定功能,是机械设计最重要的要求。产品功能不同,其设计要求不同,设计结果也不同。如车床和铣床的功能不同,其机械结构、外形和使用方法也不同。又如,一般使用条件下的减速器,主要要求保证转速、扭矩和稳定性等性能,但在航空器中的减速器,还要保证体积、重量和功率性能,显然两者的设计目标和要求是不同的。同理,机械产

品中的每一个机构或零件也应满足其所承担的功能要求。

2. 安全可靠与强度、寿命的要求

安全可靠是机器正常工作的必要条件,设计的机器必须保证在预定的工作期限内能够可靠地工作,防止个别零件破坏或失效而影响正常运行。为此,应尽量减少零件数目,使所设计的机器零件结构合理并满足强度、刚度、耐磨性、耐热性、振动稳定性及寿命等方面的要求。操作系统要简便可靠,有利于减轻操作人员的劳动强度。要有各种保险装置以消除由于误操作而引起的危险,避免人身及设备事故的发生。

3. 制造工艺性要求

机械产品及其零部件要具有良好的工艺性,是指在某种生产规模和生产条件下,能用最少的生产成本制造出所设计的机械产品及零部件。要合理设计机械零件的结构,使零件便于加工、装配和调整。机械产品及其零部件的工艺性问题是一个综合性课题,要在专门的机械制造工艺课程中学习相关知识。

4. 经济性要求

经济性指标是一项综合性指标,要求设计及制造成本低、机器生产效率高、能源和材料耗费少、维护及管理费用低等。通过合理的结构设计、材料选择,利用机械产品和零部件的标准化、系列化、通用化,使产品质优价廉,提高市场竞争力。

5. 其他特殊要求

某些机器还有一些特殊要求。例如:机床应在规定使用期限内保持精度;经常搬动的机器,如塔式起重机、钻探机等,要便于安装、拆卸和运输;食品、医药、纺织等机械不得污染产品;大型机器要便于运输;产品造型美观协调等。

总之,必须根据实际情况,分清各项设计要求的主、次程度,切忌简单照搬或乱提要求。

1.2.2　机械设计方法和一般过程

1. 机械设计方法

机械设计是一项复杂、细致、科学性很强的工作。随着科学技术的发展,对设计的理解不断地深化,设计方法也在不断地发展。"优化设计""可靠性设计""有限元设计""模块化设计"和"计算机辅助设计"等现代设计方法已在机械设计中得到了推广与应用。即使如此,常规设计方法仍然是工程技术人员进行机械设计的重要基础,必须很好地掌握。常规设计方法又可分为理论设计、经验设计和模型试验设计等。

2. 机械产品设计的一般过程

机械设计的过程通常可分为以下几个阶段。

(1) 产品规划:产品规划的主要工作是提出设计任务和明确设计要求,这是机械产品设计首先需要解决的问题。通常是根据市场需求提出设计任务,通过可行性分析后才能进

行产品规划。

（2）方案设计：在满足设计任务书中设计具体要求的前提下，由设计人员构思出多种可行方案并进行分析比较，从中优选出一种功能满足要求、工作性能可靠、结构设计可行以及成本低廉的方案。

（3）技术设计：在既定设计方案的基础上，完成机械产品的总体设计、部件设计、零件设计等，设计结果以工程图及计算说明书的形式表达出来。

（4）制造及试验：经过加工、安装及调试制造出样机，对样机进行试运行或生产现场试用，将试验过程中发现的问题反馈给设计人员，经过修改完善，最后通过鉴定。

3．机械零件设计的一般步骤

与设计机器时一样，设计机械零件也常需拟定出几种不同方案，经过认真比较选用其中最好的一种。设计机械零件的一般步骤如下。

（1）根据机器的具体运转情况和简化的计算方案确定零件的载荷。

（2）根据零件工作情况的分析，判定零件的失效形式，从而确定其设计准则。

（3）进行主要参数的选择，选定材料，根据设计准则求出零件的主要尺寸，并考虑热处理及结构工艺性要求等。

（4）进行结构设计。

（5）绘制零件工作图，制订技术要求，编写计算说明书及有关技术文件。

对于不同的零件和工作条件，以上这些设计步骤可以有所不同。此外，在设计过程中，这些步骤又是相互交错、反复进行的。

应当指出，在设计机械零件时往往是将较复杂的实际工作情况进行一定的简化，才能应用力学等理论解决机械零件的设计计算问题。因此，这种计算或多或少带有一定的条件性或假定性，称为条件性计算。机械零件设计基本上是按条件性计算进行的，一般计算结果具有一定的可靠性，并充分考虑了机械零件的安全性。为了使计算结果更符合实际情况，必要时可进行模型试验或实物试验。

本课程在介绍各种零件设计时，其内容的安排顺序基本上是按照上述设计步骤进行的。

1.3　机械零件的失效形式和设计准则

机械零件丧失了正常工作能力称为失效。由于强度不够引起的破坏是最常见的零件失效形式，但并不是零件失效的唯一形式。进行机械零件设计时必须根据零件的失效形式分析失效的原因，提出防止或减轻失效的措施，根据不同的失效形式提出不同的设计准则。

1.3.1　机械零件常见的失效形式

1．断裂

机械零件的断裂通常有以下两种情况。

（1）零件在外载荷的作用下，某一危险截面上的应力超过零件的强度极限时，将发生断裂,如螺栓的折断。

(2) 机械零件在循环交变应力作用下,即使工作应力没有超过强度极限,也会因工作时间较长而发生疲劳断裂,是承受循环交变应力的机械零件的一种主要失效形式。

2. 过大的变形

当零件上的应力超过材料的屈服极限时,零件将发生塑性变形,使零件的尺寸和形状改变,破坏各零件的相对位置和配合,使机器不能正常工作。

3. 表面失效

表面失效主要有疲劳点蚀、磨损、压溃和腐蚀等形式。表面失效后通常会增大零件间的摩擦,使零件尺寸发生变化,最终造成零件报废。表面失效常发生在以下几种工作条件中。

(1) 在交变接触应力作用下,工作零件表面有可能发生接触疲劳破坏。

(2) 处于弱腐蚀性介质中的金属零件表面易发生腐蚀破坏,如金属零件与潮湿空气或水相接触时,有可能发生表面腐蚀。

(3) 做相对运动的零件,接触表面易发生磨损。重载润滑失效条件下会发生胶合磨损;在磨粒作用下会发生磨粒磨损。

(4) 面接触的零件在外载荷作用下,接触表面因互相挤压作用产生挤压应力。若挤压应力过大,塑形材料将产生表面塑形变形,脆性材料将产生表面破碎,称为压溃。

4. 破坏正常工作条件引起的失效

有些零件只有在一定的工作条件下才能正常工作,否则就会引起失效,如带传动因过载发生打滑,不能正常工作。

1.3.2　机械零件的设计准则

为了使零件能在预定时间内和规定工作条件下正常工作,设计零件所依据的准则与零件的失效形式紧密相关,以下介绍常用的机械零件设计准则。

1. 强度准则

强度是指机械零件抵抗破坏的能力,是保证机械零件正常工作的基本要求,强度准则是大多数机械零件的设计依据。为了避免零件在工作中发生断裂,必须使零件工作时满足下面的强度准则:

$$\sigma \leqslant [\sigma] \quad 或 \quad \tau \leqslant [\tau]$$

式中:σ、τ分别为零件工作时的正应力、切应力;$[\sigma]$、$[\tau]$分别为零件材料的许用正应力、许用切应力。

为了提高机械零件强度,除选择强度高的材料外,设计时还可采用以下措施。

(1) 使零件具有足够的截面尺寸。

(2) 合理设计机械零件的截面形状,以增大截面的惯性矩。

(3) 采用各种热处理和化学处理方法来提高材料的机械强度特性。

（4）合理进行结构设计，以降低作用于零件上的载荷等。

2. 刚度准则

刚度是指零件抵抗弹性变形的能力。零件弹性变形过大使得刚度不够，会产生过大的挠度或转角，影响机器正常工作。例如，车床主轴的弹性变形过大，会影响加工精度。刚度计算可以是控制指定点的线位移，也可以是指定平面的角位移或指定平面的扭转变形角。为了使零件具有足够的刚度，设计时必须满足下面的刚度准则：

$$y \leqslant [y] \qquad \theta \leqslant [\theta] \qquad \varphi \leqslant [\varphi]$$

式中：y、θ、φ 分别为零件工作时的挠度、偏转角和扭转角；$[y]$、$[\theta]$、$[\varphi]$ 分别为零件的许用挠度、许用偏转角和许用扭转角。

3. 寿命准则

寿命是指零件能够正常工作而不失效的使用时间。影响零件寿命的因素有零件的腐蚀、磨损、疲劳、断裂、塑性变形和蠕变等，目前是用控制接触表面应力和可靠性的办法来进行条件性计算。关于疲劳寿命，通常是算出使用寿命时的疲劳极限，作为设计判断的依据。

4. 可靠性准则

满足强度和刚度要求的一批相同的零件，由于零件的工作应力是随机变量，故在规定的工作条件下和规定的使用期限内，并非所有的零件都能完成规定的功能。零件在规定的工作条件下和规定的使用时间内完成规定功能的概率称为该零件的可靠度。可靠度是衡量零件工作可靠性的一个特征量。不同零件的可靠度要求是不同的，设计时应根据具体零件的重要程度选择适当的可靠度。

1.4　机器及其零部件的标准化

1.4.1　标准化与标准

标准化是组织现代化大生产的重要手段，我国对标准化所下的定义是："在经济、技术、科学及管理等社会实践中，对重复性事物和概念，通过制定、发布和实施标准达到统一，以获得最佳秩序和社会效益。"零件的标准化就是对零件的尺寸、结构要素、材料性能、检验方法、制图要求等制定出各种各样大家共同遵守的标准。标准化的意义在于使零件互换性更强；使生产、制造、维修上的成本更低；使设计更有依据。

我国现已颁布的与机械设计有关的标准，从运用范围上来讲，可以分为国家标准（GB、GB/T）、行业标准和企业标准三个等级。从使用强制性来说，可分为必须执行的和推荐使用的两种。我国已加入国际标准化组织（ISO），许多新的国家标准已采用了相应的国际标准。设计时，应执行和采用各项标准。

1.4.2　机械零件与标准化

机械零件按标准化程度分为以下三类。

(1) 标准件：结构、尺寸已标准化并系列化的零件，可直接选用，不需设计绘图，如螺栓、螺母、滚动轴承等。

(2) 常用件：部分结构尺寸标准化，另外部分结构需要设计的零件，如齿轮、弹簧等。

(3) 一般零件：除了上述两类零件以外的零件。这类零件需要设计绘出零件图，如轴、方向盘、汽车车身部分等。

1.4.3　通用化与系列化

与标准化密切相关的是零部件的通用化、产品的系列化。

1. 通用化

通用化是指最大限度地减少和合并产品的形式、尺寸和材料的品种，使零部件尽量在不同规格的同类产品乃至不同类产品中通用，以减少企业内部的零部件种类，从而简化生产管理，并获得较高的经济效益。

2. 系列化

系列化是指将尺寸和结构拟订出一定数量的原始模型，然后根据需求，按照一定的规律优化组合成产品系列。

3. 三化及其优越性

标准化、通用化和系列化被统称为"三化"。"三化"的优越性表现在以下方面。

(1) 采用标准结构及零部件，可以简化设计工作，缩短设计周期，提高设计质量。

(2) 便于安排专门工厂采用先进技术进行专业化大生产，保证产品质量，并能大幅度降低劳动量、材料消耗和制造成本。

(3) 技术条件和检验、试验方法的标准化，可以改进和提高零部件的质量。

(4) 增强互换性，便于维修。

1.5　本课程内容与学习方法

1.5.1　本课程内容与要求

本课程主要讨论机械设计的常用方法和一般过程；机械传动中常用机构的几何尺寸计算、运动和动力分析；常用机构的一般设计方法；通用机械零件的失效分析、强度计算和常用标准零件的选用等问题。通过学习本课程,应达到以下基本要求。

(1) 熟悉常用机构的工作原理、运动特性、几何尺寸计算,学会设计简单机械。

(2) 掌握一般机械传动中通用机械零件的工作原理、几何尺寸计算、强度计算、结构设计和选用等。

(3) 学会使用相关手册和标准,能进行通用零件和简单机械传动装置的设计和计算。

1.5.2　本课程学习方法

本课程采用项目教学法,针对机械工程中常用传动装置和执行机构的分析选型,进行零部件运动、动力和结构的分析计算与设计,绘制机械系统图、部件装配图和零件图,编写计算说明书,最终完成学习任务,主要涉及机械设计、机械原理、机械制图、机械制造基础、材料学、力学等基础知识的综合运用。

本课程设计了紧密结合生产实际的综合实训项目:皮带输送机的传动装置设计,围绕这一项目将任务分解到各个单元,如图 1-4 所示,采用"边学边练边设计"的学习方法,引导学生独立思考、分析问题、解决问题,培养科学探索精神。

带式输送机

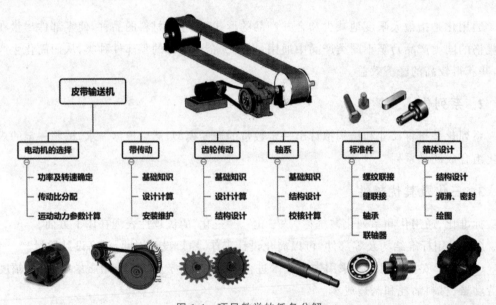

图 1-4　项目教学的任务分解

练　习　题

1. 填空题

(1) 机器本体是由＿＿＿＿＿＿部分、＿＿＿＿＿＿部分和＿＿＿＿＿＿部分组成。

(2) 构件是机器的＿＿＿＿＿＿单元,零件是机器的＿＿＿＿＿＿单元。

(3) 设计机械零件时,所依据的准则主要有＿＿＿＿＿＿准则、＿＿＿＿＿＿准则、_____准则和_____准则。

2. 简答题

（1）机器的特征是什么？

（2）机械设计的基本要求是什么？

（3）设计机械产品的主要方法有哪几种？

（4）机械零件常见的失效形式有哪几种？

（5）机械产品的标准化主要包含哪些内容？标准化的意义是什么？

第 2 章

平面机构运动简图和自由度

 学习目标

　　本章主要介绍机构的组成；机构运动简图的绘制方法；分析机构具有确定运动的条件以及用瞬心法对机构进行速度分析。通过本章的学习，要求熟悉构件自由度、约束和运动副的概念，掌握各种平面运动副的一般表示方法；能够看懂教材中的平面机构运动简图，初步掌握将实际机构绘制成机构运动简图的技能；能够识别平面机构运动简图中的复合铰链、局部自由度和虚约束，会运用公式计算平面机构的自由度并判断其运动是否确定；能够进行简单平面机构的速度分析。

重点与难点

　　◇ 绘制平面机构的运动简图；

　　◇ 机构自由度的计算；

　　◇ 机构具有确定运动的条件；

　　◇ 速度瞬心法在机构速度分析中的应用。

 **案例导入**

液压挖掘机

　　图 2-1 为液压挖掘机，主要是由履带 13、机身 1、大臂 2、小臂 7 以及铲斗 12 等构件组成。挖掘机工作时，液压油缸 4、5 和 8 分别提供了大臂、小臂和铲斗运动的动力，使铲斗在工作空间内，能够实现挖掘、抬起和倾倒等动作。

　　本例中机身 1、液压油缸 4、活塞杆 3 和大臂 2 组成了一个平面四杆机构，该机构可以实现液压挖掘机大臂 2 绕机身 1 的摆动；液压油缸 5、活塞杆 6、小臂 7 和大臂 2 组成了另外一个平面四杆机构，该机构可以实现液压挖掘机小臂 7 绕大臂 2 的摆动；液压油缸 8、活塞杆 9、小臂 7、摆杆 10、连杆 11 和铲斗 12 组成了一个六杆机构，该机构可以实现铲斗绕小臂 7 的摆动。液压挖掘机工作时，以上机构联合运动，可以准确实现液压挖掘机铲斗的各种动作。要保证铲斗运动的确定性，就要研究与之相关的影响因素。铲斗的运动与液压挖掘机中构件的数量有关，与构件之间的连接方式、连接尺寸有关，与液压挖掘机中液压缸（主动

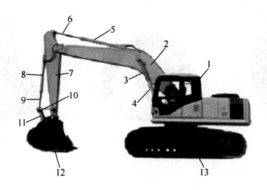

1—机身；2—大臂；3—活塞杆；4,5,8—液压油缸；6,9—活塞杆；

7—小臂；10—摆杆；11—连杆；12—铲斗；13—履带

图 2-1　液压挖掘机

件)的数量有关,与各机构的形式和组合方式有关。因此,以上问题是设计液压挖掘机必须考虑的主要问题之一。

本章将在分析运动副和绘制机构运动简图的基础上,主要讨论机器中构件的数量、各构件之间的连接方式、主动件的数量等因素与构件运动确定性之间的关系。

2.1　运动副及其分类

2.1.1　运动副与约束

1. 自由度

一个做平面运动的自由构件有三种独立运动的可能性。如图 2-2 所示,在直角坐标系中,自由构件可随其上任一点 A 沿 x 轴、y 轴方向移动和绕 A 点转动。这种可能出现的构件独立运动称为构件的自由度。可见,一个做平面运动的自由构件有 3 个自由度,即 2 个移动和 1 个转动。

2. 运动副

在机构中,每个构件都以一定的方式与其他构件相互连接。这种使两个构件直接接触并能产生一定相对运动的可动连接称为运动副。如图 2-3 所示,轴承中滚动体与内外圈滚道、齿轮传动中的两个轮齿、发动机的活塞与汽缸,均保持直接接触,并能产生一定的相对运动,因而它们都构成了运动副。构件上参与接触的点、线、面,称为运动副元素。

根据运动副各构件之间的相对运动是平面运动还是空间运动,可将运动副分成平面运动副和空间运动副。所有构件都只能在相互平行的平面上运动的机构称为平面机构。大多数的常用机构都是平面机构,本书仅讨论平面运动副和平面机构。

自由度

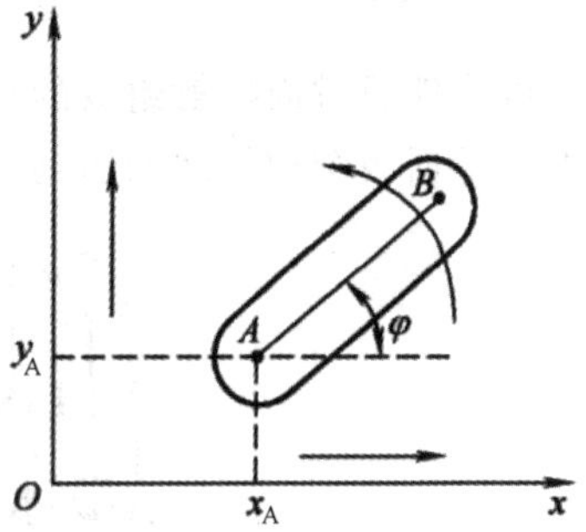

图 2-2　做平面运动构件的自由度

运动副

(a)　　　　　　　　　(b)　　　　　　　　　(c)

图 2-3　运动副

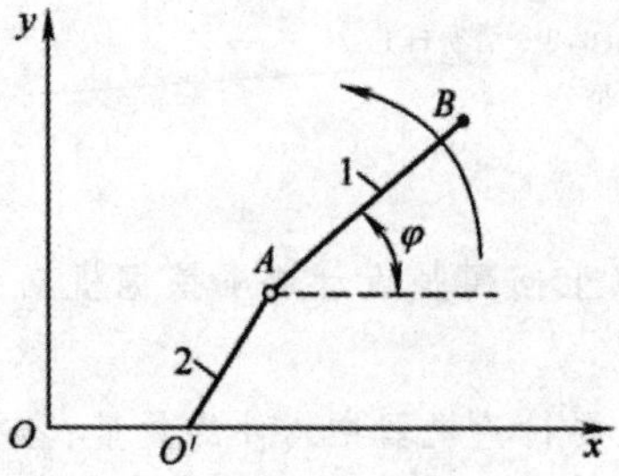

3. 约束

构件组成运动副后,独立运动便受到了限制,自由度随之减少。这种运动副对构件自由度的限制称为约束。约束所减少的自由度数目取决于运动副的类型。

如图 2-4 所示,构件 2 与坐标系固连在一起,构件 1 与构件 2 在 A 点铰接,此时,构件 1 不能沿 x 轴和 y 轴移动,即 2 个自由度被限制了,只剩下一个绕 A 点相对于构件 2 回转的自由度。可见,运动副能够限制两构件之间的相对运动,减少原自由构件的自由度数目。

图 2-4　约束

2.1.2　运动副的分类

按照运动副元素的接触特性,通常把运动副分为低副和高副两类。

1. 低副

两构件通过面接触组成的运动副称为低副,低副可以约束掉两个自由度,只余下一个自由度。根据两个构件间的运动形式,低副又分为转动副和移动副,如图 2-5 所示。

平面低副

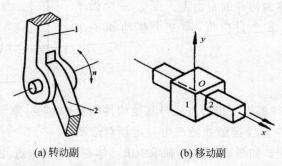

(a) 转动副　　　　　　　　　　　(b) 移动副

图 2-5　平面低副

(1) 转动副:两构件间只能产生相对转动的运动副称为转动副,又称为铰链,如图 2-5(a)所示。转动副引入 2 个约束,保留了 1 个自由度。

(2) 移动副:两构件间只能产生相对移动的运动副称为移动副,如图 2-5(b)所示。移动副引入 2 个约束,保留了 1 个自由度。

2. 高副

两构件通过点或线接触组成的运动副称为高副,如图 2-6 所示的主动件 1 与从动件 2 分别在接触位置 A 组成高副。组成平面高副的两构件之间的相对运动是沿接触点的切线 $t-t$ 方向做的相对移动和在构件所在平面内绕接触点做的相对转动。两平面构件之间的高副引入了 1 个约束,保留了 2 个自由度。

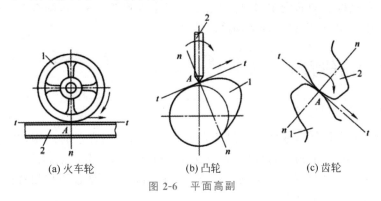

(a) 火车轮　　　　　(b) 凸轮　　　　　(c) 齿轮

图 2-6　平面高副

平面运动副及其特点列于表 2-1 中。

表 2-1　平面机构常用运动副及其特点

运动副类型		引入约束数		保留自由度数		特　　点
		转动	移动	转动	移动	
低副	转动副	0	2	1	0	面接触,能承受较大压力,易于润滑,寿命较长;形状简单,容易制造
	移动副	1	1	0	1	
高副	凸轮副	0	1	1	1	点或线接触,单位面积压力较大,容易磨损;自由度大,比低副易获得复杂的运动规律
	齿轮副	0	1	1	1	

2.1.3　运动链和机构

两个以上的构件以运动副连接而构成的系统称为运动链,如图 2-7 所示。首末不相连的运动链称为开链,首末相连的封闭环运动链称为闭链。在运动链中选取 1 个构件加以固定作为机架,当其中一个构件或几个构件按给定的规律独立运动时,其余构件均随之做确定的相对运动,这种运动链就称为机构。机构中输入运动的构件称为原动件,其余的可动构件称为从动件。由此可见,机构是由原动件、从动件和机架三部分组成的。

(a) 开链　　　　　(b) 闭链　　　　　(c) 机构

图 2-7　运动链

2.2　平面机构的运动简图

实际构件的外形和结构往往很复杂,在研究机构运动时,为了使问题简化,可以忽略与运动无关的构件外形和运动副具体结构,仅用简单线条和符号来表示构件和运动副,并按一定的比例定出各运动副的位置。这种说明机构各构件间相对运动关系的简单图形,称为机构运动简图。在机构运动简图中,构件均用线段或小方块等来表示,画有斜线的表示机架。本节主要介绍运动副、构件和机构运动简图的画法。

2.2.1　运动副的表示方法

1. 低副

图 2-8(a)是两个构件组成转动副时的表示方法。用圆圈表示转动副,其圆心代表相对转动轴线。若其中有一个构件为机架,则应在代表机架的构件上加上斜线。

图 2-8(b)是两构件组成移动副的表示方法。移动副的导路必须与相对移动方向一致。图中画有斜线的构件表示机架。

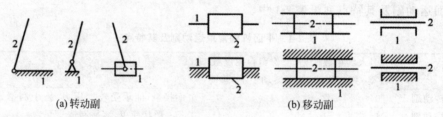

(a)转动副　　　　　　　　　(b)移动副

图 2-8　平面低副的表示方法

2. 高副

两构件组成高副时,在简图中应画出两构件接触处的曲线轮廓,如图 2-9 所示。

2.2.2　构件的表示方法

图 2-10(a)表示参与组成两个转动副的构件,图 2-10(b)、(c)表示参与组成一个转动副和一个移动副的构件。

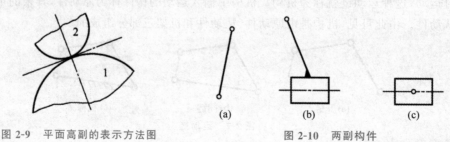

图 2-9　平面高副的表示方法图　　　　　　　(a)　　　(b)　　　(c)

图 2-10　两副构件

在一般情况下，参与组成三个转动副的构件可用三角形表示，如图 2-11(a)所示；如果三个转动副中心在一条直线上，则可用图 2-11(b)表示。参与组成多于三个转动副的构件，表示方法可以此类推。

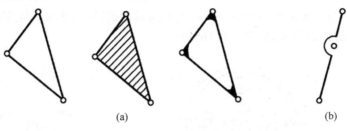

(a)　　　　　　　　　　　　　　(b)

图 2-11　三副构件

对于机械中常用的构件和零件，有时还可采用习惯画法。如图 2-12 所示，用完整的轮廓曲线表示凸轮、滚子；用细实线或点画线画出一对相切的节圆表示互相啮合的齿轮。其他常用零部件的表示方法可参看 GB/T 4460—2013 机构运动简图符号。

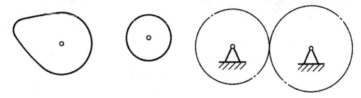

图 2-12　凸轮、滚子和齿轮的习惯画法

2.2.3　绘制机构运动简图的步骤

（1）分析机构的组成和运动：研究机构的结构及动作原理，找出原动件、机架和从动件。从原动件开始，沿着运动传递的顺序，搞清楚运动的传递情况，并确定构件数目。

（2）确定运动副的类型和数目：沿着运动传递的路线，根据各构件间相对运动的性质，确定运动副的类型和数目。

（3）选择投影面：选择能够较好表示构件运动关系的平面作为投影面，一般选择机构中多数构件所在的运动平面。

（4）测量：测量出机构各运动副间的相对位置，确定构件尺寸。

（5）选择比例尺绘图：根据构件的实际尺寸和图纸幅面，选择适当的比例尺 μ_l，用规定的符号和线条表示各构件和运动副及其相对位置，绘制机构运动简图。

$$\mu_l = \frac{构件的实际长度}{构件的图示长度}(\text{m/mm})$$

下面举例说明机构运动简图的绘制方法。

【例 2-1】　绘制图 2-13 所示颚式破碎机的机构运动简图。

解：（1）分析机构的运动，判别构件的数目：颚式破碎机的主体机构由机架、偏心轴、动颚板、肘板共 4 个构件组成。偏心轴是原动件，动颚板和肘板都是从动件。偏心轴与带轮固联，绕轴线 A 转动，驱使输出构件动颚板做平面往复运动，从而将矿石轧碎。

（2）确定运动副的种类和数目：偏心轴与机架组成以 A 为中心的转动副；动颚板与偏

心轴组成以 B 为中心的转动副；肘板与动颚板组成以 C 为中心的转动副；肘板与机架组成以 D 为中心的转动副。

（3）绘制机构运动简图：选定适当比例尺，根据图 2-13(a)尺寸定出转动副 A、B、C、D 的相对位置，用构件和运动副的规定符号绘出机构运动简图，将机架画上斜线，并在原动件上标出指示运动方向的箭头，如图 2-13(b)所示。

鄂式破碎机

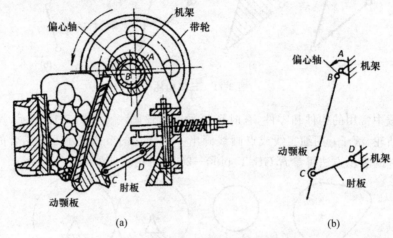

(a)　　　　　　　　　　(b)

图 2-13　颚式破碎机及其机构运动简图

2.3　平面机构的自由度

机构是用来传递运动和动力或者改变运动形式的机械装置，因此要求机构应具有确定的相对运动。根据机构运动的确定性要求，在认识和分析现有机械、设计新机械的时候，就要判断机构是否能够运动，具有几个独立运动，在什么条件下才能实现确定的运动。下面讨论机构自由度和机构具有确定运动的条件。

2.3.1　平面机构自由度计算公式

一个做平面运动的自由构件具有三个自由度。因此平面机构的每个活动构件在未用运动副连接前都有三个自由度。当两个构件组成运动副之后，它们的相对运动就受到约束，自由度数目随之减少。每个低副引入两个约束，使构件失去两个自由度；每个高副引入一个约束，使构件失去一个自由度。

设平面机构共有 n 个活动构件。在未用运动副连接之前，这些活动构件的自由度总数应为 3n。当用运动副将构件连接起来组成机构之后，机构中各构件具有的自由度数就减少了。若机构中低副的数目为 P_L 个，高副的数目为 P_H 个，则机构中全部运动副所引入的约束总数为 $2P_L + P_H$。因此活动构件的自由度总数减去运动副引入的约束总数就是该机构的自由度，以 F 表示，即

$$F = 3n - 2P_L - P_H \qquad (2-1)$$

【例 2-2】 计算图 2-13(b)所示颚式破碎机主体机构的自由度。

解：在颚式破碎机中，有三个活动构件，$n=3$；包含四个转动副，$P_L=4$，没有高副，$P_H=0$，所以由式(2-1)得机构自由度：

$$F=3n-2P_L-P_H=3\times3-2\times4=1$$

2.3.2　机构具有确定运动的条件

机构的自由度就是机构所具有的独立运动的个数。由于原动件和机架相联，受低副约束后只有一个独立的运动，而从动件靠原动件带动，本身不具有独立运动。因此，机构的自由度必定与原动件数目相等。

如果机构自由度等于零，各构件组合在一起形成没有相对运动的刚性结构，称其为静定桁架，如图 2-14(a)所示，自由度为 $F=3\times2-2\times3-0=0$；若机构自由度小于零，则称其为超静定桁架，如图 2-14(b)所示。

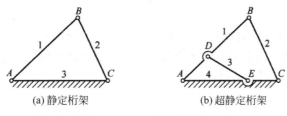

(a) 静定桁架　　　　　　　　(b) 超静定桁架

图 2-14　$F\leqslant0$ 时的情况

如果原动件数目小于机构自由度，则会出现机构运动不确定的现象。如图 2-15(a)所示，原动件数等于1，而机构的自由度 $F=3\times4-2\times5=2$。显然，当只给定原动件1的位置 φ_1 角时，从动件2、3、4的位置不能确定，既可处于图中的实线位置，也可处于虚线所示位置，故机构不具有确定的相对运动。只有给出两个原动件，图 2-15(b)所示，使构件1、4都处于给定位置，才能使从动件2、3获得确定的运动。

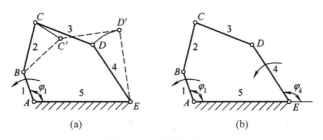

(a)　　　　　　　　　　(b)

图 2-15　原动件数＜F

如果原动件数目大于机构自由度，则机构中最薄弱的构件或运动副会被破坏。图 2-16(a)中原动件数为2，机构自由度 $F=3\times3-2\times4=1$，如果原动件1和原动件3的给定运动同时都要满足，势必将杆2拉断。图 2-15(b)中原动件数为1，机构才能获得确定的运动。

综上所述可知，机构具有确定运动的条件是：①机构自由度大于零($F>0$)；②机构自由度数等于原动件个数。

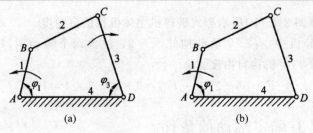

图 2-16 原动件数＞F

2.3.3 计算平面机构自由度的注意事项

应用式(2-1)计算平面机构自由度时,应注意以下几种情况。

1. 复合铰链

两个以上的构件共用同一转动轴线,所构成的转动副称为复合铰链。图 2-17(a)是三个构件组成的复合铰链,从图 2-17(b)可以看出,这三个构件共组成两个转动副。以此类推,k 个构件汇交而成的复合铰链具有$(k-1)$个转动副。在计算机构自由度时应注意识别复合铰链,以免漏算运动副。识别复合铰链的关键在于要分辨出在同一处形成转动副的构件数,图 2-18 列举了一些较难识别的情况。

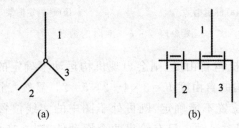

图 2-17 复合铰链

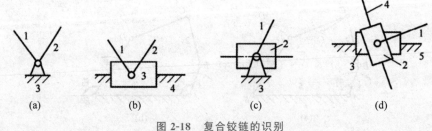

图 2-18 复合铰链的识别

【例 2-3】 计算图 2-19 所示圆盘锯机构的自由度。

解:机构中有七个活动构件,$n=7$;A、B、C、D 四处都是三个构件汇交的复合铰链,各有 2 个转动副,故 $P_L=10$。由式(2-1)可得

$$F = 3 \times 7 - 2 \times 10 - 0 = 1$$

2. 局部自由度

机构中某些构件所具有的不影响机构输出与输入运动关系的自由度称为局部自由度。

如图 2-20(a)所示的凸轮机构中,滚子绕本身轴线的转动不影响其他构件的运动,该转动的自由度即为局部自由度。计算时先把滚子看成与从动件连成一体,如图 2-20(b)所示,消除局部自由度后,再计算该机构的自由度。滚子可使高副接触处的滑动摩擦变成滚动摩擦,减少磨损,提高机件的使用寿命,所以在实际机械设备中常有局部自由度出现。

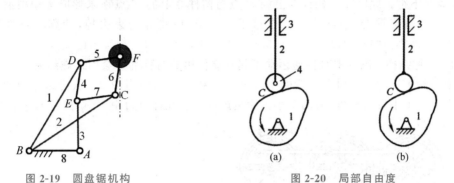

图 2-19　圆盘锯机构　　　　　　　　　　　图 2-20　局部自由度

3. 虚约束

对运动不起独立限制作用的约束称为虚约束。在计算自由度时应先去除虚约束。理论上,虚约束对运动不起作用,但可以提高机构的刚度、改善机构的受力、保持运动的可靠性。因此,在机构中加入虚约束是工程实际中经常采用的措施。

平面机构中的虚约束常出现在下列场合。

(1) 当两个构件之间在多处接触组成相同的运动副时,就会引入虚约束。如图 2-21(a)所示,两个构件之间组成多个轴线重合的转动副时,只有一个转动副起作用,其余都是虚约束;如图 2-21(b)所示,两个构件之间组成多个导路重合的移动副时,只有一个移动副起作用,其余都是虚约束;如图 2-21(c)所示,两个构件之间组成两个高副,这两个高副接触点处的公法线重合,只考虑一个高副引入的约束,其余为虚约束。

(2) 机构运动时,如果两构件上两点间的距离始终保持不变,将此两点用构件和运动副连接则会带进虚约束,如图 2-22 所示。

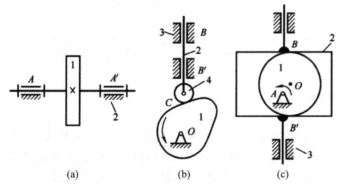

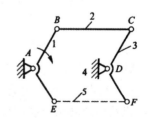

图 2-21　重复运动副引入的虚约束　　　　图 2-22　两点间距离不变引入
　　　　　　　　　　　　　　　　　　　　　　　　　的虚约束

（3）机构中相连接的两构件，若约束处连接点的轨迹与未组成运动副之前的轨迹相互重合，则该运动副引入的约束为虚约束。

例如，图 2-23(a)所示的机车车轮联动机构为平行四边形机构，机构运动简图如图 2-23(b)所示，机构的自由度数为 $F=3n-2P_{\mathrm{L}}-P_{\mathrm{H}}=3\times4-2\times6=0$，意味着机构不能运动，显然与实际情况不符。原因在于构件 5 上的 E 点与构件 2 上的 E 点在未形成运动副前均做圆周运动，二者轨迹重合，因此构件 2 带进了虚约束，应将虚约束去掉，计算时将其简化为图 2-23(c)，该机构的自由度应为 $F=3n-2P_{\mathrm{L}}-P_{\mathrm{H}}=3\times3-2\times4=1$。

（4）对称结构：机构中对传递运动不起独立作用的对称部分会引入虚约束。图 2-24 轮系中，中心轮 1 经过三个对称布置的小齿轮 2、2′ 和 2″ 驱动内齿轮 3。从传递运动的要求来看，只需要一个小齿轮即可，另两个小齿轮是虚约束。在计算自由度时，只考虑一个小齿轮。

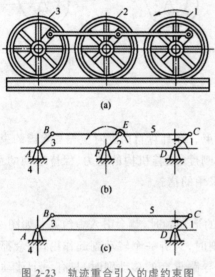

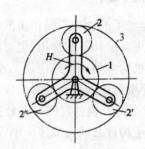

图 2-23　轨迹重合引入的虚约束图　　　　　图 2-24　对称结构的虚约束

【例 2-4】　计算图 2-25(a)所示大筛机构的自由度。

大筛机构

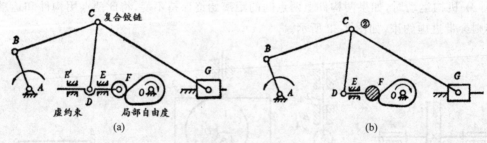

图 2-25　大筛机构

解：机构中滚子具有局部自由度；顶杆与机架在 E 和 E' 组成导路平行的移动副，其中之一为虚约束；C 处是复合铰链。计算自由度时，将滚子与顶杆焊成一体，去掉移动副 E'，在 C 点注明转动副个数，如图 2-25(b)所示，得 $n=7$，$P_{\mathrm{L}}=9$，$P_{\mathrm{H}}=1$，由式(2-1)得

$$F=3n-2P_{\mathrm{L}}-P_{\mathrm{H}}=3\times7-2\times9-1=2$$

此机构的自由度等于 2，有两个原动件，所以该机构有确定的运动。

【例 2-5】　计算图 2-26 所示液压挖掘机的自由度。

解：由图 2-26 可知，机构中构件 2、3、4、5、6、7、8、9、10、11 和 12 为活动构件，因此活动构件数 $n=$ 11。铰链 A、B、C、D、E、F、H、I、J 和 K 处各有一个转动铰链，G 为复合铰链，此处有两个转动副；液压油缸和活塞杆组成移动副，存在于 3 和 4、5 和 6、8 和 9 之间，所以机构中的低副 $P_L=15$；机构中没有高副，$P_H=0$。由式(2-1)计算机构的自由度得

$$F = 3n - 2P_L - P_H = 3 \times 11 - 2 \times 15 - 0 = 3$$

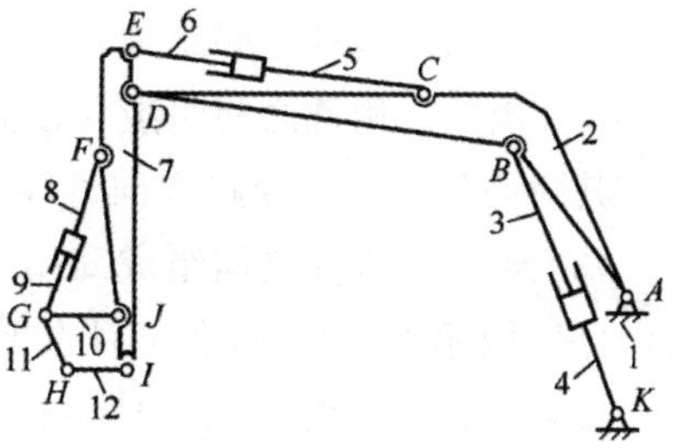

图 2-26　液压挖掘机

此机构自由度等于 3，机构中有 3 个原动件，原动件数与机构的自由度相等，因此该机构具有确定的运动。

2.4　速度瞬心法及其在机构速度分析中的应用

机构的运动分析是指当已知机构中原动件运动规律时，确定机构其余构件运动规律的过程，包括位移分析、速度分析和加速度分析。不论是对于了解、认识和分析现有机械的运动特性，以便合理有效地运用这些机器，还是设计新的机械，进行机构的运动分析都是十分必要的。机构运动分析的方法有很多，本节仅介绍速度瞬心法。

2.4.1　速度瞬心

1. 速度瞬心的概念

在做平面运动的两个构件上，一般总可以找到某一瞬时重合点，使得在这个重合点上两个构件的相对速度为零，而绝对速度相同。这个重合点称为这两个构件在该瞬时的速度瞬心（同速点），简称瞬心，用号 P_{ij} 或 P_{ji} 表示，下标 i、j 分别代表两个构件。

如果两个构件中有一个是固定不动的，则其瞬心称为绝对速度瞬心。由于固定不动的构件绝对速度为零，所以绝对瞬心是运动构件上绝对速度等于零的点，如果两个构件都是运动的，则其瞬心称为相对速度瞬心。

如图 2-27 所示，构件 2 相对构件 1 做平面运动。在任一瞬时，两个构件的相对运动可看作是绕瞬心 P_{12} 的转动。

2. 机构中瞬心的数目

由于在做相对运动的任意两构件之间都存在一个瞬心，如果一个机构由 K 个构件组成，则机构所具有的瞬心数目 N 为

$$N = \frac{K(K-1)}{2} \tag{2-2}$$

3. 瞬心位置的确定

当两个构件直接接触，组成运动副时，瞬心的位置可根据

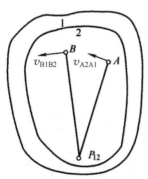

图 2-27　速度瞬心

运动副的类型来确定。

（1）当两个构件之间组成转动副时，转动副的中心就是它们的瞬心。

（2）当两个构件之间组成移动副时，由于所有重合点的相对速度方向平行于移动方向，所以其瞬心位于垂直导路方向直线的无穷远处。

（3）当两个构件之间组成高副时，瞬心必位于过接触点的公法线上。如果两个构件在接触点处做相对纯滚动，在接触点上的相对速度为零，所以接触点就是其瞬心。如果两个构件在接触点处除了纯滚动之外还有相对滑动，如凸轮机构、齿轮机构等，由于接触点的相对速度沿切线方向，因此瞬心在过接触点的公法线上，具体的位置根据三心定理确定。

三心定理是指做平面相对运动的三个构件之间共有三个瞬心，这三个瞬心位于同一直线上。三心定理用于求机构中两个构件之间不以运动副相连或组成滚动兼滑动的高副时的瞬心。在实际使用时，常采用瞬心多边形来求解。

在瞬心多边形中，多边形的顶点数目与机构中的构件数相同，用多边形的顶点表示构件，并顺次以各个构件的编号1、2、3、…表示；多边形的各个边表示用运动副连接的两个构件的瞬心，而多边形的对角线则表示无运动副相连关系的两个构件之间的瞬心。在求机构的瞬心时，先确定瞬心多边形中各个边表示的瞬心，然后用三心定理确定对角线表示的瞬心。

2.4.2　速度瞬心法及其在机构速度分析中的应用

利用速度瞬心进行机构速度分析的方法称为速度瞬心法。步骤是：首先确定出机构中的相关构件在给定位置时的瞬心，然后利用瞬心的概念进行求解。

【例 2-6】　图 2-28(a)所示为铰链四杆机构，已知绘制机构运动简图的长度比例尺为 μ_l，各个构件的尺寸以及构件 2 的角速度 ω_2。求构件 4 的角速度 ω_4。

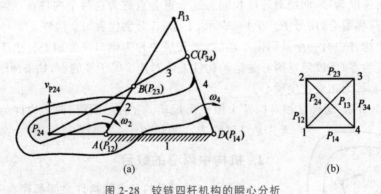

图 2-28　铰链四杆机构的瞬心分析

解：（1）求机构的瞬心数目：

$$N = \frac{K(K-1)}{2} = \frac{4 \times (4-1)}{2} = 6$$

（2）确定各构件的瞬心：转动副中心 A、B、C 和 D 分别是瞬心 P_{12}、P_{23}、P_{34} 和 P_{14}，可直接找出，瞬心 P_{13} 和 P_{24} 则用瞬心多边形法求解。

铰链四杆机构的瞬心多边形为四边形如图 2-28(b)所示,顶点分别表示机构的四个构件 1、2、3 和 4,四个棱边分别表示瞬心 P_{12}、P_{23}、P_{34} 和 P_{14}。

由三心定理可知 P_{12}、P_{23} 和 P_{13} 三个瞬心位于同一直线上,而 P_{13}、P_{34} 和 P_{14} 三个瞬心也位于同一直线上。因此,$P_{12}P_{23}$ 和 $P_{34}P_{14}$ 两直线的交点就是瞬心 P_{13},位于四边形的对角线上。同理,直线 $P_{12}P_{14}$ 和直线 $P_{34}P_{23}$ 的交点就是瞬心 P_{24},位于四边形的另一个对角线上。

在机构的 6 个瞬心中,因为构件 1 是机架,所以 P_{12}、P_{13} 和 P_{14} 是绝对瞬心。P_{23}、P_{34} 和 P_{24} 是相对瞬心。

(3) 求构件 4 的角速度 ω_4:根据瞬心的概念,构件 2 和构件 4 在瞬心 P_{24} 处的绝对速度相等。所以,在瞬心 P_{24} 处存在如下的关系: $v_{P24} = \omega_2 \overline{P_{12}P_{24}} = \omega_4 \overline{P_{14}P_{24}}$。

上式表明,构件 2 和构件 4 的角速度之比与其绝对瞬心至相对瞬心的距离成反比。所以构件 4 的角速度为

$$\omega_4 = \omega_2 \frac{\overline{P_{12}P_{24}}}{\overline{P_{14}P_{24}}}$$

由绝对速度 v_{P24} 的方向,可得出角速度 ω_4 的转动方向为顺时针。

综上所述,瞬心法是一种可以进行构件速度分析的方法,特点是概念比较清晰,作图方法比较简单。不足之处是当机构的构件数较多时,由于瞬心的数目太多,求解较为烦琐,作图时常常有某些瞬心落在图纸的外面,给解题带来一定的困难。因此,瞬心法只适用于对一些简单的机构进行速度分析。

2.5　本章实训——机构测绘

1. 实训目的

运用并熟悉一些常用构件及运动副的表示符号,初步掌握正确测绘一般平面机构运动简图的基本方法和技能;将机构自由度的计算公式在实际机构中予以应用,并分析平面机构运动的确定性。

2. 实训内容

(1) 根据实际的机器和机构模型,测绘出机构的运动简图。当两个运动副不在同一个运动平面时,应注意相对位置尺寸的测量方法,正确标出有关运动尺寸的符号,如杆长 L、偏心距 e 等。

(2) 分析所画各机构的构件数、运动副类型和数目,计算机构的自由度,并判断机构运动是否确定。

3. 实训过程

以六杆机构为例,说明本实训过程。

（1）缓慢转动原动件，观察机构的运动，分析机构的组成。找出固定件和活动构件，从而确定构件的数目。

（2）从原动件开始，按照运动的传递顺序，仔细分析各个构件之间的运动特性，从而确定运动副的类型和数目。

（3）合理选择投影方向。

（4）选择适当的比例尺，定出各运动副相对位置及原动件位置，画出机构运动简图。

（5）计算机构自由度，并检验计算结果是否正确。

4. 实训总结

通过本章实训，应掌握机构运动简图的绘制，掌握平面机构自由度计算及机构运动确定性的判定方法。

 拓展阅读

空间机械臂

中国在太空领域打破了美国和其他西方国家的技术封锁，建立了自己的空间站（图2-29）。西方联合建立的国际空间站于2024年到期退役，中国的空间站将成为世界唯一的在轨空间站。中国空间站采用的三舱基本构型中，两个实验舱都是与核心舱、节点舱轴向对接后，再转位到侧面停泊口。在条件严酷的太空作业离不开空间机械臂，我国自主研发的中国空间站核心舱上的机械臂的重量约740kg，采用了大负载自重比设计，负重能力高达25t，长度约10.2m，具有7个自由度和重定位能力，可像尺蠖一样在空间站和飞船外壁爬行，主要性能指标和国际先进水平相当，部分指标处于国际领先水平，能够满足我国建造长期有人照料空间站的发展需要。

机械臂25t的负载能力考虑了实验舱进行转移的需求，足以拖动实验舱实现分离、转位和再对接操作。空间站机械臂还承担着悬停飞行器抓获、辅助航天员舱外活动、舱外货物搬运、舱体状态检查等重要任务。在空间站建造、维护、科研以及在轨维护等领域发挥着重要作用，成为航天员进行舱外活动的力量倍增器。

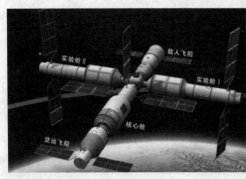
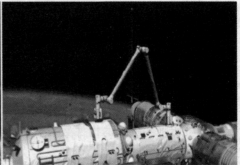

(a) 空间站模型　　　　　　　　　　(b) 空间机械臂

图2-29　中国空间站

练　习　题

1. 填空题

（1）在任何一个机构中,只能有_____个构件作为机架。

（2）两构件通过点或线接触的运动副称为_____。

（3）两构件通过_____接触组成的运动副称为低副,低副又分为_____副和_____副两种。

（4）机构中存在着与整个机构运动无关的自由度称为_____。

2. 简答题

（1）什么是运动副？运动副有哪些类型？各有什么特点？

（2）什么是复合铰链？在计算机构自由度时如何处理？

3. 综合题

（1）绘制图 2-30 所示机构的机构运动简图。

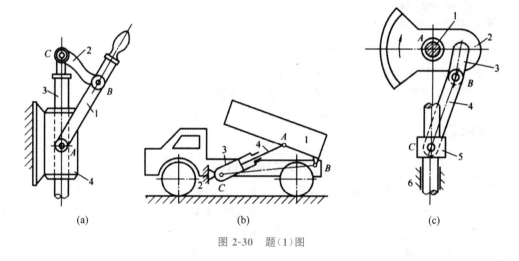

图 2-30　题（1）图

（2）计算图 2-31 所示平面机构的自由度。

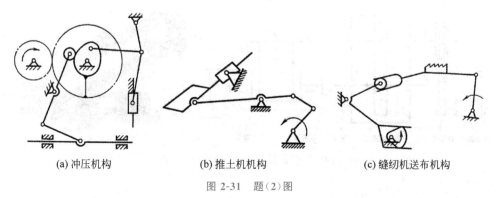

(a) 冲压机构　　　　(b) 推土机机构　　　　(c) 缝纫机送布机构

图 2-31　题（2）图

第3章

机械传动装置的主要参数

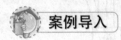

学习目标

本章主要介绍如何选择电动机的型号；合理分配传动装置的传动比；计算传动装置的运动和动力参数。通过本章的学习，学会根据工作机的已知工况条件选择合适的电动机，合理分配传动比，最终计算出传动装置的运动和动力参数。

重点与难点

◇ 计算电动机功率，合理选择电动机的型号；

◇ 传动装置中各级传动比的合理分配；

◇ 计算传动装置运动和动力参数（轴的转速、功率及转矩）。

案例导入

带式输送机

图 3-1 为一带式输送机，由电动机驱动，动力经传动装置、联轴器传递到输送带，传动装置由带传动和齿轮传动组成。齿轮传动采用一级圆柱齿轮减速器，包括轴Ⅰ、轴Ⅱ和一对齿轮，轴Ⅰ是与电动机连接的轴，常称为高速轴，轴Ⅰ上的齿轮称为高速齿轮，轴Ⅱ是与工作机连接的轴，常称为低速轴，轴Ⅱ上的齿轮称为低速齿轮。根据带式输送机的工作条件（即卷筒直径、输送带有效拉力、输送带速度），可确定工作机的转速和功率。根据传动装置的传动

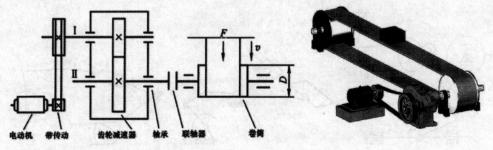

电动机　带传动　齿轮减速器　轴承　联轴器　卷筒

图 3-1　带式输送机传动方案示意图

比,从而确定电动机的型号。计算出减速器各轴传递的功率、转矩和转速,为后续的带传动、齿轮传动设计提供技术参数。

由上可知,机器一般由原动机、传动装置和工作机三部分成。传动装置在电动机和工作机之间,主要作用是传递运动和动力或改变运动状态,是机器的重要组成成分。本章主要介绍传动装置中主要参数的确定。

3.1　电动机的选择

电动机已经标准化、系列化,设计时应按照工作机的要求,根据传动方案选择电动机的类型、结构、功率和转速,并在产品目录中查出其型号和尺寸,以便购置。

3.1.1　电动机的类型及结构形式

1. 电动机的类型

电动机分为交流电动机和直流电动机两种。工程实践中一般采用 YE3 系列三相交流电动机。这种电动机具有超高效、节能、低振动、低噪声、性能可靠、安装维护方便等特点,可用于压缩机、风机、水泵、破碎机等机械设备,以及在石油、化工、医药、矿山及其他环境条件比较恶劣的场合作为动力源使用。

2. 电动机的结构形式

按安装位置不同,电动机有卧式和立式两类;按防护方式不同,电动机有开启式、防护式、封闭式和防爆式。常用结构形式为卧式封闭型电动机,如图 3-2 所示。

图 3-2　Y 系列卧式封闭型电动机

3.1.2　机械传动的效率

机械在运转时,作用在机械上的驱动力所做的功称为输入功,克服生产阻力所做的功称为输出功,输出功和输入功的比值反映了输入功在机械中的有效利用程度,称为机械效率,通常以 η 表示。机械在运转过程中会有功率的损耗,所以要计算机械传动的效率。传动装置总效率 η 应为组成传动装置各部分运动副效率的乘积,即

$$\eta = \eta_1 \cdot \eta_2 \cdot \eta_3 \cdots \eta_n \tag{3-1}$$

式中: $\eta_1, \eta_2, \eta_3 \cdots \eta_n$ 分别为传动装置中每一传动副(如齿轮、蜗杆、带或链传动)、每对轴承、每个联轴器的效率。

传动副效率数值可按表 3-1 选取。

表 3-1 常用机械传动的主要性能

类　　别		传 动 效 率	常用传动比	传 动 简 图
闭式齿轮传动	圆柱齿轮	7 级精度：0.98 8 级精度：0.97 9 级精度：0.96	一级 3～5 二级 8～40	
	圆锥齿轮	7 级精度：0.97 8 级精度：0.96	2～3	
蜗杆传动	自锁	0.40～0.45	10～40	
	单头	0.70～0.75		
	双头	0.75～0.82		
	三头和四头	0.82～0.92		
V 带传动		0.96	2～4	
滚子链传动		0.96	2～6	
轴承（一对）	滑动轴承	润滑不良：0.94～0.97 润滑良好：0.97～0.99	—	
	滚动轴承（稀油润滑）	球轴承：0.99 滚子轴承：0.98		
联轴器	弹性联轴器	0.99～0.995	—	
	齿式联轴器	0.99		
	十字滑块联轴器	0.97～0.99		

计算总效率 η 时应注意以下几个问题。

（1）同类型的几对传动副、轴承和联轴器，要分别计入各自的效率。

（2）所取传动副效率中是否包括其支承轴承的效率，如已包括，则不再计入该对轴承的效率，轴承效率均指一对轴承而言。

（3）蜗杆传动效率与蜗杆头数及材料等因素有关，设计时应先初估蜗杆头数，初选效率值，待蜗杆传动参数确定后再精确计算其效率。

（4）在资料中查出效率为某一范围值时，一般取中间值，如工作条件差、润滑维护不良时应取低值，反之取高值。

3.1.3 电动机的功率

电动机的功率选择得合适与否，对电动机的工作能力和经济性都有影响。选择的功率小于工作要求，则不能保证工作机正常工作，或使电动机长期过载、发热过大而过早损坏；选择的功率过大则电动机价格高，能力不能充分利用，效率和功率系数都较低，增加电能损耗,造成很大浪费。

　　确定电动机的功率主要由运行时的发热条件限定,在不变或变化很小的载荷下长期连续运转的机械,只要所选电动机的额定功率 P_{m} 等于或稍大于电动机的工作功率 P_0,即 $P_{m} \geqslant P_0$,电动机在工作时就不会过热,通常不必校验发热和启动力矩。电动机所需功率为

$$P_0 = \frac{P_{w}}{\eta} \tag{3-2}$$

式中: P_0 为电动机的工作功率,kW; P_{w} 为工作机所需输入功率,kW; η 为电动机至工作机之间传动装置的总效率。

　　工作机所需功率 P_{w} 应由工作机的工作阻力(力或转矩)和运动参数(线速度或转速、角速度)求得,可由设计任务书给定的工作参数按下式计算,即

$$P_{w} = \frac{F \cdot v}{1000 \eta_{w}} \tag{3-3}$$

$$P_{w} = \frac{T_{w} \cdot n_{w}}{9550 \eta_{w}} \tag{3-4}$$

式中: F 为工作机阻力,N; v 为工作机线速度,m/s; n_{w} 为工作机转速,r/min; T_{w} 为工作机的阻力矩,N·m; η_{w} 为工作机的效率。

3.1.4　电动机的转速

　　除了选择合适的电动机系列和额定功率以外,还要选择适当的电动机转速。额定功率相同的同一类型电动机,有几种不同的转速系列可供选择,如三相异步电动机有 4 种常用的同步转速,即 3000r/min、1500r/min、1000r/min、750r/min(相应的电动机定子绕组的磁极对数为 2、4、6、8)。同步转速是由电流频率与磁极对数而定的磁场转速,电动机空载时才可能达到同步转速,负载时的转速都低于同步转速。

　　电动机的转速高,磁极对数少,尺寸和质量小,价格也低,但传动装置的传动比大,从而使传动装置的结构尺寸增大,成本提高;选用低转速的电动机则相反。因此,确定电动机转速时要综合考虑,分析比较电动机及传动装置的性能、尺寸、重量和价格等因素。

　　为合理设计传动装置,根据工作机主动轴转速要求和各传动副的合理传动比范围,可推算出电动机转速的可选范围,即

$$n'_{m} = i' \cdot n_{w} = (i'_1 \cdot i'_2 \cdot i'_3 \cdots i'_n) \cdot n_{w} \tag{3-5}$$

式中: n'_{m} 为电动机满载转速可选范围,r/min; i' 为传动装置总传动比的合理范围; $i'_1 \cdot i'_2 \cdot i'_3 \cdots i'_n$ 为各级传动副传动比的合理范围(见表 3-1); n_{w} 为工作机转速,r/min。

　　电动机的类型、结构、功率和转速确定后,可在标准中查出电动机的型号、额定功率 P_{m}、满载转速 n_{m}、外形尺寸、电动机中心高、轴伸长尺寸和键联接尺寸等。可由表 3-2、表 3-3 查取 YE3 系列电动机型号及外形尺寸。

　　设计计算传动装置时,通常采用实际需要的电动机的工作功率 P_0 进行设计计算。如按电动机额定功率 P_{m} 设计,则传动装置的工作能力可能超过工作机的要求而造成浪费。有些通用设备为留有存储能力以备发展或不同工作的需要,也可以按额定功率 P_{m} 设计传动装置。传动装置的转速则可按电动机额定功率时的转速 n_{m}(满载转速,比同步转速低)计算。

表 3-2　YE3 系列电动机的技术数据

电动机型号	额定功率/kW	满载转速/(r/min)	堵转转矩/额定转矩	最大转矩/额定转矩	电动机型号	额定功率/kW	满载转速/(r/min)	堵转转矩/额定转矩	最大转矩/额定转矩
同步转速 1000r/min					同步转速 1500r/min				
YE3 132S-6	3	975	1.9	2.0	YE3 100L2-4	3	1440	2.3	2.3
YE3 132M1-6	4	975	1.9	2.0	YE3 112M-4	4	1455	2.2	2.3
YE3 132M2-6	5.5	975	1.9	2.0	YE3 132S-4	5.5	1465	2.0	2.3
YE3 160M-6	7.5	980	1.9	2.0	YE3 132M-4	7.5	1465	2.0	2.3
YE3 160L-6	11	980	1.9	2.0	YE3 160M-4	11	1470	2.0	2.2

表 3-3　机座带底脚、端盖无凸缘电动机的安装及外形尺寸　　　　单位：mm

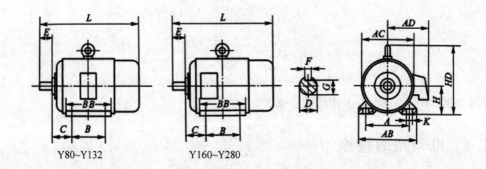

机座号	极数	A	B	C	D		E	F	G	H	K	AB	AC	AD	HD	BB	L
100L	2、	160		63	28	+0.009	60	8	24	100		205	205	180	245	170	380
112M	4、6	190	140	70	38	−0.004				112	12	245	230	190	265	180	400
132S	2、	216		89			80	10	33	132		280	270	210	315	200	475
132M	4、	216	178	89	42	+0.018	80	10	33	132		280	270	210	315	238	515
160M	6、8	254	210	108		+0.002	110	12	37	160	15	330	325	255	385	270	600

3.2　机械传动装置的总传动比和各级传动比

3.2.1　机械传动装置的总传动比

电动机选定后，根据电动机满载转速 n_m 和工作机转速 n_w，可确定传动装置的总传动比 i，即

$$i = \frac{n_m}{n_w} \tag{3-6}$$

然后将总传动比合理地分配给各级传动。总传动比为各级传动比的乘积，即

$$i = i_1 \cdot i_2 \cdot i_3 \cdots i_n \tag{3-7}$$

式中：$i_1 \cdot i_2 \cdot i_3 \cdots i_n$ 为各级传动机构的传动比。

3.2.2 机械传动装置的各级传动比

合理分配各级传动比是传动装置总体设计中的一个重要问题。传动比分配得合理,可以减小传动装置的结构尺寸,减轻质量,改善润滑状况等。分配传动比时应考虑以下几点。

(1) 各级传动比都应在合理范围内(见表 3-1),应符合各种传动形式的工作特点,并使结构比较紧凑。有关传动零件参数确定后,再验算传动装置的实际传动比是否符合要求。例如:齿轮的传动比为齿数比,带传动的传动比为带轮直径比。如果设计要求中没有规定工作机转速或速度的误差范围,则一般传动装置的传动比允许误差可按±(3%~5%)考虑。

(2) 应注意使各级传动件尺寸协调,结构匀称合理。例如图 3-3 所示,由 V 带传动和单级圆柱齿轮减速器组成的传动装置中,V 带传动的传动比不能过大,否则会使大带轮半径大于减速器中心高,使带轮与底座或地面相碰,给安装带来麻烦。

(3) 要考虑传动零件之间不会干涉碰撞。例如图 3-4 所示,由于高速级传动比 i_1 过大,使高速级大齿轮直径过大而与低速轴相碰。

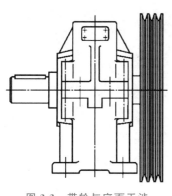

图 3-3 带轮与底面干涉

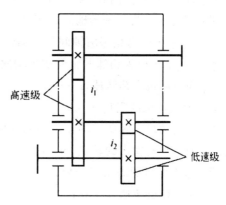

图 3-4 高速级大齿轮与低速轴干涉

(4) 应使传动装置的外廓尺寸尽可能紧凑。图 3-5 所示的传动装置为二级圆柱齿轮减速器,在总中心距和传动比相同时,图 3-5(b)所示方案外廓尺寸较图 3-5(a)所示方案外廓尺寸小,这是因为低速级大齿轮的直径较小而使结构紧凑。

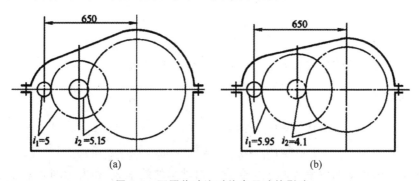

图 3-5 不同传动比对外廓尺寸的影响

(5) 在卧式二级齿轮减速器中,应尽量使各级大齿轮浸油深度合理(低速级大齿轮浸油稍深,高速级大齿轮能浸到油)。也就是希望各级大齿轮直径相近,避免为了各级齿轮都能浸到油,而使某级大齿轮浸油过深,造成搅油损失增加。

3.3 机械传动装置中各轴的转速、功率及转矩

在选定电动机型号、分配传动比之后,应将传动装置各轴的转速、功率和转矩计算出来,为传动零件和轴的设计计算提供依据。现以图 3-1 带式输送机传动方案为例说明传动装置各轴的转速、功率和转矩的计算方法。如将传动装置各轴由高速至低速依次定为 I 轴、II 轴……,电动机轴不编号或编为 0 号轴,则可按电动机至工作机运动传递路线,计算传动装置中各轴的转速、功率和转矩,一般设:

n_I、n_{II}……为各轴的转速,r/min;

P_I、P_{II}……为各轴的输入功率,kW;

T_I、T_{II}……为各轴的输入转矩,N·m;

i_{0I}、$i_{I II}$……为相邻两轴间的传动比;

η_{0I}、$\eta_{I II}$……为相邻两轴间的传动效率;

n_m 为电动机满载转速,r/min;

P_m 为电动机额定功率,kW;

P_0 为电动机实际所需的输出功率,kW;

T_0 为电动机输出的转矩,N·m;

P_w 为工作机所需功率,kW;

n_w 为工作机转速,r/min;

T_w 为工作机的转矩,N·m。

1. 各轴转速

$$n_I = \frac{n_m}{i_{0I}} \tag{3-8}$$

$$n_{II} = \frac{n_I}{i_{I II}} = \frac{n_m}{i_{0I} \cdot i_{I II}} \tag{3-9}$$

图 3-1 中 i_{0I} 为带传动的传动比 i_b;$i_{I II}$ 为齿轮传动的传动比 i_g。

2. 各轴功率

$$P_I = P_0 \cdot \eta_{0I} \tag{3-10}$$

$$P_{II} = P_I \cdot \eta_{I II} = P_0 \cdot \eta_{0I} \cdot \eta_{I II} \tag{3-11}$$

图 3-1 中 η_{0I} 为带传动的效率 η_1;$\eta_{I II}$ 包含一对轴承的效率 η_2 和齿轮副效率 η_3。

各轴的输出功率与各轴的输入功率不同,因为有轴承功率损耗,输出功率分别为输入功率乘以轴承效率。

3. 各轴转矩

$$T_0 = 9550 \times \frac{P_0}{n_\mathrm{m}} \tag{3-12}$$

$$T_\mathrm{I} = 9550 \times \frac{P_\mathrm{I}}{n_\mathrm{I}} = T_0 \cdot i_{0\mathrm{I}} \cdot \eta_{0\mathrm{I}} \tag{3-13}$$

$$T_\mathrm{II} = 9550 \times \frac{P_\mathrm{II}}{n_\mathrm{II}} = T_\mathrm{I} \cdot i_{\mathrm{I}\mathrm{II}} \cdot \eta_{\mathrm{I}\mathrm{II}} \tag{3-14}$$

各轴的输出转矩与各轴的输入转矩不同,因为有轴承功率损耗,输出转矩分别为输入转矩乘以轴承效率。

【例】 图 3-6 所示为带式输送机传动方案示意图,已知卷筒直径 $D=400\mathrm{mm}$,驱动卷筒的有效拉力 $F=2000\mathrm{N}$,输送带速度 $v=2\mathrm{m/s}$,带式输送机效率 $\eta_\mathrm{w}=0.94$,输送机在常温下连续单向工作,载荷平稳,环境有轻度粉尘,结构尺寸无特殊限制,电源为三相交流。请确定该传动装置的主要参数。

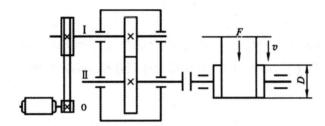

图 3-6　带式输送机传动方案示意图

解: 1)选择电动机

(1)选择电动机类型

按工作要求和条件,选用一般用途的 YE3 系列高效三相异步电动机,卧式封闭结构。

(2)选择电动机功率

工作机所需功率 P_w 为

$$P_\mathrm{w} = \frac{F \cdot v}{1000\eta_\mathrm{w}} = \frac{2000 \times 2}{1000 \times 0.94} = 4.26(\mathrm{kW})$$

电动机所需功率 P_0 为

$$P_0 = \frac{P_\mathrm{w}}{\eta}$$

式中: η 为电动机到卷筒工作轴的传动装置总效率,包括 V 带传动、齿轮传动、两对滚动轴承、一个联轴器,查表 3-1 得: V 带传动 $\eta_1=0.96$、齿轮传动 $\eta_2=0.97$、滚动轴承 $\eta_3=0.99$、弹性联轴器 $\eta_4=0.99$,则总效率为

$$\eta = \eta_1 \cdot \eta_2 \cdot \eta_3^2 \cdot \eta_4 = 0.96 \times 0.97 \times 0.99^2 \times 0.99 = 0.904$$

$$P_0 = \frac{P_\mathrm{w}}{\eta} = \frac{4.26}{0.904} = 4.71(\mathrm{kW})$$

选取电动机额定功率 P_m,使 $P_\mathrm{m} = (1 \sim 1.3)P_0 = (1 \sim 1.3) \times 4.71 = 4.71 \sim 6.12\mathrm{kW}$,查

表 3-2,取 $P_m = 5.5 \text{kW}$。

(3) 确定电动机转速

卷筒轴工作转速:

$$n_w = \frac{60 \times 1000 \cdot v}{\pi \cdot D} = \frac{60 \times 1000 \times 2}{\pi \times 400} = 95.54 (\text{r/min})$$

按表 3-1 推荐的传动比合理范围,取带传动的传动比 $i_1' = 2 \sim 4$,一级圆柱齿轮减速器传动比 $i_2' = 3 \sim 5$,则总传动比合理范围为 $i' = 6 \sim 20$,故电动机转速的可选范围为

$$n_m' = i' \cdot n_w = (6 \sim 20) \times 95.54 = 573 \sim 1910 (\text{r/min})$$

则同步转速为 750r/min、1000min、1500r/min 的电动机均符合,为降低电动机的质量和价格,综合考虑电动机和传动装置的尺寸、结构、电动机功率及带传动传动比和减速器的传动比等因素,查表 3-2,选择同步转速为 1000r/min 的 YE3 132M2-6,其满载转速为 $n_m = 975$r/min,外形尺寸、安装尺寸可查表 3-3。

2) 计算传动装置总传动比和分配各级传动比

(1) 传动装置总传动比为

$$i = \frac{n_m}{n_w} = \frac{975}{95.54} = 10.21$$

(2) 分配各级传动比。根据表 3-1 初步取 V 带传动的传动比 $i_b = 3$(实际 V 带传动传动比要在设计 V 带传动时,由所选大、小带轮的标准直径比确定),则一级圆柱齿轮减速器的传动比为

$$i_g = \frac{i}{i_b} = \frac{10.21}{3} = 3.40$$

i_g 值符合表 3-1 中一级圆柱齿轮速器的传动比的常用范围。如不符合,应改变 V 带传动的传动比 i_b,或重新选择电动机的同步转速。

3) 计算传动装置的运动和动力参数

(1) 各轴转速计算如下。

$$n_m = 975 \text{r/min}$$

$$n_I = \frac{n_m}{i_b} = \frac{975}{3} = 325 (\text{r/min})$$

$$n_{II} = \frac{n_I}{i_g} = \frac{325}{3.40} = 95.58 (\text{r/min})$$

$$n_w = n_{II} = 95.58 \text{r/min}$$

说明 卷筒转速 n_w 的数值发生微小差异,这是因为传动比分配以及计算时四舍五入造成的,对最终设计结果影响不大。

(2) 各轴功率计算如下。

$$P_0 = 4.71 \text{kW}$$

$$P_I = P_0 \cdot \eta_1 = 4.71 \times 0.96 = 4.52 (\text{kW})$$

$$P_{II} = P_I \cdot \eta_2 \cdot \eta_3 = 4.52 \times 0.97 \times 0.99 = 4.34 (\text{kW})$$

$$P_{\mathrm{w}} = P_{\mathrm{II}} \cdot \eta_2 \cdot \eta_4 = 4.34 \times 0.99 \times 0.99 = 4.25 (\mathrm{kW})$$

（3）各轴转矩

$$T_0 = 9550 \times \frac{P_0}{n_{\mathrm{m}}} = 9550 \times \frac{4.71}{975} = 46.13 (\mathrm{N} \cdot \mathrm{m})$$

$$T_{\mathrm{I}} = 9550 \times \frac{P_{\mathrm{I}}}{n_{\mathrm{I}}} = 9550 \times \frac{4.52}{325} = 132.82 (\mathrm{N} \cdot \mathrm{m})$$

$$T_{\mathrm{II}} = 9550 \times \frac{P_{\mathrm{II}}}{n_{\mathrm{II}}} = 9550 \times \frac{4.34}{95.58} = 433.63 (\mathrm{N} \cdot \mathrm{m})$$

$$T_{\mathrm{w}} = 9550 \times \frac{P_{\mathrm{w}}}{n_{\mathrm{w}}} = 9550 \times \frac{4.25}{95.58} = 424.64 (\mathrm{N} \cdot \mathrm{m})$$

将运动和动力参数的计算结果列于表 3-4，供以后设计计算时使用。

表 3-4 运动和动力参数计算结果

项　目	电动机轴	Ⅰ 轴	Ⅱ 轴	卷筒轴
转速/(r/min)	975	325	95.58	95.58
功率/kW	4.71	4.52	4.34	4.25
转矩/(N·m)	46.13	132.82	433.63	424.64
传动比	3		3.4	1
效率	0.96		0.96	0.98

3.4 本章实训——传动装置主要参数的确定

1. 实训目的

掌握简单机械传动装置主要参数的设计。将计算结果整理列表，供后续章节设计时使用。

2. 实训内容

根据工作机已知条件，计算电动机所需的工作功率；根据传动装置的传动比范围，计算电动机的转速范围，从而选出合适的电动机；合理分配传动装置的传动比，计算传动装置的运动和动力参数。分组设计原始参数见本章的习题 2。

3. 实训过程

本章实训主要是设计计算训练，设计计算过程可参考表 3-5。

4. 实训总结

通过本章实训，能够根据给定工作机的已知条件，先计算，然后查手册，选择出电动机型号，分配各级传动比，计算出传动装置中各轴功率、转速和转矩等，作为后续其他章节实训的参数。

表 3-5　传动装置主要参数的设计计算过程

步骤	计算项目	符号	单位	计算公式、计算过程和结果	结果说明
1. 选择电动机	选择电动机类型			YE3 系列三相异步电动机,卧式封闭结构	一般机械中常用
	工作机功率	P_w	kW	$P_w = \dfrac{F \cdot v}{1000\eta_w}$	F 为工作机阻力,N; v 为工作机线速度,m/s; η_w 为工作机效率
	传动装置总效率	η		$\eta = \eta_1 \cdot \eta_2 \cdot \eta_3 \cdots \eta_n$	$\eta_1, \eta_2, \eta_3 \cdots \eta_n$ 分别为传动装置中每一运动副效率、每对轴承效率、每个联轴器效率
	电动机所需功率	P_0	kW	$P_0 = \dfrac{P_w}{\eta}$	
	确定电动机额定功率	P_m	kW	$P_m = (1 \sim 1.3)P_0$	在此范围内选取
	工作机转速	n_w	r/min	$n_w = \dfrac{60 \times 1000 \cdot v}{\pi \cdot D}$	D 为直径,mm
	取传动装置传动比范围	i'		查表 3-1 分别为 $i'_1, i'_2, i'_3 \cdots i'_n$	有几个传动环节,就取几个传动比
	电动机转速范围	n'_m	r/min	$n'_m = i' \cdot n_w = (i'_1 \cdot i'_2 \cdot i'_3 \cdots i'_n) \cdot n_w$	i' 为总传动比合理范围
	确定电动机满载转速	n_m	r/min	根据电动机型号查取	根据 P_m、n'_m 选定电动型号
2. 分配动比	总传动比	i		$i = \dfrac{n_m}{n_w}$	n_m 为电动机的满载转速
	初定 V 带传动比	i_b		$i_b = 2 \sim 4$	满足表 3-1 范围
	一级齿轮减速器传动比	i_g		$i_g = \dfrac{i}{i_b}$	满足表 3-1 范围
3. 计算运动和动力参数	各轴转速	n_i	r/min	$n_{\text{I}} = \dfrac{n_m}{i_b}, n_{\text{II}} = \dfrac{n_{\text{I}}}{i_g}$	n_{I} 为 I 轴转速; n_{II} 为 II 轴转速
	各轴功率	P_i	kW	$P_{\text{I}} = P_0 \cdot \eta_1$ $P_{\text{II}} = P_{\text{I}} \cdot \eta_2 \cdot \eta_3$	P_{I} 为 I 轴输入功率; P_{II} 为 II 轴输入功率; η_1 为带传动效率; η_2 为齿轮传动效率; η_3 为轴承效率
	各轴转矩	T_i	N·m	$T_0 = 9550 \times \dfrac{P_0}{n_m}$ $T_{\text{I}} = 9550 \times \dfrac{P_{\text{I}}}{n_{\text{I}}}$ $T_{\text{II}} = 9550 \times \dfrac{P_{\text{II}}}{n_{\text{II}}}$	T_0 为电动机轴输出转矩; T_{I} 为 I 轴输入转矩; T_{II} 为 II 轴输入转矩

核潜艇之父黄旭华

　　黄旭华(图 3-7),1924 年 2 月 24 日出生于广东省海丰县,祖籍广东省揭阳市,汉族,客家人。1949 年毕业于国立交通大学船舶制造专业,1949 年加入中国共产党。

　　黄旭华长期从事核潜艇研制工作,开拓了中国核潜艇的研制领域,是中国第一代核动力潜艇研制创始人之一,被誉为"中国核潜艇之父",为中国核潜艇事业的发展做出了杰出贡献。1988 年年初,核潜艇按设计极限在南海作深潜试验。他亲自下潜水下 300m,水下 300m 时,核潜艇的艇壳每平方厘米要承受 30kg 的压力,指挥试验人员记录各项有关数据,并获得成功,成为世界上核潜艇总设计师亲自下水做深潜试验的第一人。

　　黄旭华为国家做出了巨大贡献,却把名利看得淡如水,是中国知识分子最优秀的一群,是真正的"中国的脊梁",被评为"2013 感动中国十大人物"的颁奖词是:时代到处是惊涛骇浪,你埋下头,甘心做沉默的砥柱;一穷二白的年代,你挺起胸,成为国家最大的财富。你的人生,正如深海中的潜艇,无声,但有无穷的力量。

图 3-7　核潜艇之父——黄旭华

练 习 题

1. 简答题

　　(1) 在传动装置的布置中,为什么一般带传动布置在高速级,链传动布置在低速级?

　　(2) 电动机的容量根据什么条件确定? 如何确定所需要的电动机的工作功率? 所选电动机的额定功率与工作功率是否相同? 它们之间的关系是什么? 设计传动装置时用什么功率?

　　(3) 传动装置的效率如何确定? 计算总效率时要考虑哪些问题?

　　(4) 传动装置中各相邻轴间的功率、转矩和转速如何确定? 同一轴的输入功率与输出功率是否相同? 设计传动件时用哪个功率?

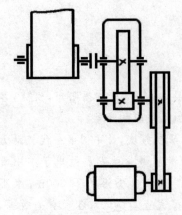

图 3-8 带式输送机传动方案示意图

2. 课程设计

（1）设计题目：带式输送机传动装置

带式输送机传动方案：带传动→单级圆柱齿轮减速器，如图 3-8 所示。

已知条件：分组设计原始参数见表 3-6。

两班制，连续单向运转，载荷较平稳，室内工作，有粉尘，环境最高温度 35℃；使用折旧年限：8 年；四年一次大修，两年一次中修，半年一次小修；动力来源：电力，三相交流，电压 380/220V；输送带速度允许误差：±5%；制造条件及生产批量：一般机械制造，小批量生产。

表 3-6 分组设计原始参数表

参　　数	题　　号					
	1	2	3	4	5	6
运输带工作拉力 F/N	2000	2200	2200	2200	2400	2600
运输带工作速度 $v/(\text{m/s})$	1.8	1.5	1.6	1.8	1.2	1.4
卷筒直径 D/mm	400	400	400	400	400	400
输送机效率 η_w	0.94	0.94	0.94	0.94	0.94	0.94
组长★1						
组员2						
组员3						
组员4						
组员5						
组员6						

注：带★的组长负责了解并督促本组成员的进度及与指导老师的联络等事宜。

（2）课程设计内容

① 电动机的选择与传动装置运动和动力参数的计算；

② 传动零件（如齿轮、带传动）的设计；

③ 轴的设计；

④ 轴承及联轴器组合部件设计；

⑤ 键联接的选择及校核；

⑥ 箱体、润滑及附件的设计；

⑦ 装配图和零件图的绘制；

⑧ 设计计算说明书的编写。

（3）课程设计的要求

① 绘制减速器装配图一张；

② 绘制零件工作图两张（低速轴零件图，大齿轮零件图）；

③ 设计计算说明书一份（包括总结）；

④ 课程设计完成后进行答辩。

本章要求：按组别完成电动机的选择与传动装置运动和动力参数的计算。

第4章

带传动和链传动

第 4 章
微课视频

本章主要介绍带传动的类型、特点和应用;带传动的工作原理、应力分析与主要失效形式;带传动的类型选择和设计计算;带轮的结构和带传动的张紧与维护;链传动的类型、特点和应用。通过本章的学习,要求了解带传动的类型、特点和应用;学会 V 带传动的设计计算;了解链传动的特点和应用。

重点与难点

◇ 带传动的分类、工作原理、特点和应用;

◇ V 带的结构、类型、V 带轮的结构、V 带工作应力分析;

◇ 带传动的失效形式和设计准则;

◇ 带传动的设计计算;

◇ 链传动的类型和特点。

案例导入

带式输送机

机械传动是一种利用机械方式传递动力和运动的传动方式,应用非常广泛,常见的机械传动有带传动、链传动、齿轮传动和螺旋传动等。图 4-1 所示为用于输送物料的带式输送机,由电动机驱动,动力经带传动、圆柱齿轮减速器、联轴器,传递到卷筒,靠摩擦带动输送带。带式输送机的输送能力是由输送带的速度和单位长度上所传送物体的质量所定的。其中,输送带的速度取决于电动机的转速、带传动的传动比、减速器的传动比和输送带卷筒的直径;输送带单位长度上所输送物料的质量取决于电动机的额定转矩、带传动和减速器的工作能力。因此,带式输送机设计内容之一就是确定带传动的工作能力。

带传动是一种应用很广的机械传动,利用中间挠性件将主动轴的运动和动力传递给从动轴,链传动与其类似。两者区别在于:带传动的中间挠性件是弹性体,称为带,受力后将发生变形,带传动分为摩擦传动和啮合传动;而链传动属于啮合传动,中间挠性件(链)可以近似认为是刚性体。本章主要介绍带传动的工作原理、类型、设计和应用,简单介绍链传动的类型和选用。

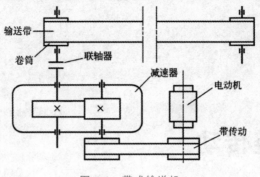

图 4-1　带式输送机

4.1　带传动概述

4.1.1　带传动的组成和工作原理

带传动结构简单,如图 4-2 所示,一般是由固连于主动轴上的主动带轮 1、固连于从动轴上的从动带轮 2 和紧套在两轮上的挠性带 3 组成,有的带传动还附加有张紧轮。带是标准件,带轮的槽也要按标准制造。当原动机驱动主动带轮 1 转动时,靠带与带轮间的摩擦力或相互啮合,使从动带轮 2 一起转动,从而实现运动和动力的传递。

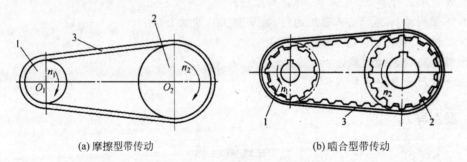

(a) 摩擦型带传动　　　　　　　　　　　　　　(b) 啮合型带传动

图 4-2　带传动的组成

4.1.2　带传动的类型

1. 按传动原理分

(1) 摩擦型带传动:靠带与带轮间的摩擦力实现传动,如 V 带传动、平带传动等。

(2) 啮合型带传动:靠带内侧凸齿与带轮上的齿槽相啮合实现传动,如同步带传动。

2. 按用途分

(1) 传动带:传递运动和动力用。

(2) 输送带:输送物品用。本章仅讨论传动带。

3. 按传动带的截面形状分

(1) 平带：如图 4-3(a)所示,平带的截面形状为矩形,内表面为工作面。如常用的平带有胶带、编织带和强力锦纶带等。

(2) V 带：如图 4-3(b)所示,V 带的截面形状为梯形,两侧面为工作表面。传动时,V 带与轮槽两侧面接触,在同样压紧力 F_Q 的作用下,V 带的摩擦力比平带大,传递功率也较大,且结构紧凑。

(3) 圆形带：如图 4-3(c)所示,横截面为圆形,只适用于小功率传动。

(4) 多楔带：如图 4-3(d)所示,它是在平带基体上由多根 V 带组成的传动带。多楔带结构紧凑,可传递很大的功率。

(5) 同步带：带的截面为齿形,如图 4-3(e)所示。同步带传动是靠传动带与带轮上的齿互相啮合来传递运动和动力的,除保持了摩擦带传动的优点外,还具有传递功率大、平均传动比准确等优点,多用于要求传动平稳、传动精度较高的场合。

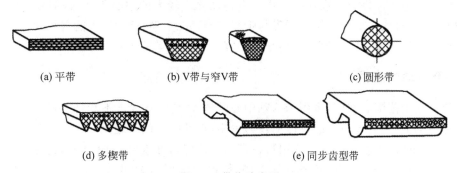

(a) 平带   (b) V带与窄V带   (c) 圆形带

(d) 多楔带   (e) 同步齿型带

图 4-3 带传动类型

4. 按带传动的空间位置分

按带传动的空间位置可分为开口传动、交叉传动、半交叉传动、带张紧轮的传动,如图 4-4 所示。此外,还有带导轮的相交轴传动和多从动轮传动等。

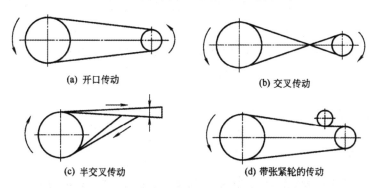

(a) 开口传动   (b) 交叉传动

(c) 半交叉传动   (d) 带张紧轮的传动

图 4-4 带传动空间形式

(1) 开口传动：是使用较多的一种方式,特点是两带轮的轴线相互平行,两带轮的转向相同,带轮可以双向转动。安装时,两带轮的中心平面应重合。

（2）交叉传动：与开口传动一样，交叉传动特点是两带轮的轴线相互平行，带轮可以双向转动，但两带轮的转向相反。安装时，两带轮的中心平面也应重合，该种传动仅限于普通平带和圆形带。

（3）半交叉传动：两带轮的轴线在空间交错，且只能单向传动。安装时，带轮的中心平面必须通过另一个带轮的绕出点。

（4）带张紧轮的传动：可以通过张紧轮，增大小带轮的包角，增大预紧力。

4.1.3　带传动的特点和应用

除同步带传动外，其他带传动都属于摩擦传动，故带传动具有以下特点。

1. 带传动的特点

带传动属于挠性传动，传动平稳，噪声小，可缓冲吸振。过载时，带会在带轮上打滑，从而起到保护其他传动件免受损坏的作用。带传动允许较大的中心距，结构简单，制造、安装和维护较方便，且成本低廉。但由于带与带轮之间存在滑动，传动比不能严格保持不变。带传动的传动效率较低，带的寿命一般较短，不宜在易燃易爆场合下工作。

2. 带传动的应用

带传动应用范围非常广，多用于两轴中心距较大，传动比要求不严格的机械中。传动效率较齿轮传动低，所以大功率的带传动较为少用，常见的一般不超过 50kW。带的工作速度一般为 5～25m/s，传动比 $i \leqslant 5$；使用特种带的高速传动可达 60～100m/s，传动比 $i \leqslant 7$；同步带的带速可达 40～50m/s，传动比 $i \leqslant 10$，传递功率可达 200kW，传动效率高达 98%～99%。相比较而言，摩擦型带传动过载时存在打滑，传动比不准确；啮合型带传动可以保证准确的平均传动比，实现同步传动。在机械传动中，绝大部分带传动属于摩擦型带传动。由于带传动具有缓冲、吸振和过载保护的特点，V 带传动多用于传动系统中的高速级，以保护电动机。

4.2　V 带和带轮的结构

V 带有普通 V 带、窄 V 带、宽 V 带和大楔角 V 带等若干种类型，其中常用的是普通 V 带和窄 V 带，本章主要讨论普通 V 带传动。

4.2.1　V 带的结构和型号

1. 带的结构

标准 V 带都制成无接头的环形带，横截面结构如图 4-5 所示，由拉伸层、强力层、压缩层和包布层四部分组成，强力层有帘布结构（图 4-5(a)）和绳芯结构（图 4-5(b)）。帘布结构的 V 带制造比较方便，抗拉强度大，应用较多；绳芯结构的 V 带柔韧性好，抗弯、抗疲劳强度高，适用于转速较高、带轮直径较小的场合。

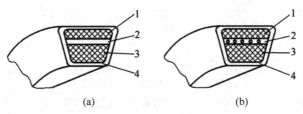

1—拉伸层；2—强力层；3—压缩层；4—包布层

图 4-5 V 带的结构

2. 带的型号

普通 V 带已经标准化,按截面尺寸由小到大有 Y、Z、A、B、C、D、E 七种型号,基本尺寸见表 4-1。在同样条件下,截面尺寸越大则传递的功率越大,生产中常用的是 Z、A、B 三种型号。关于 V 带传动的基本术语介绍如下。

(1) 节面:V 带绕在带轮上产生弯曲,外层受拉伸长,内层受压缩短,位于中间的强力层必有一层既不受拉也不受压缩、长度和宽度都不变化的中性层,称为节面。

(2) 节宽 b_p:节面的宽度,称为节宽。

(3) 基准直径 d_d:V 带装在带轮上,和节宽 b_p 相对应的带轮直径称为基准直径。

(4) 基准长度 L_d:V 带在规定的张紧力下,位于带轮基准直径上的环形长度称为基准长度,用于带传动的几何计算。普通 V 带的基准长度系列见表 4-2。

表 4-1 普通 V 带截面尺寸（GB/T 11544—2012）

型 号	节宽 b_p/mm	顶宽 b/mm	高度 h/mm	每米质量 q/(kg/m)	楔角 θ/(°)
Y	5.3	6	4	0.02	
Z	8.5	10	6	0.06	
A	11.0	13	8	0.10	
B	14.0	17	11	0.17	40
C	19.0	22	14	0.30	
D	27.0	32	19	0.62	
E	32.0	38	23	0.90	

表 4-2 普通 V 带的基准长度系列　　　　　　　　单位:mm

型 号						
Y	Z	A	B	C	D	E
200	405	630	930	1565	2740	4660
224	475	700	1000	1760	3100	5040
250	530	790	1100	1950	3330	5420
280	625	890	1210	2195	3730	6100
315	700	990	1370	2420	4080	6850
355	780	1100	1560	2715	4620	7650

型　号						
Y	Z	A	B	C	D	E
400	920	1250	1760	2880	5400	9150
450	1080	1430	1950	3080	6100	12230
500	1330	1550	2180	3520	6840	13750
	1420	1640	2300	4060	7620	15280
	1540	1750	2500	4600	9140	16800
		1940	2700	5380	10700	
		2050	2870	6100	12200	
		2200	3200	6815	13700	
		2300	3600	7600	15200	
		2480	4060	9100		
		2700	4430	10700		
			4820			
			5370			
			6070			

3. 带的标记

普通 V 带的标记由带型、基准长度和标准号组成，一般将 V 带的标记压印在带的外表面上，以供识别。V 带标记的示例如下。

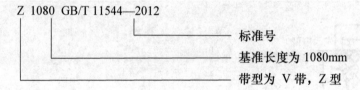

Z 1080 GB/T 11544—2012
— 标准号
— 基准长度为 1080mm
— 带型为 V 带，Z 型

4.2.2　普通 V 带轮的结构

V 带轮不是标准件，但 V 带是标准件，所以带轮轮槽的横截面尺寸要符合标准。带轮设计的主要内容是选择带轮的材料，确定带轮的结构及其尺寸。

1. 带轮设计的基本要求

设计带轮时应使其结构工艺性好，重量轻，材料的密度均匀，无过大的铸造内应力；在圆周速度 $5\text{m/s} < v < 25\text{m/s}$ 时，要进行静平衡，圆周速度 $v > 25\text{m/s}$ 时，要进行动平衡；轮槽的工作表面要具有一定的表面粗糙度和尺寸精度，以减少带的磨损和载荷分布的不均匀。

2. 带轮的材料

带轮的材料常采用灰铸铁、铝合金、钢和工程塑料等，最常用的是灰铸铁。转速较低时，用的牌号为 HTI50 或 HT200；转速较高时，采用球墨铸铁、铸钢或用钢板焊接结构；小功率带轮可用铸铝或塑料等材料。

3. 带轮的结构

普通 V 带带轮由轮缘、轮辐和轮毂 3 部分组成。带轮结构设计的主要内容是确定带轮的轮缘、带轮的直径、轮辐和轮毂。带轮轮缘上的轮槽截面尺寸见表 4-3。表中槽角 φ 取 $32°$、$34°$、$36°$或 $38°$，是因为带在带轮上弯曲时，宽边受拉而变窄，窄边受压而变宽，因而使胶带楔角变小，如图 4-6 所示。为保证带与带轮接触弯曲变形后，V 带的两侧仍能和轮槽相贴合，从而保证带传动的正常工作，应使轮槽角小于普通 V 带的楔角（$40°$），当带轮直径减小时，V 带轮的槽角也随之减小。

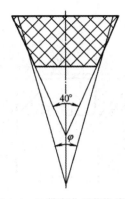

图 4-6　V 带弯曲后楔角变小

应根据带轮直径的大小选择带轮的结构形式，有实心式、辐板式、孔板式和椭圆轮辐式 4 种基本形式，结构尺寸可参照图 4-7 和表 4-3 设计。图 4-7(a)所示的实心式带轮结构（S 型）适用于 $d_d \leqslant (2.5 \sim 3)d_0$ 时的场合，d_0 为轴的直径；图 4-7(b)所示的辐板式带轮结构（P 型），适用于 $d_d \leqslant 300\mathrm{mm}$ 时的场合；图 4-7(c)所示的孔板式带轮结构（H 型），适用于 $d_d > 100\mathrm{mm}$ 时的场合，为减轻重量，还可以在辐板上开出 $4 \sim 8$ 个均布孔；图 4-7(d)所示的轮辐式带轮结构（E 型），适用于 $d_a > 300\mathrm{mm}$，轮辐数常取 4、6 或 8。

表 4-3　普通 V 带轮轮槽尺寸　　　　　　　　　　单位：mm

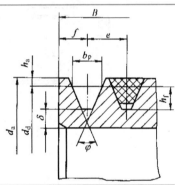

项　目		符　号	槽　型						
			Y	Z	A	B	C	D	E
基准宽度		b_p	5.3	8.5	11.0	14.0	19.0	27.0	32.0
基准线上槽深		h_{amin}	1.6	2.0	2.75	3.5	4.8	8.1	9.6
基准线下槽深		h_{fmin}	4.7	7.0	8.7	10.8	14.3	19.9	23.4
槽间距		e	8±0.3	12±0.3	15±0.3	19±0.4	25.5±0.5	37±0.6	44.5±0.7
槽边距		f_{min}	6	7	11.5	16	23	28	
最小轮缘厚		δ_{min}	5	5.5	6	7.5	10	12	15
带轮宽		B	$B=(z-1)e+2f$　z 表示轮槽数						
外径		d_a	$d_a=d_d+2h_a$						
轮槽角 φ	32°	相应的基准直径 d_d	≤60	—	—	—	—		
	34°		—	≤80	≤118	≤190	≤315		
	36°		>60	—	—	—	—	≤475	≤600
	38°		—	>80	>118	>190	>315	>475	>600
极限偏差			±30′						

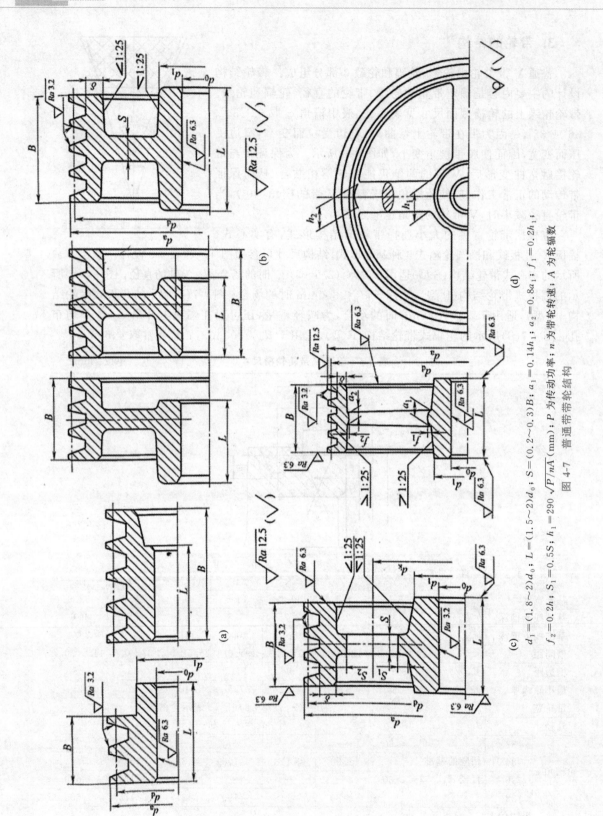

$d_1 = (1.8 \sim 2)d_0$；$L = (1.5 \sim 2)d_0$；$S = (0.2 \sim 0.3)B$；$a_1 = 0.14h_1$；$a_2 = 0.8a_1$；$f_1 = 0.2h_1$；
$f_2 = 0.2h$；$S_1 = 0.5S$；$h_1 = 290\sqrt{P/nA}$（mm）；P 为传动功率；n 为带轮转速；A 为轮辐数

图 4-7 普通带带轮轮结构

4.3　带传动的工作能力分析

4.3.1　带传动的受力分析

1. 初拉力和有效拉力

为了保证带传动正常工作,传动带必须以一定的张紧力套在带轮上。传动带由于张紧而使上、下两边所受到相等的拉力称为初拉力,用 F_0 表示,如图 4-8(a)所示。

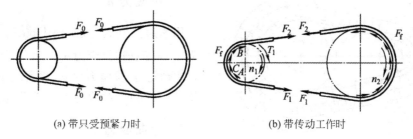

(a) 带只受预紧力时　　　　　　　　(b) 带传动工作时

图 4-8　带传动受力关系

当主动轮转动时,带与带轮接触面上产生摩擦力,使得带两边的拉力不再相等,此时带轮作用在传动带上的摩擦力方向如图 4-8(b)所示。绕入主动轮的一边被拉紧,拉力由原来的初拉力 F_0 增大到 F_1,称为紧边;绕出主动轮的一边拉力由 F_0 下降到 F_2,称为松边。紧边拉力与松边拉力之差称为带传动的有效拉力 F,在数值上等于带和带轮接触面上各点摩擦力的总和 $\sum F_f$,即

$$F = F_1 - F_2 = \sum F_f \qquad (4\text{-}1)$$

2. 打滑和最大有效拉力

在一定的初拉力 F_0 作用下,带与带轮接触面间摩擦力的总和有一极限值。当带所传递的有效拉力超过这一极限值时,带与带轮将发生明显的相对滑动,这种现象称为打滑。打滑一般出现在小带轮上。带打滑时从动轮转速急剧下降,使传动失效,同时也加剧了带的磨损,因此应避免出现带打滑现象。

当传动带和带轮间有全面滑动趋势时,摩擦力达到最大值,即有效拉力达到最大值 $F_{\max}$。

3. 有效拉力的影响因素

带传动的有效拉力 F 与初拉力 F_0、小轮包角 α_1 和摩擦系数 f 有关。

(1) 初拉力 F_0:F 与 F_0 成正比。初拉力 F_0 越大,带与带轮间的正压力也越大,传动时的摩擦力就越大,带传动的承载能力也越高。但 F_0 过大时,会使带的使用寿命降低,轴和轴承承受的径向载荷也增大。若 F_0 过小,则达不到带传动所需的摩擦力,从而使带的传动能力降低,且在工作时容易发生带的跳动和打滑。

(2) 小轮包角 α_1:F 随 α_1 的增大而增大。因为 α_1 越大,带与带轮的接触圆弧越长,接

触面上所产生的总摩擦力也就越大,传动能力也越高。因此水平传动时,通常将松边置于上方或用压紧轮压紧松边,以增加小带轮的包角。

(3) 摩擦系数 f: f 越大,摩擦力越大,所以 F 就越大,传动的能力也越高。摩擦系数的大小取决于带和带轮的材料及表面状况、工作环境条件等。

4.3.2 带传动的应力分析

传动带在工作时,横截面内产生 3 种不同的应力,应力分布如图 4-9 所示。

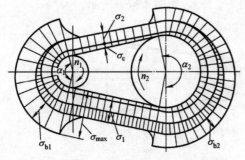

图 4-9 带中的应力分布

1. 拉应力 σ

因紧边拉力 F_1 大于松边拉 F_2,故紧边拉应力 σ_1 大于松边拉应力 σ_2。带传动工作时,带绕过主动轮时,拉应力由 σ_1 逐渐减小为 σ_2;而带绕过从动轮时,拉应力由 σ_2 逐渐增大为 σ_1。

2. 弯曲应力

当带绕过带轮时,其横截面上产生弯曲应力 σ_b。弯曲应力 σ_b 只发生在带绕在带轮上的圆弧部分,带轮直径越大,带越薄,σ_b 越小。带轮直径越小,带越厚,σ_b 越大。显然 $\sigma_{b1} \geqslant \sigma_{b2}$。

3. 离心拉应力

当带在带轮上做圆周运动时,带将产生离心力,该力在带的全长上引起离心拉力 F_c,由此而产生了带截面上的离心拉应力 σ_c。离心力虽然只发生在带做圆周运动的部分,但由此而产生的拉力却作用于带的全长上,且在带的各个位置上大小都相等。

将以上 3 种应力加在一起,得出带中最大的拉应力为

$$\sigma_{\max} = \sigma_1 + \sigma_{b1} + \sigma_c \tag{4-2}$$

带传动工作时,带是绕着两个带轮做周期性的运动,带上某点的应力是随着该点的运行位置的变化而不断改变的。因此,带是工作在交变应力状态下,所以带易发生疲劳破坏。

4.3.3 带传动的弹性滑动和传动比

1. 带的弹性滑动

传动带是弹性体,受到拉力后会产生弹性伸长,伸长量随拉力大小的变化而变化。静止时,在初拉力的作用下,带两边的变形量是相等的;当带传动工作时,由于带的紧边拉力和松边拉力不同,因而各边的弹性变形也不同,如图 4-10 所示。

当带的紧边从 A 点开始进入主动轮的接触圆弧时,所受的拉力是 F_1,此时带速和主动轮的圆周速度相等。当带由 A 点转到 B 点的过程中,由于摩擦力的作用,带所受的拉力 F_1 由逐渐降低到 F_2,带的弹性变形随之逐渐减少,带相对于主动带轮向后收缩,即二者产生相

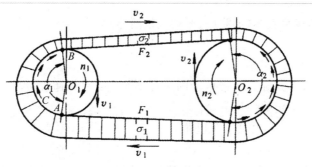

图 4-10　带传动的弹性滑动

对弹性滑动,使得松边的带速低于主动带轮的圆周速度。同理,在从动轮的接触圆弧上,由于带两边的拉力不同,也会发生相对弹性滑动,但情况与主动带轮相反,沿轮面产生向前的弹性滑动,使得从动轮接触圆弧上的带速大于从动轮的圆周速度。

这种由于带的弹性和拉力变化而引起的带与带轮间的相对滑动,称为带传动的弹性滑动。正是由于这种弹性滑动,使得摩擦式的带传动不能保证定传动比传动。这种弹性滑动还会造成带的磨损并缩短其使用寿命。

2. 传动比

关于弹性滑动对传动比的影响,通常用弹性滑动率 ε 来描述两带轮圆周速度之间的关系,即 $\varepsilon = (v_1 - v_2)/v_1$。因为带传动的滑动率 $\varepsilon = 0.01 \sim 0.02$,数值很小,所以一般传动计算中可不予考虑,故带传动的传动比可近似定义为 $i = n_1/n_2 = d_{d2}/d_{d1}$。

3. 弹性滑动与打滑的区别

应当注意弹性滑动和打滑是两个截然不同的概念,二者区别见表 4-4。弹性滑动是带传动正常工作时,由于紧边和松边的拉力差引起的带与带轮之间小的相对滑动。因带是弹性体,只要受到拉力,带必然会发生变形,它是带传动的固有特性,因而弹性滑动是不可避免的。而打滑则是由于过载而引起的带与小带轮之间的全面滑动,是带传动的主要失效形式之一,必须避免带传动的打滑。

表 4-4　弹性滑动和打滑的区别

项　目	弹　性　滑　动	打　　滑
现象	局部带在局部轮面上发生的滑动	整个带在整个轮面上发生的滑动
产生的原因	带两边的拉力差	超载
结论	不可避免	可以避免

4.3.4　V 带传动的失效形式和设计准则

1. 主要失效形式

通过对带传动的工作情况进行分析,可知摩擦式带传动主要的失效形式是带与带轮之间磨损、打滑和带的疲劳破坏(如脱层、撕裂或拉断等)。

2. 设计准则

由带传动的失效形式确立了带传动的设计准则是:在传递规定功率时不打滑,同时具有足够的疲劳强度和一定的使用寿命。

GB/T 13575.1—2008 提供了在包角 $\alpha_1 = \alpha_2 = 180°$(即传动比 $i = d_{d1}/d_{d2} = 1$)、带长 L_0 为特定长度和载荷平稳工作条件下,既不打滑又有一定疲劳强度和寿命时单根带所能传递的基本额定功率 P_0。当实际的传动比、带的长度和载荷的平稳性发生变化时,用相应的系数和附加功率加以修正,得到实际工作条件下的单根 V 带所能传递的功率 $[P_0]$,可据此进行相应的设计计算。

4.4　普通 V 带传动的设计计算

4.4.1　原始数据及设计内容

设计普通 V 带传动时,通常根据带传动的用途和载荷情况、原动机种类、所传递的功率 P、带轮的转速 n_1 和 n_2 或传动比 i,以及其他特殊要求来进行计算。

主要设计内容是:选择 V 带的型号;确定带的长度 L_d;计算带的根数 z;确定轴间距 a;计算初拉力 F_0;计算带对轴的压力 F_Q;设计带轮结构等。

4.4.2　设计步骤和传动参数的选择

1. 确定计算功率 P_c

计算功率 P_c 是根据传递功率的大小、载荷的性质、带传动启动时的状态、设备的类型和每日工作时间的长短等因素而确定的,即

$$P_c = K_A P \tag{4-3}$$

式中:P 为 V 带需要传递的额定功率,kW;K_A 为工况系数,见表 4-5。

表 4-5　工作情况系数 K_A(摘自 GB/T13575.1—2008)

工　况		K_A					
		空、轻载启动			重载启动		
		每天工作小时数/h					
		<10	10~16	>16	<10	10~16	>16
载荷变动微小	液体搅拌机、离心式水泵和压缩机、通风机和鼓风机(≤7.5kW)、轻型输送机	1.0	1.1	1.2	1.1	1.2	1.3
载荷变动较小	带式输送机(不均匀载荷)、通风机(>7.5kW)、旋转式水泵和压缩机(非离心式)、发电机、金属切削机床、印刷机、旋转筛、锯木机和木工机械	1.1	1.2	1.3	1.2	1.3	1.4

续表

工　况		K_A					
		空、轻载启动			重载启动		
		每天工作小时数/h					
		<10	10~16	>16	<10	10~16	>16
载荷变动较大	制砖机、斗式提升机、往复式水泵和压缩机、起重机、磨粉机、冲剪机床、橡胶机械、振动筛、纺织机械、重载输送机	1.2	1.3	1.4	1.4	1.5	1.6
载荷变动很大	破碎机(旋转式、颚式等)、磨碎机(球磨、棒磨、管磨)	1.3	1.4	1.5	1.5	1.6	1.8

注：反复启动、正反转频繁、工作条件恶劣等场合，K_A 应再放大 1.2 倍。

2. 选定 V 带型号

根据计算功率 P_c 和主动带轮的转速 n_1 查图 4-11 选择带的型号。当所选的坐标点位于两种型号的交界处时，可先选择两种型号分别进行计算，然后择优选用。

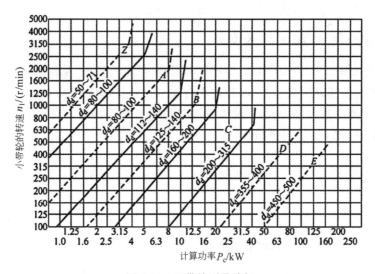

图 4-11　V 带的型号选择

3. 确定带轮的基准直径 d_{d1} 和 d_{d2}

带轮直径小可使传动结构紧凑，但带的弯曲应力大，使带的寿命降低。带轮直径大，则带速增大，需要的 V 带根数减少，但外廓尺寸增大。设计时应取小带轮基准直径 d_{d1} 大于 V 带轮最小基准直径 d_{dmin}，d_{dmin} 的值查表 4-6。忽略弹性滑动的影响，大带轮的基准直径可近似为 $d_{d2} = i \cdot d_{d1}$，d_{d2}、d_{d1} 均应按表 4-6 取最接近的标准值。

4. 验算带速

$$v = \frac{\pi \cdot d_{d1} \cdot n_1}{60 \times 1000} \tag{4-4}$$

表 4-6 普通 V 带轮最小基准直径及带轮直径系列(摘自 GB/T 10412—2002)

单位:mm

V 带型号		Y	Z	A	B	C	D	E
最小基准直径 d_{dmin}		20	50	75	125	200	355	500
推荐直径		≥28	≥71	≥100	≥140	≥200	≥355	≥500
常用 V 带轮基准直径系列	Z	50,56,63,71,75,80,90,100,112,125,132,140,150,160,180,200,224,250,280,315,355,400,500,630						
	A	75,80,85,90,95,100,106,112,118,125,132,140,150,160,180,200,224,250,280,315,355,400,450,500,560,630,710,800						
	B	125,132,140,150,160,180,200,224,250,280,315,355,400,450,500,560,600,630,710,750,800,900,1000,1120						
	C	200,212,224,236,250,265,280,300,315,355,400,450,500,560,630,710,750,800,900,1000,1120,1250,1400,1600,2000						

当传递功率一定时,提高带速,所需有效拉力减小,可减少 V 带根数;但带速过高,单位时间内带绕过带轮的次数增多,会降低带的工作寿命,且离心力大,使带与带轮间摩擦力减小,传动中容易打滑。因此,设计时带速一般应控制在 5~25m/s。

5. 初定中心距 a_0 和 V 带长度 L_0

(1) 初定中心距 a_0:传动中心距小则传动紧凑,但带长较短,单位时间内带绕转次数增多,加速了带的疲劳损坏。同时,中心距较小会使小带轮包角减小,降低摩擦力和传动能力;如果中心距过大则结构尺寸增大,当速度较高时易引起带的颤动。设计时应根据具体结构或按下式初选中心距 a_0,然后再精确计算。

$$0.7(d_{d1} + d_{d2}) \leqslant a_0 \leqslant 2(d_{d1} + d_{d2}) \tag{4-5}$$

(2) 初定 V 带长度 L_0:由带传动的几何关系可初步计算带基准长度 L_0。

$$L_0 \approx 2a_0 + \frac{\pi}{2}(d_{d1} + d_{d2}) + \frac{(d_{d1} - d_{d2})^2}{4a_0} \tag{4-6}$$

6. V 带实际长度 L_d 和实际中心距 a

按初算的带的基准长度 L_0,从表 4-2 中选取与 L_0 相近的标准基准长度 L_d。带传动的实际中心距 a 可由下式近似确定:

$$a \approx a_0 + \frac{L_d - L_0}{2} \tag{4-7}$$

为了安装、调整及补偿初拉力的需要,带传动的中心距一般设计成可调式,有一定的调整范围,一般取

$$a_{min} = a - 0.015L_d$$

$$a_{max} = a + 0.03L_d$$

7. 验算小带轮包角 α_1

$$\alpha_1 = 180° - \frac{d_{d2} - d_{d1}}{a} \times 57.3° \tag{4-8}$$

带传动的两个带轮的包角的大小是不同的,小带轮包角 α_1 小于大带轮的包角 α_2。故打滑主要发生在小带轮上,所以应验算小带轮包角 α_1,以免影响传动能力。一般要求小带轮包角 $\alpha_1 \geqslant 120°$。若 α_1 不满足包角条件,则应增大中心距 a 或增加张紧轮。

8. 确定 V 带根数 z

普通 V 带根数 z 的计算公式为

$$z \geqslant \frac{P_c}{[P_0]} = \frac{P_c}{(P_0 + \Delta P_0)K_\alpha K_L} \tag{4-9}$$

式中: P_c 为计算功率,kW,按式(4-3)计算; P_0 为在特定实验条件下单根普通 V 带的基本额定功率,kW,见表 4-7; ΔP_0 为当实际传动比 $i \neq 1$ 时,因弯曲应力有所改善而使带获得的额定功率增量,kW,见表 4-7; K_α 为小带轮包角系数,当实际的包角与实验条件不同($\alpha \neq 180°$)时,包角对带传动功率的影响系数,见表 4-8; K_L 为带长系数,当实际的带长与实验时的特定长度不同时,带的长度对传动功率的影响系数,见表 4-9。

带的根数应将其向上圆整为整数。为使各带受力均匀,带的根数不宜过多,一般应满足 $z < 10$。若计算结果超出范围,应改选 V 带型号或增大带轮直径,然后重新设计计算。

表 4-7 普通 V 带的额定功率 P_0 和功率增量 ΔP_0

型号	小带轮转速 $n_1/$ (r/min)	小带轮基准直径 d_{d1}/mm								传动比 i					
		单根 V 带的额定功率 P_0/kW								1.13~1.18	1.19~1.24	1.25~1.34	1.35~1.51	1.52~1.99	$\geqslant 2.00$
										额定功率增量 $\Delta P_0/kW$					
A		75	90	100	112	125	140	160	180						
	700	0.40	0.61	0.74	0.90	1.07	1.26	1.51	1.76	0.04	0.05	0.06	0.07	0.08	0.09
	800	0.45	0.68	0.83	1.00	1.19	1.41	1.69	1.97	0.04	0.05	0.06	0.08	0.09	0.10
	950	0.51	0.77	0.95	1.15	1.37	1.62	1.95	2.27	0.05	0.06	0.07	0.08	0.10	0.11
	1200	0.60	0.93	1.14	1.39	1.66	1.96	2.36	2.74	0.07	0.08	0.10	0.11	0.13	0.15
	1450	0.68	1.07	1.32	1.61	1.92	2.28	2.73	3.16	0.08	0.09	0.11	0.13	0.15	0.17
	1600	0.73	1.15	1.42	1.74	2.07	2.45	2.94	3.40	0.09	0.11	0.13	0.15	0.17	0.19
	2000	0.84	1.34	1.66	2.04	2.44	2.87	3.42	3.93	0.11	0.13	0.16	0.19	0.22	0.24
B		125	140	160	180	200	224	250	280						
	400	0.84	1.05	1.32	1.59	1.85	2.17	2.50	2.89	0.06	0.07	0.08	0.10	0.11	0.13
	700	1.30	1.64	2.09	2.53	2.96	3.47	4.00	4.61	0.10	0.12	0.15	0.17	0.20	0.22
	800	1.44	1.82	2.32	2.81	3.30	3.86	4.46	5.13	0.11	0.14	0.17	0.20	0.23	0.25
	950	1.64	2.08	2.66	3.22	3.77	4.42	5.10	5.85	0.13	0.17	0.20	0.23	0.26	0.30
	1200	1.93	2.47	3.17	3.85	4.50	5.26	6.04	6.90	0.17	0.21	0.25	0.30	0.34	0.38
	1450	2.19	2.82	3.62	4.39	5.13	5.97	6.82	7.76	0.20	0.25	0.31	0.36	0.40	0.46
	1600	2.33	3.00	3.86	4.68	5.46	6.33	7.20	8.13	0.23	0.28	0.34	0.39	0.45	0.51
C		200	224	250	280	315	355	400	450						
	500	2.87	3.58	4.33	5.19	6.17	7.27	8.52	9.80	0.20	0.24	0.29	0.34	0.39	0.44
	600	3.30	4.12	5.00	6.00	7.14	8.45	9.82	11.29	0.24	0.29	0.35	0.41	0.47	0.53
	700	3.69	4.64	5.64	6.76	8.09	9.50	11.02	12.63	0.27	0.34	0.41	0.48	0.55	0.62
	800	4.07	5.12	6.23	7.52	8.92	10.46	12.10	13.80	0.31	0.39	0.47	0.55	0.63	0.71
	950	4.58	5.78	7.04	8.49	10.05	11.73	13.48	15.23	0.37	0.47	0.56	0.65	0.74	0.83
	1200	5.29	6.71	8.21	9.81	11.53	13.31	15.04	16.59	0.47	0.59	0.70	0.82	0.94	1.06
	1450	5.84	7.45	9.04	10.72	12.46	14.12	15.53	16.47	0.58	0.71	0.85	0.99	1.14	1.27

表 4-8　包角修正系数 K_α

小带轮包角/(°)	180	175	170	165	160	155	150	145	140	135	130	120
K_α	1	0.99	0.98	0.96	0.95	0.93	0.92	0.91	0.89	0.88	0.86	0.82

表 4-9　带长修正系数 K_L

A		B		C	
L_d/mm	K_L	L_d/mm	K_L	L_d/mm	K_L
630	0.81	930	0.83	1565	0.82
700	0.83	1000	0.84	1760	0.85
790	0.85	1100	0.86	1950	0.87
890	0.87	1210	0.87	2195	0.90
990	0.89	1370	0.90	2420	0.92
1100	0.91	1560	0.92	2715	0.94
1250	0.93	1760	0.94	2880	0.95
1430	0.96	1950	0.97	3080	0.97
1550	0.98	2180	0.99	3520	0.99
1640	0.99	2300	1.01	4060	1.02
1750	1.00	2500	1.03	4600	1.05
1940	1.02	2700	1.04	5380	1.08
2050	1.04	2870	1.05	6100	1.11
2200	1.06	3200	1.07	6815	1.14
2300	1.07	3600	1.09	7600	1.17
2480	1.09	4060	1.13	9100	1.21
2700	1.10	4430	1.15	10700	1.24
		4820	1.17		
		5370	1.20		
		6070	1.24		

9. 单根 V 带的初拉力 F_0

$$F_0 = \frac{500P_c}{zv}\left(\frac{2.5}{K_\alpha} - 1\right) + qv^2 \tag{4-10}$$

式中：q 为每米带长的质量，kg/m，见表 4-1。

其他代号的意义及单位同前。由于新带易松弛，对不能调整中心距的普通 V 带传动，安装新带时的初拉力应为计算值的 1.5 倍。

10. 带传动作用在带轮轴上的压力 F_Q

为了设计带轮轴和轴承，必须计算出带轮对轴的压力。如图 4-12 所示，为了简化计算，一般按静止状态下带轮两边均作用初拉力 F_0，进行合力计算，即

$$F_Q = 2zF_0\sin\frac{\alpha_1}{2} \tag{4-11}$$

11. 带轮结构设计

参照本章 4.2.2 小节，绘制带轮零件图。

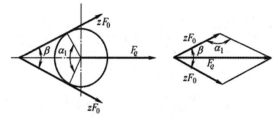

图 4-12　带对轴的压力

【**例**】　设计一带式输送机中的普通 V 带传动。已知：电机额定功率 $P = 4.5\mathrm{kW}$，转速 $n_1 = 1440\mathrm{r/min}$，小带轮直接安装在电机上，从动轮转速 $n_2 = 500\mathrm{r/min}$，两班制工作，工作中有轻微振动，传动允许误差 $\Delta = \pm 5\%$。

解：设计计算列表见表 4-10。

表 4-10　设计计算列表

序号	计算项目	计算公式和参数选择	说　明
1	确定计算功率 P_c	$P_c = K_A P = 1.2 \times 4.5 = 5.4 (\mathrm{kW})$	K_A 为工作情况系数，查表 4-5 得 $K_A = 1.2$
2	选择 V 带型号	根据 P_c 和 n_1 确定，查图 4-11，选取 A 型普通 V 带	n_1 为小带轮转速，$\mathrm{r/min}$
3	小带轮直径 d_{d1}	查表 4-6，选定 $d_{d1} = 100\mathrm{mm}$	
4	大带轮直径 d_{d2}	$d_{d2} = i d_{d1} = (1440 \div 500) \times 100 = 288 (\mathrm{mm})$ 按表 4-6 选取 $d_{d2} = 280\mathrm{mm}$	对转速要求不高，忽略 ε
5	误差 Δ 验算与实际传动比 i'	$i' = \dfrac{d_{d2}}{d_{d1}} = \dfrac{280}{100} = 2.80$ 误差 $\Delta = \dfrac{i - i'}{i} = \dfrac{1440/500 - 2.80}{1440/500} \times 100\%$ $= 2.8\%$	满足误差条件
6	验算带速 v	$v = \dfrac{\pi \cdot d_{d1} \cdot n_1}{60 \times 1000} = \dfrac{\pi \times 100 \times 1440}{60 \times 1000} = 7.54 (\mathrm{m/s})$	带速为 $5 \sim 25\mathrm{m/s}$，符合带速要求
7	初选中心距 a_0	$0.7(d_{d1} + d_{d2}) \leqslant a_0 \leqslant 2(d_{d1} + d_{d2})$ $0.7 \times (100 + 280) \leqslant a_0 \leqslant 2 \times (100 + 280)$ 初定 $a_0 = 500\mathrm{mm}$	可根据结构要求确定
8	初选长度 L_0	$L_0 \approx 2a_0 + \dfrac{\pi}{2}(d_{d1} + d_{d2}) + \dfrac{(d_{d2} - d_{d1})^2}{4a_0}$ $2 \times 500 + \dfrac{\pi}{2}(100 + 280) + \dfrac{(280 - 100)^2}{4 \times 500}$ $= 1612.8 (\mathrm{mm})$	
9	基准长度 L_d	查表 4-2，选用与 L_0 接近的长度 $L_d = 1640\mathrm{mm}$	
10	实际中心距 a	$a = a_0 + \dfrac{L_d - L_0}{2} = 500 + \dfrac{1640 - 1612.8}{2} = 514 (\mathrm{mm})$ $a_{\min} = a - 0.015 L_d = 514 - 0.015 \times 1640$ $= 489.4 (\mathrm{mm})$ $a_{\max} = a + 0.03 L_d = 514 + 0.03 \times 1640$ $= 563.2 (\mathrm{mm})$	中心距变动范围：$489.4 \sim 563.2\mathrm{mm}$

续表

序号	计算项目	计算公式和参数选择	说　明
11	小带轮包角 α_1	$\alpha_1 \approx 180° - \dfrac{d_{d2}-d_{d1}}{a} \times 57.3°$ $= 180° - \dfrac{280-100}{514} \times 57.3° = 159.93°$	$\alpha_1 \geqslant 120°$ 符合小带轮包角条件
12	单根 V 带基本额定功率 P_0	根据带型、小带轮直径 d_{d1}、小带轮转速 n_1 查表 4-7，$P_0 = 1.31\text{kW}$	若表中没有对应的数值时，可用插值法求出其值
13	$i \neq 1$ 时单根 V 带额定功率增量 ΔP_0	根据带型、小带轮直径 d_{d1}、小带轮转速 i 查表 4-7，$\Delta P_0 = 0.17\text{kW}$	若表中没有对应的数值时，可用插值法求出其值
14	计算 V 带根数 z	$z = \dfrac{P_c}{(P_0+\Delta P_0)K_\alpha K_L}$ $= \dfrac{5.4}{(1.31+0.17)\times 0.95 \times 0.99} = 3.88$ 向上圆整，取 $z=4$ 根	K_α 为包角修正系数，查表 4-8，取 0.95； K_L 为带长修正系数，查表 4-9，取 0.99
15	确定单根 V 带初拉力 F_0	$F_0 = \dfrac{500P_c}{zv}\left(\dfrac{2.5}{K_\alpha}-1\right) + qv^2$ $= \dfrac{500\times 5.4}{4\times 7.54}\times\left(\dfrac{2.5}{0.95}-1\right) + 0.10\times 7.54^2$ $= 151.75(\text{N})$	q 为每米长度质量，kg/m，查表 4-1，$q = 0.10\text{kg/m}$
16	确定带对轴的压力 F_Q	$F_Q = 2zF_0\sin\dfrac{\alpha_1}{2}$ $= 2\times 4\times 151.75\times\sin\dfrac{159.93°}{2} = 1195.56(\text{N})$	考虑新带的预紧力是正常预紧力的 1.5 倍
17	带轮结构和尺寸设计	带轮结构和尺寸设计见 4.2 节	
18	设计结果	选用普通 V 带 4 根 A—1640 GB/T 11544—2012，小带轮直径 100mm，大带轮直径 280mm，中心距 514mm，轴上压力 1195.56N	

4.5　带传动的张紧装置、安装与维护

4.5.1　带传动的张紧装置

　　带传动工作一段时间后，由于塑性变形，带产生松弛现象，导致带的初拉力减小，易发生打滑和带的振颤现象，使带传动的承载能力下降。这时必须重新张紧，以维持初拉力、增大小带轮包角、降低带的振颤。常用的张紧方式可分为调整中心距和采用张紧轮两类。对有接头的平带，常采用定期截短带长，使带张紧，截去长度 $\Delta L = 0.01L_d$。

1. 调整中心距方式

（1）定期张紧：定期调整中心距以恢复张紧力。常见的有滑道式（图 4-13（a））和摆架式（图 4-13（b））两种，一般通过调节螺钉来调节中心距。滑道式多用于水平或接近水平的传动，摆架式多用于垂直或接近重直的传动。

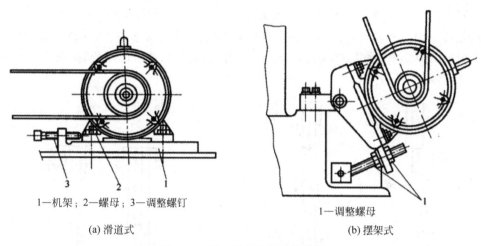

1—机架；2—螺母；3—调整螺钉

(a) 滑道式

1—调整螺母

(b) 摆架式

图 4-13　调心距式定期张紧装置

（2）自动张紧：自动张紧将装有带轮的电动机装在浮动的摆架上，利用电动机的自重张紧传动带，通过载荷的大小自动调节张紧力，如图 4-14 所示。多用于小功率传动，应使电动机和带轮的转向有利于减轻配重或减小偏心距。

2. 张紧轮方式

当带传动的轴间距不可调整时，可采用张紧轮装置。张紧轮一般设置在松边的内侧且靠近大轮处（图 4-15）。若设置在外侧时，则应靠近小带轮，可增加小带轮的包角，提高带的疲劳强度。

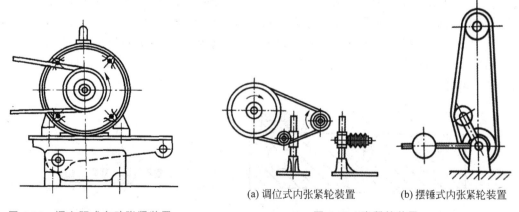

图 4-14　调心距式自动张紧装置

(a) 调位式内张紧轮装置　　(b) 摆锤式内张紧轮装置

图 4-15　张紧轮装置

4.5.2 带传动的安装与维护

1. 带传动的安装

1）带轮的安装

平行轴传动时，首先必须使两带轮的轴线保持平行，否则带侧面磨损严重，一般其偏差角不得超过±20′，如图 4-16 所示。各轮宽的中心线、V 带轮和多楔带轮的对应轮槽中心线及平带轮面凸弧的中心线均应共面且与轴线垂直，否则会加速带的磨损，降低带的寿命，如图 4-17 所示。

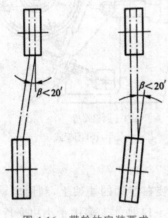

图 4-16　带轮的安装要求

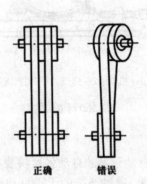

图 4-17　两带轮的相对位置

2）传动带的安装

（1）通常应通过调整各轮中心距的方法来安装带和进行张紧。严禁用撬棍等工具将带强行撬入或撬出带轮，以免损伤带的工作表面，降低带的弹性。

（2）为避免受力不均匀，一般 V 带数量不应超过 8～10 根。同组使用的 V 带应型号相同、长度相等。不同厂家生产的 V 带、新与旧 V 带不能同组使用。

（3）V 带在轮槽中应有正确的位置，如图 4-18 所示，带的顶面应与带轮外缘平齐，底面与带轮槽底间应有一定间隙，以保证带两侧工作面与轮槽全部贴合。

（4）安装 V 带时，应按规定的初拉力张紧。对于中等中心距的带传动，也可凭经验张紧，带的张紧程度以大拇指能将带按下 15mm 为宜，如图 4-19 所示。新带使用前，最好预先拉紧一段时间后再使用。

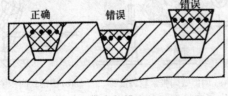

图 4-18　V 带在轮槽中的正确位置

图 4-19　V 带的张紧程度

2. 带传动的维护

（1）避免带与腐蚀性介质（酸、碱等）接触，避免在高温下工作，要有防护罩，保证安全。

（2）带传动无须润滑，禁止往带上加润滑油或润滑脂。

（3）应定期检查传动带，如有一根松弛或损坏则应全部更换新带。

（4）如果带传动装置需闲置一段时间后再用，应将传动带放松。

4.6 链 传 动

4.6.1 概述

1. 链传动的组成

链传动是一种具有中间挠性件（链条）的啮合传动，由主动链轮 1、从动链轮 2 和绕在链轮上的链条 3 组成（图 4-20），靠链节与链轮轮齿连续不断地啮合来传递运动和动力。

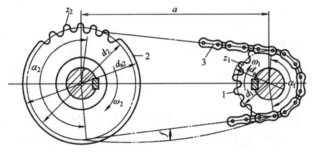

1—主动轮；2—从动链轮；3—链条

图 4-20 链传动示意图

2. 链传动的特点和应用

与带传动相比，链传动无弹性滑动和打滑现象，因而能保持平均传动比准确；链传动不需很大的初拉力，故对轴的压力小；它可以像带传动那样实现中心距较大的传动，比齿轮传动轻便得多，但不能保持恒定的瞬时传动比；传动中有一定的动载荷和冲击，传动平稳性差；工作时有噪声，适用于低速传动。

链传动主要用于要求工作可靠，两轴相距较远，不宜采用齿轮传动，要求平均传动比准确但不要求瞬时传动比准确的场合。它可以用于环境条件较恶劣的场合，广泛用于农业、矿山、冶金、运输机械以及机床和轻工机械中。

链传动适用的一般范围为：传递功率 $P \leqslant 100\text{kW}$，中心距 $a \leqslant 5 \sim 6\text{m}$，传动比 $i \leqslant 8$，链速 $v \leqslant 15\text{m/s}$，传动效率为 0.95～0.98。

3. 链传动的分类

常用的链条按用途不同，可分为传动链、起重链和输送链。起重链用于起重机械中起吊重物；输送链用于输送机械中的牵引重物；传动链用于一般机械中传递运动和动力。传动链又分为齿形链(图 4-21)和滚子链(图 4-22)两种。齿形链运转较平稳,噪声小,被称为无声链。它适用于高速(40m/s)、运动精度较高的传动中,缺点是制造成本高、重量大。本节主要介绍滚子链传动的设计、使用与维护。

滚子链的
结构

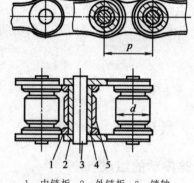

1—内链板;2—外链板;3—销轴;
4—套筒;5—滚子

图 4-22 滚子链的结构

图 4-21 齿形链

4.6.2 滚子链的结构与型号

1. 滚子链的结构

如图 4-22 所示,滚子链由内链板 1、外链板 2、销轴 3、套筒 4 和滚子 5 组成。其中,内链板与套筒采用过盈配合,组成的联接称为内链节;外链板与销轴之间采用过盈配合,组成的联接称为外链节;滚子与套筒、套筒与销轴之间均采用间隙配合。内、外链节依次交替铰接构成链条。相邻两滚子轴线间的距离称为链节距,用 p 表示,是传动链的重要参数。

当链轮轮齿和链节啮合传动时,链轮轮齿与滚子之间主要为滚动摩擦,因而磨损较小。链板大多制成 8 字形,可以减轻重量和运动时的惯性力。因为套筒可绕销轴自由转动,链条的磨损主要发生在销轴与套筒内径的接触面上。所以,销轴与套筒间,内、外链板之间留有较小的间隙,以便润滑油能渗入销轴与套筒内径的接触面上。

2. 链条长度

链条长度以链节数来表示。链节数最好为偶数,外链板与内链板相连接时,接头处可用开口销(图 4-23(a))或弹簧夹(图 4-23(b))将销轴进行轴向固定,前者用于大节距,后者用

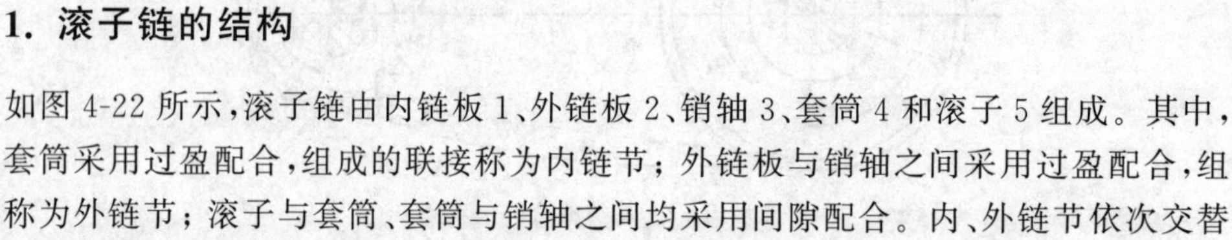

(a) 开口销联接节　　　　(b) 弹簧夹连接链节　　　　(c) 过渡链节

图 4-23 滚子链接头链节

于小节距,这节链节称连接链节。若链节数为奇数时,则需采用过渡链节(图 4-23(c))。过渡链节的链板是弯曲的,工作时会受到附加弯矩的作用,强度约降低 20%,因此设计时应当避免采用。

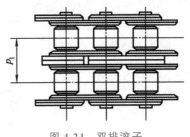

图 4-24　双排滚子

链条节距 p 越大,链传动各零件的结构尺寸越大,承载能力越高,但转动越不稳定,重量也随之加大。当需要传递大功率而又要求传动结构尺寸较小时,可采用小节距的双排链(图 4-24)或多排链,其承载能力与排数成正比。由于精度的影响,各排受载不易均匀,故排数不宜过多,4 排以上很少应用。

3. 滚子链的标准

滚子链已标准化,表 4-11 列出了 GB/T 1243—2006 规定的滚子链的基本参数和尺寸。国际上链节距均用英制单位,在我国标准中,链条节距采用英制折算成米制的单位。表中的链号数乘以 25.4/16mm 即为节距值 p(mm)。

滚子链的标记为"链号—排数×链节数 标准号",例如:节距为 15.875mm 的 A 系列双排、80 节的滚子链,其标记为 10A—2×80　GB/T 1243—2006。

表 4-11　滚子链的主要参数和尺寸(摘自 GB/T 1243—2006)

链号	节距 P/mm	排距 P_t/mm	滚子外径 d/mm	极限拉伸载荷(单排)F_Q/kN	每米长质量(单排)q/(kg/m)
8A	12.70	14.38	7.95	13.8	0.60
10A	15.875	18.11	10.16	21.8	1.00
12A	19.05	22.78	11.91	31.1	1.50
16A	25.40	29.29	15.88	55.6	2.60
20A	31.75	35.76	19.05	86.7	3.80
24A	38.10	45.44	22.23	124.6	5.60
28A	44.45	48.87	25.40	169.0	7.50
32A	50.80	58.55	28.58	222.4	10.10
40A	63.50	71.55	39.68	347.0	16.10
48A	76.20	87.83	47.63	500.4	22.60

注:1. 多排链极限拉伸载荷按表列 q 值乘以排数计算;

2. 使用过渡链节时,其极限拉伸载荷按表列数值的 80% 计算。

4.6.3　链轮的结构和材料

1. 链轮的齿形

链轮的齿形应保证链轮与链条接触良好、受力均匀,链节能顺利地进入和退出与轮齿的啮合,GB/T 1243—2006 规定了链轮端面齿槽形状。目前链轮轮齿多采用三圆弧-直线齿形。

2. 链轮的结构

如图 4-25 所示,链轮的结构主要根据链轮直径的大小确定,小直径链轮可制成实心式

（图 4-25(a)）；中等直径链轮可制成孔板式（图 4-25(b)）；对于大直径链轮，为了提高轮齿的耐磨性，常将齿圈和齿心用不同材料制造，然后焊接起来（图 4-25(c)）或螺栓联接的方法（图 4-25(d)）装配在一起。

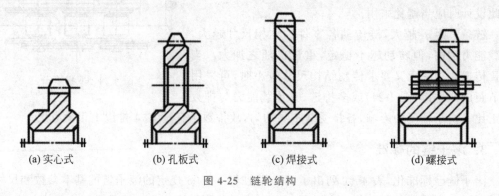

| (a) 实心式 | (b) 孔板式 | (c) 焊接式 | (d) 螺接式 |

图 4-25　链轮结构

3. 链轮的材料

链轮所使用的材料应保证轮齿具有足够的强度和耐磨性。链轮及其齿面一般都要进行热处理，且由于小链轮轮齿的啮合次数大于大链轮轮齿的啮合次数，所以小链轮轮齿的磨损和冲击较严重，因此小链轮的材料应优于大链轮的材料，小链轮的齿面硬度也应高于大链轮的齿面硬度。链轮常用的材料有优质碳素钢、灰铸铁和铸钢等，重要场合可采用合金钢等。

4.6.4　链传动的运动特性

由于链条是以折线形状绕在链轮上，相当于链条绕在边长为节距 p，边数为链轮齿数 z 的多边形轮上，如图 4-26 所示。链轮每转过一周，链条转过的长度为 pz，设两轮的转速分别为 n_1、n_2(r/min)，则链的平均速度为

$$v = \frac{z_1 \cdot p \cdot n_1}{60 \times 1000} = \frac{z_2 \cdot p \cdot n_2}{60 \times 1000} (\text{m/s}) \qquad (4\text{-}12)$$

式中：z_1、z_2 分别为主、从动链轮的齿数；p 为链节距。

由上式可得链传动的传动比为

$$i_{12} = \frac{n_1}{n_2} = \frac{z_1}{z_2} \qquad (4\text{-}13)$$

求得的链速是平均值，因此求得的链传动比也是平均值。实际上，链速和链传动比在每一瞬时都是变化的，而且按每一链节的啮合过程做周期性变化。

由上述分析可知，链传动工作时不可避免地会产生振动、冲击，引起附加的动载荷，使传动不平稳，因此链传动不适用于高速传动。

链传动的速度分析

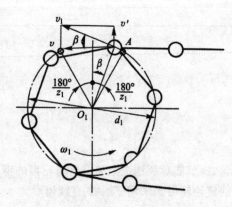

图 4-26　链传动的速度分析

4.6.5 链传动的失效形式

由于链条强度不如链轮高,所以一般链传动的失效主要是链条的失效。常见的失效形式有以下几种。

(1) 链条的疲劳破坏:由于链条松边和紧边的拉力不等,在其反复作用下经过一定的循环次数,各元件易发生疲劳破坏。在正常的润滑条件下,一般是链板首先发生疲劳断裂,其疲劳强度成为限定链传动承载能力的主要因素。此外,链传动在反复启动、制动或反转时产生很大的惯性冲击,会使滚子和套筒发生冲击疲劳破坏。

(2) 链条铰链的磨损:链的各元件在工作过程中都会有不同程度的磨损,但主要磨损发生在铰链的销轴与套筒的承压面上。磨损使链条的节距增加,容易产生跳齿和脱链。一般开式传动时极易产生磨损,降低链条寿命。

(3) 链条铰链的胶合:当链轮转速达到一定值时,链节啮入时受到的冲击能量增大,工作表面的温度过高,销轴和套筒间的润滑油膜将会被破坏而产生胶合。胶合限制了链传动的极限转速。

(4) 静力拉断:在低速($v<0.6\mathrm{m/s}$)、重载或严重过载的场合,当载荷超过链条的静力强度时,会导致链条被拉断。

4.6.6 链传动主要参数的选择

1. 齿数 z_1、z_2 和传动比 i

若小链轮的齿数 z_1 太少,则动载荷增大,传动平稳性差,链易磨损,故应限制小链轮的最少齿数,一般取 $z_1 \geqslant 17$,也不宜过多,否则使传动尺寸和质量增大。为避免跳齿和脱链现象,也要限制大链轮齿数,一般应使 $z_2 \leqslant 120$。由于链节数常为偶数,为使磨损均匀,链轮齿数一般应取与链节数互为质数的奇数,并优先选用数列 17、19、23、25、38、57、76、95、114 中的数。

通常链传动的传动比 $i \leqslant 7$,推荐 $i=2 \sim 3.5$。当链速较低($v \leqslant 2\mathrm{m/s}$),且载荷平稳,传动外廓尺寸不受限制时,允许 $i \leqslant 10$。

2. 链的节距 p

p 是链传动最主要的参数,决定链传动的承载能力。在一定条件下,p 越大,承载能力越高,振动和噪声也越大。为使传动平稳和结构紧凑,应尽量选用节距较小的单排链。高速、大功率时,可选用小节距多排链。

3. 中心距 a 和链节数 L_p

如果中心距过小,则链条在小链轮上的包角较小,啮合的齿数少,会导致磨损加剧,且易产生跳齿、脱链等现象。同时链条的绕转次数增多,加剧了疲劳磨损,从而影响链条的寿命。若中心距过大,则链传动的结构大,由于链条松边的垂度大而产生抖动。一般中心距取 $a \leqslant$

$80p$，大多数情况下取 $a=(30\sim50)p$，最小中心距应保证小链轮包角不小于 $120°$。

链条的长度常用链节数 L_p 表示，链长总长 $L=pL_p$，链节数可根据 z_1、z_2、p 和选定中心距 a_0 计算，计算结果圆整成相近的偶数。根据选定的 L_p 可计算理论中心距 a，为保证链长有合适的垂度，实际中心距应略小于理论中心距 $2\sim5\text{mm}$。为了便于安装和张紧，一般设计成可调整的中心距。

4.6.7 链传动的布置、张紧和润滑

1. 链传动的布置

链传动的布置对传动的工作状况和使用寿命有较大的影响。通常情况下，链传动的两轴线应平行布置，两链轮的回转平面应在同一平面内，否则易引起脱链和不正常磨损。链条应使紧边在上，松边在下，以免松边垂度过大时链与轮齿相干涉，或紧边、松边相碰。如果两链轮中心的连线不能布置在水平面上，与水平面的夹角应小于 $45°$，应尽量避免中心线垂直布置，以防止下链轮啮合不良。

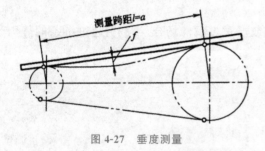

图 4-27 垂度测量

2. 链传动的张紧

链条包在链轮上应松紧适度，通常用测量松边垂度 f 的方法来判断链的松紧程度，如图 4-27 所示。合适的松边垂度为 $f=(0.01\sim0.02)a$。对于重载、反复启动及接近垂直的链传动，松边垂度应适当减小。

传动中，当铰链磨损使链长度增大而导致松边垂度过大时，可采取如下张紧措施。

(1) 通过调整中心距，使链张紧。

(2) 拆除 $1\sim2$ 个链节，缩短链长，使链张紧。

(3) 加设张紧轮(图 4-28)，使链条张紧。张紧轮应设在松边，可以是链轮，其齿数与小链轮相近，也可以是无齿的辊轮，辊轮直径稍小，常用夹布胶木制造。

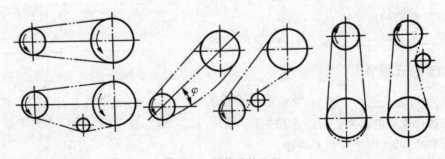

图 4-28 链传动的张紧

3. 链传动的润滑

链传动有良好的润滑时，可以减轻磨损，延长使用寿命。润滑方式可根据链速和链节距

的大小由图 4-29 选择。具体润滑装置见图 4-30。润滑油应加于松边,以便润滑油渗入各运动接触面。润滑油一般可采用:L—AN32、L—AN46、L—AN68 油。

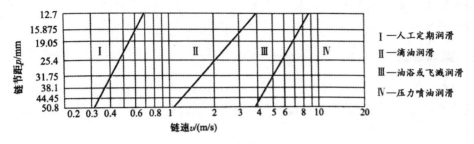

图 4-29　推荐的润滑方式

I —人工定期润滑
II —滴油润滑
III —油浴或飞溅润滑
IV —压力喷油润滑

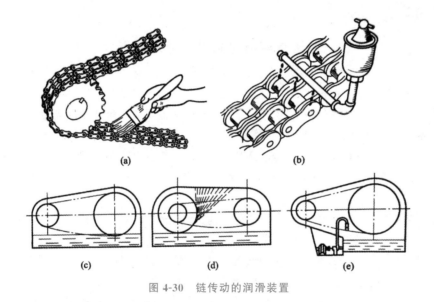

图 4-30　链传动的润滑装置

4.7　本章实训——带式输送机传动装置中带传动的设计

1. 实训目的

带传动的设计内容比较齐全,基本上包含了机械零件的所有设计过程,因而具有一定的典型性。了解带传动的设计思路,对今后学好其他传动件的设计将会大有帮助。

要求掌握带传动的设计计算方法,确定作用在轴上的力,绘制 V 带轮轮槽部分的图样,观看带传动的生产视频。

2. 实训内容

根据第 3 章实训得到的主要参数,包括传动比、功率、转速、载荷性质和工作寿命,选择 V 带的型号,确定 V 带的根数,计算作用在轴上的力,绘制 V 带轮轮槽部分的图样。

3. 实训过程

本实训主要是设计计算训练,设计计算过程可参考例题 4-1 的表 4-10,绘制 V 带轮轮槽部分的图样可参照表 4-3。

4. 实训总结

通过本章的实训,应学会利用图表及计算公式设计 V 带传动,特别是应当充分利用第 3 章得到的数据,如轴功率、轴转速和转矩等作为本实训的参数,并以本实训所得到的数据,作为后续其他章节实训的参数,为后续章节的实训做好准备。

中国首艘航母总设计师朱英富

"瓦良格"号从乌克兰港口穿越黑海、博斯普鲁斯海峡、地中海和达达尼尔海峡,绕过半个地球,历时 3 年来到了中国,中国的造船业技术人员个个摩拳擦掌,欢欣雀跃。但是,在美国的粗暴干涉下,航母上的舰载武器一个不剩,全被拆除了,只有船体和几台主机。由于在船舶设计方面颇有建树,2004 年,朱英富被委以重任,扛起了航母设计的大旗。改造瓦良格这样一个半成品,和重新建造一个航母没什么两样,朱英富肩上的担子很重。当时的他已经 60 多岁了,依然能时常在航母建造现场看到他的身影,谱写着"爱国、创新、科学、拼搏、协作"的航母精神。

经过 8 年的努力,朱英富与团队最终将一座"烂尾楼"建成了具有较强作战能力的航空母舰! 2012 年 9 月 25 日,中国第一艘航空母舰"辽宁"舰正式入列(图 4-31)。朱英富说:"8 年要把这么条船弄出来,根据我多年跟船打交道的经验,从科学上讲,它是困难的。瓦良格拖来时只是一个壳体,我们这边没有设计图纸,没有规范,没有经验。我们也曾想跟原研制方合作,人家拒绝了。后来我们完全按照新船研制的流程,从方案设计、技术设计、施工设计,一段一段地走全过程。"

图 4-31　辽宁舰

练 习 题

1. 填空题

（1）V 带传动的弹性滑动是_____避免的,打滑是_____避免的。

（2）普通 V 带传动的主要失效形式是_____、_____。

（3）设普通 V 带传动的预紧力为 F_0、紧边拉力为 F_1、松边拉力为 F_2,带传动不工作时,带轮两边拉力_____预紧力,带传动工作时有效拉力等于_____。

（4）带工作时,其横截面上产生_____应力、_____应力和_____应力。

（5）V 带的截面形状和尺寸_____标准的,V 带的长度_____标准的,带轮_____标准件。

（6）套筒滚子链_____标准件,链号越_____,链的承载能力越_____。

2. 简答题

（1）带传动有何特点?

（2）按带的形状分,带主要有哪些类型?

（3）在小带轮的包角、摩擦系数和张紧力相同的情况下,为什么 V 带传动比平带传动能够传递更大的有效拉力?

（4）V 带的楔角是 40°,为什么带轮槽角分别为 32°、34°、36°、38°,带轮槽角取决于什么因素?

（5）什么是带的有效拉力?什么是张紧力?它们之间的关系是什么?

（6）设计带传动时,若小带轮包角过小,对传动有什么影响?如何增大包角?

（7）摩擦式带传动的主要失效形式是什么?设计准则是什么?

（8）带传动中张紧装置的作用是什么?

（9）链传动有哪些主要特点?适用于什么场合?

（10）链节数为何要尽量采用偶数?

3. 综合计算题

（1）V 带传动传递的功率是 7.5kW,带的速度 $v = 10\text{m/s}$,紧边拉力是松边拉力的两倍,求紧边拉力及有效拉力。

（2）已知某 V 带传动共有 3 根带,小带轮的包角 $\alpha_1 = 150°$,单根带的预紧力 $F_1 = 180\text{N}$,试求作用在轴上的力 F_Q。

（3）设计某锯木机用普通 V 带传动,所传递的功率 $P = 3.5\text{kW}$,小带轮的转速 $n_1 = 1420\text{r/min}$,传动比 $i = 2.6$,载荷平稳,两班制工作,试设计该 V 带传动。

第 **5** 章

齿 轮 传 动

学习目标

通过本章的学习,要求熟悉齿轮传动的特点及应用;了解渐开线齿廓及其啮合特性;熟练掌握渐开线标准直齿轮的基本参数和几何尺寸计算;熟悉渐开线直齿轮正确啮合的条件;了解展成法加工齿轮的基本原理,掌握标准齿轮不发生根切的最小齿数,了解齿轮传动的精度和选用原则;掌握齿轮的失效形式和常用的材料;掌握标准直齿轮传动的设计方法和设计步骤;熟悉斜齿轮传动和锥齿轮传动的基本参数、几何尺寸计算和强度计算;了解齿轮结构设计及齿轮传动的润滑方式。

重点与难点

◇ 渐开线齿轮啮合原理;

◇ 齿轮的基本参数及几何尺寸计算;

◇ 齿轮失效形式、设计准则;

◇ 齿轮传动的受力分析;

◇ 齿轮传动的参数选择与设计计算。

 案例导入

带式输送机的齿轮减速器

一般原动机转速高、转矩小,而工作机转速较低、转矩较大,因此在原动机与执行机构之间需要进行运动、动力的转换和传递。图 5-1 所示的带式输送机中,输送带是工作机,电动机是原动机,两者之间转速、转矩的转换靠的是带传动与齿轮传动。

齿轮传动是现代机械中应用最广泛的一种机械传动方式,在改变运动速度的同时还可以改变运动方向,以满足工作需要,故在机床和汽车变速器等机械中被普遍应用。本章主要讨论齿轮传动的工作原理和几何尺寸计算、主要参数的选取、设计计算方法和过程。

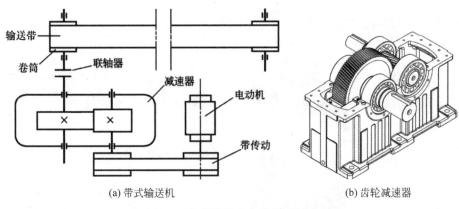

(a) 带式输送机　　　　　　　　　　(b) 齿轮减速器

图 5-1　带式输送机与齿轮减速器

5.1　齿轮传动的特点和基本类型

5.1.1　齿轮传动的特点

齿轮传动用来传递任意两轴之间的运动和动力,圆周速度可达 300m/s,传递功率可达 10^5kW,齿轮直径可从 1mm 到 150m 以上,是现代机械中应用最广泛的一种机械传动。齿轮传动与带传动相比,主要优点有:①传递动力大、效率高;②寿命长,工作平稳,可靠性高;③能保证恒定的传动比,能传递成任意夹角的两轴间的运动。主要缺点有:①制造、安装精度要求较高,成本较高;②不宜作轴间距离过大的传动。

5.1.2　齿轮传动的类型

齿轮传动种类较多,可按不同的角度进行分类,常用类型见表 5-1。

表 5-1　常用渐开线齿轮传动机构

分类	齿形	机构名称	结　构	特　点	应　用
平面齿轮传动机构	直齿	外啮合直齿圆柱齿轮机构		两齿轮转向相反,结构较为简单,制造工艺成熟,使用寿命较长	是使用场合最多、用量最大的齿轮机构,可用于各种减速器、变速器、机床、内燃机、车辆、舰船和航空、航天器等
		内啮合直齿圆柱齿轮机构		一个是外齿轮,另一个是内齿轮,两轮转向相同	该类型使用较少,可用于行星齿轮减速器

常用渐开线齿轮传动机构

分类	齿形	机构名称	结　构	特　点	应　用
平面齿轮传动机构	直齿	齿轮齿条机构		可以进行直线运动和旋转运动之间的转换,但齿条的位移有限	可用于有运动转换要求的场合,如普通车床的进给传动系统
	斜齿	斜齿圆柱齿轮机构		不根切的齿数较小,重合度较大,相同体积时比直齿圆柱齿轮传递功率大,有附加轴向力	应用范围较广,可用于各种减速器、变速器、机床、汽车、船只等场合
空间齿轮传动机构	锥齿	直齿锥齿轮机构		有轴向力,加工和安装比较困难,需要专用机床制造	用于两相交轴之间的传动,通常是90°,一般用于轻载、低速场合
	螺旋齿	蜗杆蜗轮机构		传动比要比一般齿轮机构大许多,制造成本较高,使用寿命相对较短,可自锁	用于传动比较大、结构较为紧凑或有自锁要求的场合
	斜齿	交错轴斜齿圆柱齿轮机构		是由两个螺旋角不同的斜齿圆柱齿轮组成的齿轮副,齿面为点接触,承载能力较小,两轴线可成任意角度	可用于两传动轴在空间成任意交错角的场合

　　按照一对齿轮传动的角速比是否恒定,可将齿轮传动分为非圆齿轮传动(角速比变化)和圆形齿轮传动(角速比恒定)两大类。本章只研究圆形齿轮传动。

　　按照齿轮机构中两相互啮合的齿轮之间轴线的位置关系,齿轮机构可以分为平面齿轮机构和空间齿轮机构。平面齿轮机构是指两齿轮的轴线相互平行的齿轮机构;空间齿轮机构又分为相交轴齿轮机构和交错轴齿轮机构。

　　按照轮齿齿廓曲线的不同,齿轮又可分为渐开线齿轮、圆弧齿轮、摆线齿轮等,本章仅讨论制造、安装方便,应用最广的渐开线齿轮。

　　按照轮齿齿向的不同,可分为直齿齿轮、斜齿齿轮、人字齿齿轮、曲线齿齿轮。

　　按照工作条件的不同,齿轮传动可分为开式齿轮传动和闭式齿轮传动两种。前者轮齿外露,灰尘易落于齿面,后者轮齿封闭在箱体内。

　　按照齿廓表面的硬度的不同,可分为软齿面齿轮传动(硬度≤350HBW)和硬齿面齿轮传动两种(硬度>350HBW)。

5.2　渐开线齿轮的齿廓及传动比

齿轮机构最突出的特点是传动比恒定,这对保证机械设备运转的平稳性非常重要。理论上可作为齿轮齿廓的曲线有许多种,但由于轮齿加工、测量和强度要求等方面的原因,实际上可选用的齿廓曲线仅有渐开线、摆线、圆弧线和抛物线等几种,其中渐开线齿廓应用最广。

5.2.1　渐开线齿廓的形成及特性

1. 渐开线的形成

图 5-2 中的直线 NK 沿一圆周做纯滚动时,该直线上任意一点 K 的轨迹 AK 称为这个圆的渐开线。该圆称为渐开线 AK 的基圆,半径和直径分别用 r_b 和 d_b 表示,直线 NK 称为渐开线的发生线。渐开线上任一点 K 的向径 OK 与起始点 A 的向径 OA 间的夹角 θ_K 称为渐开线(AK 段)的展角。

2. 渐开线的特性

根据渐开线的形成,可知渐开线具有如下特性。

(1) 发生线上沿基圆滚过的长度等于基圆上被滚过的圆弧长度,即 $NK = \overset{\frown}{NA}$。

(2) 因为发生线在基圆上做纯滚动,所以它与基圆的切点 N 就是渐开线上 K 点的瞬时速度中心,发生线 NK 是渐开线在任意点 K 的法线,同时也是基圆上 N 点的切线。

(3) 切点 N 是渐开线上 K 点的曲率中心,NK 是渐开线上 K 点的曲率半径。渐开线上点离基圆越近,曲率半径越小。

(4) 渐开线的形状取决于基圆的大小。如图 5-3 所示,基圆越大,渐开线越平直;基圆越小,渐开线越弯曲。若轮 3 基圆半径趋于无穷大时,则渐开线将成为直线。

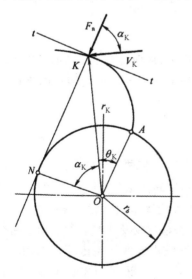

图 5-2　渐开线的形成

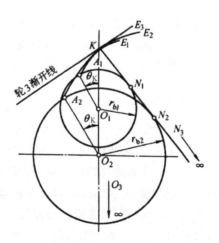

图 5-3　基圆大小对渐开线的影响

渐开线的形成

基圆大小对渐开线的影响

（5）基圆内无渐开线。

5.2.2　渐开线方程

在研究渐开线齿轮的啮合原理及几何尺寸的计算时，常常需要用到渐开线的方程式，可以根据渐开线的形成原理导出它的极坐标方程。

如图 5-2 所示，渐开线上任一点 K 的位置可用向径 r_K 和展角 θ_K 称来表示。若以此渐开线作为齿轮的齿廓，当两齿轮在 K 点啮合时，其正压力方向沿着 K 点的法线（NK）方向，而齿廓上 K 点的速度垂直于 OK 线。K 点的受力方向与速度方向之间所夹的锐角称为压力角 α_K。由此可见，渐开线齿廓上各点的压力角值不同。在 ΔNOK 中可得出

$$\cos\alpha_K = \frac{ON}{OK} = \frac{r_b}{r_K} \tag{5-1}$$

在 ΔNOK 中还可得出

$$\tan\alpha_K = \frac{NK}{ON} = \frac{\widehat{AK}}{ON} = \frac{r_b(\alpha_k + \theta_K)}{r_b} = \alpha_K + \theta_K$$

$$\tan\alpha_K = \alpha_K + \theta_K \tag{5-2}$$

由式（5-1）和式（5-2）得到渐开线的极坐标方程：

$$\left.\begin{array}{l} r_K = r_b/\cos\alpha_K \\ \theta_K = \tan\alpha_K - \alpha_K \end{array}\right\} \tag{5-3}$$

分析可知：

（1）渐开线上向径 r_K 不同的点，压力角 α_K 也不同，向径越大的点，压力角也越大。所以渐开线齿轮齿顶圆处的压力角最大，向径小的点，压力角越小，基圆上的压力角等于零。

（2）θ_K 随压力角 α_K 而改变，称展角 θ_K 为压力角 α_K 的渐开线函数，记作 $\theta_K = \mathrm{inv}\alpha_K$，角度均以弧度（rad）度量。

5.2.3　渐开线齿廓的啮合特点

齿轮机构工作时，主动轮 1 的齿廓推动从动轮 2 的齿廓，从而实现了运动的传递。两个齿轮的瞬时角速度 ω_1 与 ω_2 之比称为传动比 i_{12}，在工程上一般要求齿轮传动的传动比保持恒定。渐开线齿廓具有如下啮合特性。

1. 四线合一

如图 5-4 所示，一对渐开线齿廓在任意点 K 啮合，过 K 点作两齿廓的公法线 N_1N_2，根据渐开线性质，该公法线就是两基圆的内公切线。当两齿廓转到 K' 点啮合时，过 K' 点所作公法线也是两基圆的公切线。由于齿轮基圆的大小和位置均固定，公法线 nn 是唯一的，因此不管齿轮在哪一点啮合，啮合点总在这条公法线上，该公法线又称为啮合线。由于两个齿轮啮合传动时其正压力是沿着公法线方向的，因此对渐开线齿廓的齿轮传动来说，啮合线、过啮合点的公法线、基圆的内公切线和正压力作用线四线合一。该线与连心线 O_1O_2 的交点 P 是一固定点，P 点称为节点。

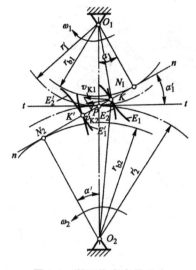

图 5-4 渐开线齿廓的啮合

2. 中心距可分性

如图 5-4 所示,分别以轮心 O_1 与 O_2 为圆心,以 $r_1' = O_1P$ 与 $r_2' = O_2P$ 为半径所作的圆,称为节圆。因为节点 P 的相对速度为零,所以一对齿轮传动可以看作是两个节圆的纯滚动,传动比等于两节圆半径的反比。又根据 $\triangle O_1N_1P$ 与 $\triangle O_2N_2P$ 相似,得到:

$$i_{12} = \frac{\omega_1}{\omega_2} = \frac{O_2P}{O_1P} = \frac{r_2'}{r_1'} = \frac{r_{b2}}{r_{b1}} = 常数 \qquad (5\text{-}4)$$

上式表明,两轮的传动比 i_{12} 是常数,不仅与两轮的节圆半径成反比,还与两基圆半径成反比。齿轮一经加工完毕,基圆大小就确定了,因此在安装时若中心距略有变化也不会改变传动比的大小,此特性称为中心距可分性。该特性使渐开线齿轮对加工、安装的误差及轴承的磨损均不敏感,这一点对齿轮传动的应用十分重要。

3. 啮合角不变

啮合线与两节圆公切线所夹的锐角称为啮合角,用 α' 表示,它就是渐开线在节圆上的压力角。显然齿轮传动时啮合角不变,力作用线方向不变。若传递的扭矩不变,其压力大小也保持不变,因而传动较平稳。

4. 齿面的滑动

如图 5-4 所示在节点啮合时,两个节圆做纯滚动,齿面上无滑动存在。在任意点 K 啮合时,由于两轮在 K 点的线速度(v_{K1}、v_{K2})不重合,必会产生沿着齿面方向的相对滑动,造成齿面的磨损。

5.3　渐开线齿轮各部分的名称及尺寸

5.3.1　齿轮各部分的名称和符号

图 5-5 所示为标准直齿圆柱齿轮的一部分,图 5-5(a)为外齿轮,图 5-5(b)为内齿轮,图 5-5(c)为齿条。由图可知,轮齿两侧齿廓是形状相同、方向相反的渐开线曲面。

齿轮各部分的名称、符号及其尺寸间的关系如下。

(1) 齿数:在齿轮整个圆周上轮齿的总数称为齿数,用 z 表示。

(2) 齿顶圆:过齿轮所有齿顶端的圆称为齿顶圆,用 r_a 和 d_a 分别表示其半径和直径。

(3) 齿根圆:过齿轮所有齿槽底的圆称为齿根圆,用 r_f 和 d_f 分别表示其半径和直径。从图 5-5(a)、(b)可知,外齿轮的齿顶圆大于齿根圆,而内齿轮则相反。

(4) 分度圆和模数:分度圆是介于齿顶圆和齿根圆之间的一个不可见圆,在齿轮计算

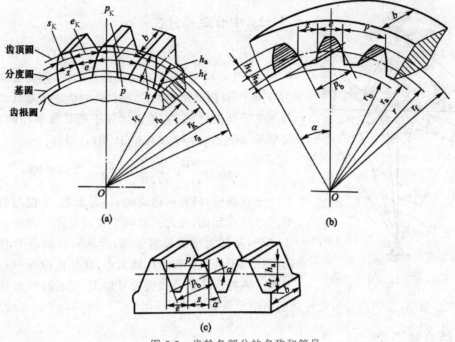

图 5-5　齿轮各部分的名称和符号

中将分度圆作为齿轮各部分尺寸的计算基准。分度圆上所有的参数不带下标,直径为 d,半径为 r,相邻两齿同侧齿廓间的弧长称为齿距 p,分度圆的周长取决于齿距 p 和齿数 z,则分度圆周长 $\pi d = pz$,可得

$$d = \frac{p}{\pi} z$$

π 是无理数,为便于计算和测量,令 $p/\pi = m$,称为模数,于是上式可改写为

$$d = mz \tag{5-5}$$

模数的单位是 mm,可以看出,模数 m 越大,则齿轮的分度圆尺寸越大。我国规定了标准模数系列见表 5-2,模数是齿轮传动计算中重要的基本参数。

表 5-2　渐开线圆柱齿轮的模数(摘自 GB/T 1357—2008)　　　　单位:mm

第一系列	1, 1.25, 1.5, 2, 2.5, 3, 4, 5, 6, 8, 10, 12, 16, 20, 25, 32, 40, 50
第二系列	1.75, 2.25, 2.75, (3.25), 3.5, (3.75), 4.5, 5.5, (6.5), 7, 9, (11), 14, 18, 22, 28, (30), 36, 45

注:对斜齿轮是指法向模数 m_n;应优先采用第一系列;括号内的模数尽可能不用。

(5)压力角:同一渐开线齿廓上不同位置的压力角是不同的。我国规定分度圆上的压力角为标准值,以 α 表示,在普通机械传动中取 $\alpha = 20°$,由式(5-3)可推知

$$\cos\alpha = \frac{r_b}{r} \tag{5-6}$$

因此,分度圆可以定义为:齿轮上具有标准模数和标准压力角的圆。

(6)轮齿的径向尺寸。

① 齿顶高:分度圆和齿顶圆之间的径向距离称为齿顶高,用 h_a 表示。

② 齿根高：分度圆和齿根圆之间的径向距离称为齿根高，用 h_f 表示。

③ 全齿高：齿顶圆和齿根圆之间的径向距离称为全齿高，以 h 表示。

④ 顶隙：是指一对齿轮啮合时，一个齿轮的齿顶圆到另一个齿轮的齿根圆之间的径向距离，用 c 表示。顶隙可以存储润滑油，有利于齿轮传动，还能防止一个齿轮的齿顶与另一个齿轮的齿根发生干涉。

（7）轮齿的周向尺寸。

① 齿槽宽：分度圆上，齿槽两侧齿廓间的弧长称为齿槽宽，用 e 表示。

② 齿厚：分度圆上，轮齿两侧齿廓间的弧长称为齿厚，用 s 表示。

③ 齿距：分度圆上，相邻两齿同侧齿廓间的弧长称为齿距，用 p 表示。齿距等于齿厚与齿槽宽之和，即 $p=s+e$。

当基圆半径趋向无穷大时，渐开线齿廓变成直线齿廓，齿轮变成齿条，齿轮上的各圆都变成齿条上相应的线。如图 5-5(c)所示，齿条上同侧齿廓互相平行，所以齿廓上任意点的齿距都相等，但只有在分度线上齿厚与齿槽宽才相等，即 $s=e=\pi m/2$。齿条齿廓上各点的压力角都相等，均为标准值。齿廓的倾斜角称为齿形角，其大小与压力角相等。

5.3.2 标准直齿圆柱齿轮的基本参数及几何尺寸计算

所谓标准齿轮，是指模数 m、压力角 α、齿顶高系数 h_a^* 和顶隙系数 c^* 均为标准值，且分度圆上的齿厚等于齿槽宽($s=e$)的齿轮。标准直齿圆柱齿轮的基本参数有 5 个：z、m、α、h_a^*、c^*，所有尺寸均可用上述 5 个参数来表示，几何尺寸的计算公式列于表 5-3 中。

表 5-3　渐开线标准直齿圆柱齿轮几何尺寸的计算公式

名 称		代号	在齿轮几何尺寸计算	
			外 齿 轮	内 齿 轮
基本参数	齿数	z	$z_{min}=17$，通常 z_1 在 20～28 范围内选取，$z_2=iz_1$	
	模数	m	由强度计算确定，按表 5-2 取为标准值，动力传动中，$m \geqslant 2mm$	
	压力角	α	取标准值，$\alpha=20°$	
	齿顶高系数	h_a^*	取标准值，对于正常齿，$h_a^*=1$；对于短齿，$h_a^*=0.8$	
	顶隙系数	c^*	取标准值，对于正常齿，$c^*=0.25$，对于短齿，$c^*=0.3$	
几何尺寸	齿全高	h	$h=h_a+h_f=(2h_a^*+c^*)m$	
	齿顶高	h_a	$h_a=h_a^* m$	
	齿根高	h_f	$h_f=(h_a^*+c^*)m$	
	齿距	p	$p=\pi m$	
	齿厚	s	$s=p/2=\pi m/2$	
	齿槽宽	e	$e=p/2=\pi m/2$	
	齿数比	i	$i=\dfrac{z_2}{z_1}$	
	分度圆直径	d	$d=mz$	
	基圆直径	d_b	$d_b=d\cos\alpha=mz\cos\alpha$	
	齿顶圆直径	d_a	$d_a=d+2h_a=(z+2h_a^*)m$	$d_a=d-2h_a=(z-2h_a^*)m$
	齿根圆直径	d_f	$d_f=d-2h_f=(z-2h_a^*-2c^*)m$	$d_f=d+2h_f=(z+2h_a^*+2c^*)m$
	标准中心距	a	$a=(d_1+d_2)/2=m(z_1+z_2)/2$	$a=(d_2-d_1)/2=m(z_2-z_1)/2$

　　由表 5-3 各式不难看出,模数是齿轮几何尺寸计算的主要参数,当齿数不变时,模数增大,则齿轮各都分尺寸也随之增大相应的倍数,如图 5-6 所示。

　　此外,在齿轮加工和检验过程中,常通过测量公法线长度和分度圆弦齿厚的方法来确保齿轮的精度。卡尺在齿轮上跨若干齿数 k 所量得齿廓间的法向距离称为公法线长度,用 W 表示。如图 5-7 所示,卡尺跨测三个轮齿,分别与轮齿相切于 A、B 两点,则线段 AB 就是跨三个齿测得的公法线长度。当 $\alpha = 20°$ 时,经推导整理,可得齿数为 z 的标准齿轮公法线长度 W 的计算公式为

$$W = m[2.9521(k - 0.5) + 0.014z] \tag{5-7}$$

式中:k 为所跨齿数,为了保证卡尺与轮齿相切,测量时所跨齿数不宜过多或过少。对于 $\alpha = 20°$ 的标准齿轮,可估算应跨齿数 $k = 0.111z + 0.5$。

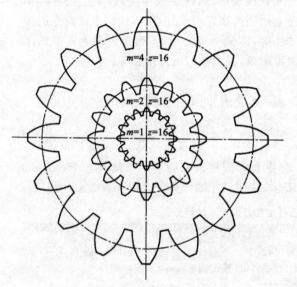

图 5-6　不同模数的齿轮

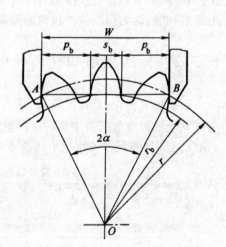

图 5-7　测量公法线

　　【例 5-1】　某国产机床的传动系统,需更换一个损坏的齿轮。测得其齿数 $z = 24$,齿顶圆直径 $d_a = 77.95\text{mm}$,已知为正常齿制,试计算齿轮的模数和主要尺寸。

　　解:齿轮为标准齿轮,故齿轮压力角为 $20°$,正常齿制,可知 $h_a^* = 1$,$c^* = 0.25$。

1)计算齿轮的模数

根据表 5-3,得

$$m = \frac{d_a}{z + 2h_a^*} = \frac{77.95}{24 + 2 \times 1} = 2.998(\text{mm})$$

查表 5-2 并圆整为标准值,取 $m = 3\text{mm}$。

2)计算齿轮主要尺寸

$$d = mz = 3 \times 24 = 72(\text{mm})$$
$$d_a = m(z + 2h_a^*) = 3 \times (24 + 2) = 78(\text{mm})$$
$$d_f = m(z - 2h_a^* - 2c^*) = 3 \times (24 - 2.5) = 64.5(\text{mm})$$
$$d_b = d\cos\alpha = 7 \times \cos20° = 67.66(\text{mm})$$

$$p = \pi m = 3.14 \times 3 = 9.42(\text{mm})$$

$$s = e = \frac{\pi m}{2} = \frac{3.14 \times 3}{2} = 4.71(\text{mm})$$

5.4　渐开线直齿圆柱齿轮的啮合传动

5.4.1　正确啮合条件

如图 5-8 所示,设相邻两齿同侧齿廓与啮合线 N_1N_2(同时为啮合点的法线)的交点分别为 K_1 和 K_2,线段 K_1K_2 的长度称为齿轮的法向齿距。显然,要使两轮正确啮合,它们的法向齿距必须相等。由渐开线的性质可知,法向齿距等于两轮基圆上的齿距,因此要使两轮正确啮合,必须满足 $p_{b1} = p_{b2}$,又因为 $p_b = \pi m \cos\alpha$,可得

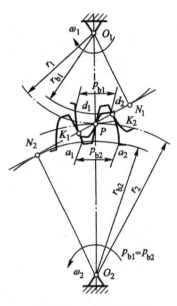

$$\pi m_1 \cos\alpha_1 = \pi m_2 \cos\alpha_2$$

由于渐开线齿轮的模数 m 和压力角 α 均为标准值,所以两轮正确啮合条件为

$$\left.\begin{array}{c} m_1 = m_2 = m \\ \alpha_1 = \alpha_2 = \alpha \end{array}\right\} \tag{5-8}$$

即两轮的模数和压力角分别相等。如不符合此条件,相啮合齿轮的轮齿将卡住而无法传动。

由齿轮正确啮合条件可知,渐开线直齿圆柱齿轮的传动比可表达为

图 5-8　正确啮合条件

$$i_{12} = \frac{\omega_1}{\omega_2} = \frac{r_2'}{r_1'} = \frac{r_{b2}}{r_{b1}} = \frac{r_2 \cos\alpha_2}{r_1 \cos\alpha_1} = \frac{r_2}{r_1} = \frac{z_2}{z_1} = 常数 \tag{5-9}$$

即传动比不仅与两轮的基圆、节圆、分度圆直径成反比,而且与两轮的齿数成反比。

5.4.2　连续传动条件

为了保证一对渐开线齿轮能够连续传动,必须做到前一对啮合齿轮在脱离啮合之前,后一对齿轮进入啮合,否则传动中断,发生冲击,无法保持传动的连续平稳性。

如图 5-9 所示,齿轮 1 为主动轮,齿轮 2 为从动轮,齿轮的啮合是从主动轮的齿根推动从动轮的齿顶开始的,因此初始啮合点是从动轮齿顶与啮合线的交点 B_2 点,一直啮合到主动轮的齿顶与啮合线的交点 B_1 点为止,由此可见,B_1B_2 是实际啮合线长度。显然,随着齿顶圆的增大,B_1B_2 线可以加长,但不会超过 N_1、N_2 点,N_1、N_2 点称为啮合极限点,N_1N_2 是理论啮合线长度。

当 B_1B_2 恰好等于 p_b 时,即前一对齿在 B_1 点即将脱离,后一对齿刚好在 B_2 点接触,

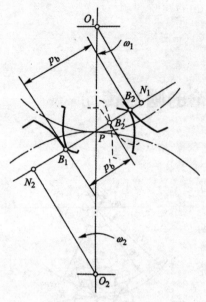

图 5-9　齿轮传动的重合度

齿轮能保证连续传动；但若齿轮 2 的齿顶圆直径稍小，它与啮合线的交点在 B_2'，则 $B_1 B_2' < p_b$，此时前一对齿即将分离，后一对齿尚未进入啮合，齿轮传动中断；若如图中虚线所示，前一对齿到达 B_1 点时，后一对齿已经啮合多时，此时 $B_1 B_2 > p_b$。由此可见，齿轮连续传动的条件为 $B_1 B_2 \geqslant p_b$，即必须使实际啮合线段 $B_1 B_2$ 的长度大于或等于齿轮的基圆齿距 p_b。通常把这个条件用 $B_1 B_2$ 与 p_b 的比值 ε 来表示，ε 称为重合度，即

$$\varepsilon = \frac{B_1 B_2}{p_b} \geqslant 1 \qquad (5\text{-}10)$$

重合度 ε 越大，表示同时参与啮合的轮齿越多，所以每对轮齿所受载荷就小，这相对地提高了齿轮的承载能力。对于在标准中心距下安装的渐开线标准直齿圆柱齿轮传动，齿数 $z > 12$ 时，其重合度必大于 1，所以通常不必验算其重合度。

5.4.3　标准安装

为了避免冲击、振动、噪声等，理论上齿轮传动应为无侧隙啮合。

1. 外啮合传动

如图 5-10 所示，齿轮啮合时相当于一对节圆做纯滚动，标准齿轮分度圆上的齿厚等于齿槽宽，即 $s = e = m/2$，而两轮要正确啮合必须保证 $m_1 = m_2 = m$，所以若要保证无侧隙啮合，就要求分度圆与节圆重合。这样保证无齿侧间隙的安装称为标准安装，此时的中心距称为标准中心距：

$$a = r_1 + r_2 = \frac{m}{2}(z_1 + z_2) \qquad (5\text{-}11)$$

即两轮的标准中心距 a 等于两轮的分度圆半径之和。此时，两齿轮在径向方向留有间隙，其值为一齿轮的齿根高减去另一齿轮的齿顶高，称为标准顶隙，即 $c = c^* m$。

当安装中心距不等于标准中心距（即非标准安装）时，节圆半径要发生变化，但分度圆半径是不变的，这时分度圆与节圆不重合。啮合线位置变化，啮合角 α' 也不再等于分度圆上的压力角 α。此时的中心距为

$$a' = r_1' + r_2' = (r_1 + r_2) \frac{\cos\alpha}{\cos\alpha'} = a \frac{\cos\alpha}{\cos\alpha'} \qquad (5\text{-}12)$$

但无论是标准安装还是非标准安装，其传动比 i_{12} 均为式(5-9)，为一常数。

2. 齿轮齿条啮合

当齿轮齿条啮合时，相当于齿轮节圆与齿条节线做纯滚动，如图 5-11 所示。当采用标

准安装时,齿条节线与齿轮分度圆相切,此时啮合角与压力角相等 $\alpha'=\alpha$。当齿条远离或靠近齿轮时(相当于齿轮中心距改变),由于齿条的齿廓是直线,所以啮合线位置不变,啮合角不变,节点位置不变,所以不管是否为标准安装,齿轮与齿条啮合时齿轮的分度圆永远与节圆重合,啮合角恒等于压力角。但只有在标准安装时,齿条的分度线才与节线重合。

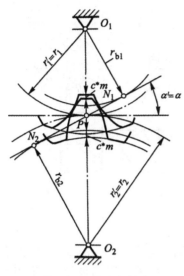

图 5-10　外啮合传动

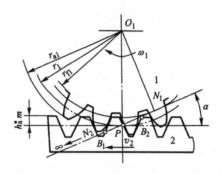

图 5-11　齿轮齿条传动

必须指出,为了保证齿面润滑,避免轮齿因摩擦发生热膨胀而产生卡死现象,以及为了补偿加工误差等,齿轮传动应留有很小的侧隙。此侧隙一般在制造齿轮时由齿厚负偏差来保证,而在设计计算齿轮尺寸时仍按无侧隙计算。

5.5　渐开线齿轮的加工方法和根切现象

5.5.1　齿轮的加工方法

齿轮加工的基本要求是齿形准确和分齿均匀,加工方法很多,如铸造法、冲压法、热轧法、切削法等。最常用的是切削法,按加工齿廓原理的不同,分为仿形法和展成法。

1. 仿形法

所谓仿形法,是在普通铣床上用轴向剖面形状与被切齿轮齿槽形状完全相同的铣刀切制齿轮的方法,一般使用的刀具有指状铣刀和盘形铣刀。

1) 指状铣刀

图 5-12 所示为用指状铣刀加工轮齿时,刀具与轮坯的相对位置和运动的关系。加工齿轮的轮齿时,将齿轮毛坯安装在铣床工作台的分度头上,指状铣刀转动,同时齿轮毛坯沿轴线方向接近铣刀,开始铣削齿槽,从而实现切削和进给运动,当轮坯通过铣刀后,便切出了一个齿槽。在轮坯返回初始位置后,通过分度头使轮坯转过一个分齿角度($360°/z$),然后继续

铣削第二个齿槽,直至最后一个齿槽加工出来。一般指状铣刀常用于加工较大模数(如 $m > 20\text{mm}$)的齿轮,还可以切制斜齿轮和人字齿轮。

  2) 盘形铣刀

  图 5-13 所示为盘形铣刀加工齿轮轮齿时,刀具与轮坯的相对位置和运动的关系。铣削齿槽时,加工方法和过程与采用指状铣刀时近似。

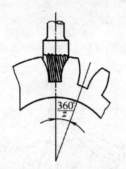

图 5-12　用指状铁刀铣削齿轮

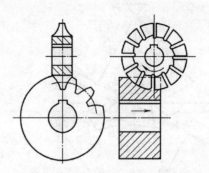

图 5-13　用盘形铣刀铣削齿轮

  3) 特点

  因为渐开线齿廓的形状取决于基圆的大小,基圆的直径 $d_b = mz\cos\alpha$,故齿廓形状与 m、z、α 有关。欲加工精确齿廓,对模数和压力角相同、齿数不同的齿轮,应采用不同的刀具,而这在实际生产中是不可能的。生产中通常用同一号铣刀切制同模数、不同齿数的齿轮,故所得齿形通常是近似的。表 5-4 列出了 1～8 号盘形铣刀加工齿轮的齿数范围。

表 5-4　盘形铣刀加工齿数的范围

刀　号	1	2	3	4	5	6	7	8
加工齿数范围	12～13	14～16	17～20	21～25	26～34	35～54	55～134	135 及以上

  仿形法加工方法简单,可在普通铣床上加工;但精度难以保证,由于齿形近似且逐个齿加工,加工过程不连续,因此生产率低,仅适用于精度要求不高,单件或小批量生产。

2. 展成法

  展成法是利用一对齿轮无侧隙啮合时两轮的齿廓互为包络线的原理加工齿轮的。加工时刀具与齿坯的运动就像一对互相啮合的齿轮,最后刀具将齿坯切出渐开线齿廓。常用刀具有齿轮插刀、齿条插刀和齿轮滚刀。

  1) 齿轮插刀

  图 5-14 所示为齿轮插刀加工齿轮时刀具与轮坯的位置运动关系。插齿时,插刀与齿坯严格按一对齿轮啮合的定比传动要求做旋转运动,即展成运动;同时插刀沿齿坯的轴线方向做上下切削运动,为了防止插刀退刀时划伤已加工的齿廓表面,在退刀时,齿坯还需做小距离的让刀运动;此外,为了切出轮齿的整个高度,插刀还需要向轮坯中心方向移动,做径向进给运动。当轮坯的分度圆与刀具的分度圆相切时,便切出了轮齿的全部。用齿轮插刀加工齿轮的效率和精度比仿形法高。

  2) 齿条插刀

  当齿轮插刀的齿数增加到无穷多时,其基圆半径变为无穷大,则齿轮插刀演变成齿条插刀,如图 5-15 所示。齿条插刀切制齿廓时,刀具与齿坯的展成运动相当于齿条与齿轮的啮合传动,切齿过程与用齿轮插刀加工齿轮的原理相同,但效率比齿轮插刀低。

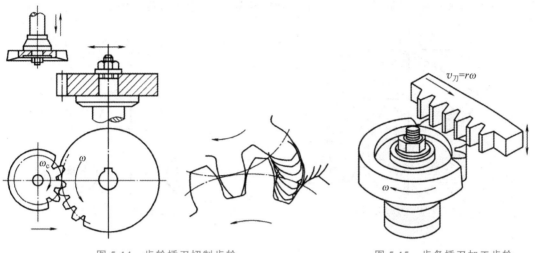

图 5-14 齿轮插刀切制齿轮　　　　　　　图 5-15 齿条插刀加工齿轮

3）齿轮滚刀

用插齿刀具加工齿轮的过程为断续切削,生产效率较低。为了提高加工效率,在实际生产中广泛采用的是齿轮滚刀,利用滚刀与齿坯的展成运动加工齿轮,如图 5-16(a)所示。在垂直于齿坯轴线并通过滚刀轴线的轴向剖面内,滚刀与齿坯的运动相当于齿条与齿轮的啮合,如图 5-16(b)所示。滚齿加工过程接近于连续,故生产效率较高。

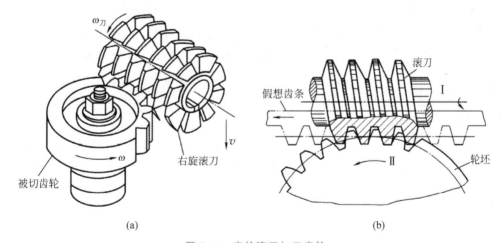

(a)　　　　　　　　　　　　(b)

图 5-16 齿轮滚刀加工齿轮

5.5.2 根切现象及最少齿数

1. 根切现象

用展成法加工齿轮时,如果刀具的齿顶线（或齿顶圆）超过理论啮合线极限点 N 时

（图 5-17），则刀具的齿顶会将齿坯的根部渐开线齿廓切去一部分，这种现象称为根切，如图 5-18 所示。轮齿发生根切后，破坏了渐开线齿廓的形状，造成轮齿根部变薄，从而大大削弱了轮齿的弯曲强度，降低了齿轮传动的平稳性和重合度，应设法避免根切。

根切的原因

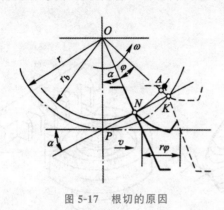

图 5-17　根切的原因

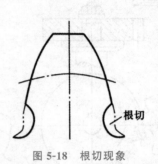

图 5-18　根切现象

2. 不发生根切的最少齿数

根切现象与被切齿轮的基圆大小 $r_b = mz\cos\alpha$ 有关，基圆半径 r_b 越小，则 N 越接近刀具的顶线，被切齿轮轮齿产生根切的可能性就越大。由于被切齿轮的模数 m 和压力角 α 是

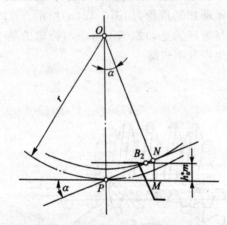

图 5-19　用标准齿条刀具加工齿轮

定值，且与刀具的模数和压力角相等，所以基圆的大小只取决于被切齿轮的齿数 z 的多少，z 越少，基圆越小，越容易发生根切。

图 5-19 所示为齿条插刀加工标准外齿轮的情况，齿条插刀的分度线与齿轮的分度圆相切。要使被切齿轮不产生根切，刀具的齿顶线不得超过 N 点，可推导出此时齿轮不发生根切的最少齿数 z_{min}：

$$z_{min} = \frac{2h_a^*}{\sin^2\alpha} \tag{5-13}$$

对于 $a = 20°$，$h_a^* = 1$ 的正常齿制渐开线标准直齿圆柱齿轮，可以得到 $z_{min} = 17$；对于 $a = 20°$，$h_a^* = 0.8$ 的短齿制渐开线标准直齿圆柱齿轮，$z_{min} = 14$。

5.6　渐开线变位齿轮简介

5.6.1　变位齿轮

渐开线标准齿轮设计计算简单，互换性好，但标准齿轮传动仍存在着一些局限性：
（1）受根切限制，齿数不得少于 z_{min}，使传动结构不够紧凑。
（2）不适用于安装中心距 a' 不等于标准中心距 a 的场合，当 $a' < a$ 时无法安装，当 $a' >$

a 时,虽然可以安装,但会产生过大的侧隙而引起冲击振动,影响传动的平稳性。

（3）一对标准齿轮传动时,小齿轮的齿根厚度小而啮合次数又较多,故小齿轮的强度较低,齿根部分磨损也较严重,因此小齿轮容易损坏,同时也限制了大齿轮的承载能力。

为解决上述问题,改善齿轮传动性能,可采用变位齿轮。如图 5-20 所示,当齿条插刀按虚线位置安装时,齿顶线超过极限点 N_1,切出来的齿轮产生根切。若将齿条插刀远离轮心 O_1 一段距离 xm 至实线位置,齿顶线不再超过极限点,则切出来的齿轮不会发生根切,但此时齿条的分度线与齿轮的分度圆不再相切。这种改变刀具与齿坯相对位置后切制出来的齿轮称为变位齿轮。刀具移动的距离 xm 称为变位量,x 称为变位系数。

同时规定:刀具向远离被加工齿轮毛坯中心移动时,x 为正,称此时的变位为正变位;刀具向被加工齿轮毛坯中心方向移动时,x 为负,称此时的变位为负变位;x 为零时,为标准齿轮。由图 5-20 可知,加工变位齿轮时,齿轮的模数、压力角、齿数以及分度圆、基圆均与标准齿轮相同,所以两者的齿廓曲线是相同的渐开线,只是截取了不同的部位(图 5-21)。由图可知,正变位齿轮齿根部分的齿厚增大,提高了齿轮的抗弯强度,但齿顶减薄,负变位齿轮则与其相反。

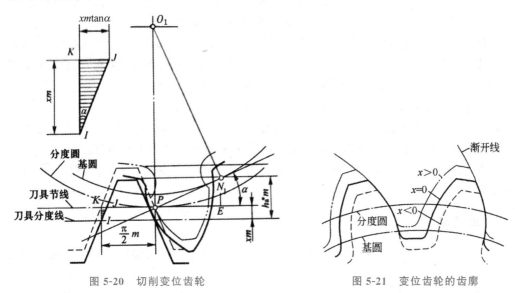

图 5-20　切削变位齿轮　　　　　图 5-21　变位齿轮的齿廓

5.6.2　最小变位系数

齿轮的齿数小于最小齿数时,为使轮齿不发生根切,齿轮必须做正变位,使刀具向远离被加工齿轮毛坯中心移动,刀具的顶线至少移动到 N_1 点(图 5-20)。此时的变位系数称为最小变位系数 $x_{\min}$。可推导出最小变位系数为

$$x_{\min} = \frac{h_{\mathrm{a}}^{*}(z_{\min} - z)}{z_{\min}}$$

对于正常齿制渐开线标准直齿圆柱齿轮,最小变位系数为

$$x_{min} = \frac{17 - z}{17} \tag{5-14}$$

当实际齿数小于最小齿数 $z < z_{min}$ 时,最小变位系数为正值 $x_{min} > 0$,为避免根切,齿轮应做正变位;实际齿数大于最小齿数 $z > z_{min}$ 时,最小变位系数为负值 $x_{min} < 0$,只要使齿轮的变位系数大于最小变位系数 $x \geqslant x_{min}$,即使齿轮做负变位时,轮齿也不会发生根切。

5.6.3　变位齿轮传动的类型与特点

一对相互啮合齿轮的变位系数分别为 x_1 和 x_2,则按 x_1 和 x_2 与的组合关系,变位齿轮传动的类型可以分为零传动、正传动和负传动 3 种类型。

1. 零传动

零传动又可分为两种情况。

(1) $x_1 = x_2 = 0$ 时,相互啮合的齿轮都是标准齿轮,安装中心距等于标准中心距,称为标准齿轮传动。为避免根切,两个齿轮的齿数都必须大于最少齿数。

(2) $x_1 = -x_2 \neq 0$ 时,由于两齿轮变位系数的绝对值相等,称为等变位(或高变位)齿轮传动。此时相互啮合的齿轮都是变位齿轮,一般齿数大的齿轮是负变位齿轮,齿数小的齿轮是正变位齿轮,但安装中心距仍然等于标准中心距。

为保证两齿轮都不发生根切,应使 $z_1 + z_2 \geqslant 2z_{min}$

优点:可以使齿数较少的齿轮不发生根切,从而使齿轮传动的尺寸较小;改善小齿轮的磨损情况;使小齿轮与大齿轮的强度接近,相对提高齿轮传动的承载能力。

缺点:互换性差,必须成对设计、制造和使用;重合度略有减小;x_1 过大时,有可能使齿顶变尖。

2. 正传动

当 $x_1 + x_2 > 0$ 时,称该齿轮传动为正传动。此时,两齿轮的安装中心距大于标准中心距,啮合角大于压力角。

优点:可以使齿轮机构的尺寸减小;提高齿轮的接触强度和弯曲强度;可以凑配中心距。

缺点:互换性差,必须成对设计、制造和使用;重合度减小。

3. 负传动

当 $x_1 + x_2 < 0$ 时,称该齿轮传动为负传动。此时,两齿轮的安装中心距小于标准中心距。啮合角小于压力角。

优点:重合度略有增加;可以凑配中心距。

缺点:轮齿的强度有所降低;轮齿磨损加剧;互换性差,必须成对设计、制造和使用。

5.7　齿轮失效形式与设计准则

5.7.1　齿轮传动的失效形式

齿轮传动的失效主要发生在轮齿部分,其主要失效形式包括轮齿折断、齿面的疲劳点蚀、胶合、磨粒磨损和塑性变形等。

1. 轮齿折断

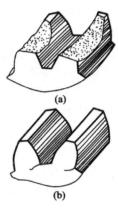

齿轮轮齿的力学模型可以简化为悬臂,当轮齿受到载荷作用后,齿根处产生的弯曲应力最大,由于齿根圆角较小和切削产生的刀痕等原因,都能引起齿根处应力集中,当轮齿受到冲击载荷或过载时,很容易使轮齿从齿根处断裂,此种情况下的断裂称为轮齿的过载折断(图 5-22(a))。模数较小的齿轮和材料韧性较差的齿轮,易发生此种断裂。

有时齿根处的弯曲应力并不大,也会发生突然断裂。原因是轮齿弯曲应力超过了齿根弯曲疲劳极限,在多次变载荷作用下,齿根圆角处产生疲劳裂纹,随着传动时间的延长,裂纹逐渐扩展而导致疲劳断齿(图 5-22(b))。

图 5-22　轮齿折断

为了防止轮齿弯曲疲劳折断,应对轮齿进行弯曲疲劳强度计算。可以通过增大齿根过渡圆角半径和提高齿面加工精度等工艺措施提高轮齿抗弯曲疲劳能力。

2. 齿面点蚀

轮齿进入啮合时,齿面接触处产生很大的接触应力,脱离啮合后接触应力随即消失。对齿廓工作面上某一固定点来说,它受到的是近似于脉动变化的接触应力。如果接触应力超过了轮齿材料的接触疲劳极限时,齿面上产生裂纹,裂纹扩展致使表层金属微粒剥落,形成小麻点,这种现象称为齿面点蚀。

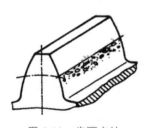

齿轮发生齿面点蚀后,使轮齿啮合精度和稳定性下降,影响齿轮传动寿命和正常使用。由于轮齿在节线附近啮合时,同时啮合的齿对数少,且轮齿间相对滑动速度小,润滑油膜不易形成,所以点蚀首先出现在靠近节线的齿根面上(图 5-23)。为提高齿面的抗疲劳强度,可以采用提高齿面硬度、降低齿面粗糙度、采用合理的润滑方式和使用黏度较大的润滑油等措施。软齿面(齿

图 5-23　齿面点蚀

面硬度≤350HBW)的闭式齿轮传动易发生齿面疲劳点蚀而失效,需先进行齿面接触疲劳强度计算。而对于开式齿轮传动,由于磨损严重,一般不出现点蚀。

3. 齿面胶合

在高速重载的齿轮传动中,因齿面间的摩擦力较大,相对速度大,致使啮合区温度过高

而导致润滑失效,使得两轮齿的金属表面直接接触,从而发生相互粘结。当两齿面继续相对运动时,较硬齿面将较软齿面上的部分材料沿滑动方向撕下而形成沟纹,称为齿面胶合,如图 5-24 所示。发生胶合后,齿廓形状改变了,不能正常工作。

在实际中采用提高齿面硬度、降低齿面粗糙度值、限制油温、增加油的黏度、选用加有抗胶合添加剂的合成润滑油等方法,均可以防止胶合的产生。

4. 齿面磨损

由于啮合齿面间的相对滑动使一些较硬的磨粒,如砂粒、金属屑、灰尘等,进入摩擦表面,导致齿面间的磨粒磨损。如图 5-25 所示,磨损将破坏渐开线齿形,并使侧隙增大而引起冲击和振动,严重时甚至因齿厚减薄过多而折断。对于新的齿轮传动装置来说,在开始运转一段时间内,会发生跑合磨损。这对传动是有利的,使齿面表面粗糙度值降低,提高了传动的承载能力。但跑合结束后,应更换润滑油,以免发生磨粒磨损。

磨损是开式传动的主要失效形式。采用闭式传动、提高齿面硬度、降低齿面粗糙度值及采用清洁的润滑油等,均可以减轻齿面磨损。

5. 齿面塑性变形

当齿轮材料较软而载荷较大时,轮齿表层材料将沿着摩擦力方向发生塑性变形,导致主动轮齿面节线处出现凹沟,从动轮齿面节线处出现凸棱(图 5-26),齿形被破坏,影响齿轮正常啮合。为防止齿面塑性变形,可采用提高齿面硬度、选用黏度较高的润滑油等方法。

图 5-24 齿面胶合

图 5-25 齿面磨损

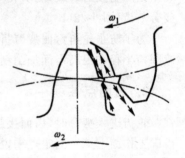
图 5-26 齿面塑性变形

5.7.2 设计准则

设计齿轮传动时,应根据齿轮传动的工作条件、失效情况等,合理地确定设计准则,以保证齿轮传动有足够的承载能力。工作条件、齿轮的材料不同,轮齿的失效形式就不同,设计准则、设计方法也不同。

对于闭式软齿面(齿面硬度≤350HBW)传动,主要失效形式为齿面接触疲劳点蚀,为减少反复计算的次数,应首先按齿面接触疲劳强度计算齿轮的分度圆直径和其他几何参数,然后再校核轮齿的弯曲疲劳强度。

对于闭式硬齿面(齿面硬度>350HBW)传动,主要失效形式为轮齿的弯曲疲劳折断,同理,应首先按轮齿的弯曲疲劳强度确定模数和其他几何参数,然后再校核齿面接触疲劳强度。

对于开式或半开式齿轮传动,主要失效形式为齿面的磨粒磨损和轮齿的弯曲疲劳折断,一般只进行轮齿的弯曲疲劳强度计算,确定齿轮的模数。在工程实际中,为补偿轮齿因磨损而对强度的影响,可将模数适当加大 10%～20%,而不必再校核接触强度。

5.8　齿轮的常用材料及许用应力

为了使齿轮正常工作,对齿轮材料的基本要求如下。

(1) 齿面应有足够的硬度,以抵抗齿面磨损、点蚀、胶合以及塑性变形等。

(2) 齿芯应有足够的强度和较好的韧性,以抵抗齿根折断和冲击载荷。

(3) 应有良好的加工工艺性能及热处理性能,使之便于加工及提高力学性能。

常用的齿轮材料主要是钢,对于不重要的或载荷较小的齿轮传动,也可以选用铸铁或非金属材料。常用的齿轮材料、热处理方法及力学性能列于表 5-5。

表 5-5　齿轮常用材料及其力学性能

材料	牌　号	热处理	力 学 性 能			应 用 范 围
			硬　　　度	强度极限 σ_b/MPa	屈服极限 σ_s/MPa	
优质碳素钢	45	正火	169～217HBW	580	290	低速轻载
		调质	217～255HBW	650	360	低速中载
		表面淬火	48～55HRC	750	450	高速中载或低速重载,冲击很小
合金钢	40Cr	调质	240～269HBW	700	550	中速中载
		表面淬火	45～55HRC	900	650	高速中载,无剧烈冲击
	42SiMn	调质	217～260HBW	750	470	高速中载,无剧烈冲击
	20Cr	渗碳淬火	56～62HRC	650	400	高速中载,承受冲击
	20CrMnTi	渗碳淬火	56～62HRC	1100	850	高速中载,承受冲击
铸钢	ZG310～570	正火	160～210HBW	570	320	中速中载,大直径
	ZG340～640	正火	170～230HBW	650	350	中速中载,大直径
铸铁	HT200	人工时效	170～230HBW	200	—	低速轻载,冲击很小
	HT300	人工时效	187～235HBW	300	—	低速轻载,冲击很小
	QT600-2	正火	220～280HBW	600	—	低、中速轻载,有小的冲击
	QT500-5	正火	140～241HBW	500	—	低、中速轻载,有小的冲击

5.8.1　齿轮常用材料

1. 钢

齿轮用钢可分为锻钢和铸钢两类。因锻钢具有强度高、韧性好、便于制造、便于热处理等优点,大多数齿轮都用锻钢制造。当齿轮的尺寸较大(大于 400～600mm),不便于锻造时,可用铸造方法制成铸钢齿坯,再进行正火处理以细化晶粒。

1）软齿面齿轮

软齿面齿轮的齿面硬度≤350HBW，常用中碳钢和中碳合金钢，如 45 钢、40Cr、35SiMn 等材料，进行调质或正火处理。适用于强度、精度要求不高的场合，轮坯经过热处理后进行插齿或滚齿加工，生产便利、成本较低。

在确定大、小齿轮硬度时，应注意使小齿轮的齿面硬度比大齿轮的齿面硬度高 30～50HBW。这是因为小齿轮轮齿接触次数比大齿轮多，为使两齿轮的轮齿接近等强度、等寿命，小齿轮的齿面要比大齿轮的齿面硬一些。

2）硬齿面齿轮

硬齿面齿轮的齿面硬度＞350HBW，常用的材料为中碳钢或中碳合金钢，经表面淬火处理，硬度可达 40～55HRC。若采用低碳钢或低碳合金钢，如 20 钢、20Cr、20CrMnTi 等，齿面需渗碳淬火，硬度可达 56～62HRC，热处理后需磨齿。内齿轮不便于磨削，可采用渗氮处理，处理温度低，轮齿的变形小，无须再磨齿。

硬齿面齿轮抗点蚀和抗胶合能力较强，加工工艺复杂，制造成本较高，大、小齿轮硬度可大致相同，常用于要求结构紧凑、使用寿命较长或生产量大的情况。

2. 铸铁

低速、轻载场合的齿轮可以制成铸铁齿坯。当尺寸大于 500mm 时可制成大齿圈，或制成轮辐式齿轮。常用的灰铸铁价格低，铸造性能、减摩性能、抗点蚀和抗胶合能力较好，含有的石墨具有自润滑作用，但抗弯强度、耐冲击和耐磨损性能较差，适用于制造轻载、低速、载荷平稳和润滑条件较差的传动齿轮。球墨铸铁的力学性能比灰铸铁好，可以用来代替铸钢铸造大直径的齿轮。

3. 非金属材料

非金属材料一般用于高速、轻载和要求低噪声场合的齿轮传动。常用的有尼龙、夹布胶木和工程塑料等。

5.8.2　许用应力

在特定的条件下经疲劳试验测得试验齿轮的疲劳极限应力 σ_{lim}，并对其进行适当修正，就得到了齿轮的许用应力 $[\sigma]$。修正时主要考虑应力循环次数的影响和可靠度。

齿面接触疲劳许用应力为

$$[\sigma_{\text{H}}] = \frac{Z_{\text{NT}} \sigma_{\text{Hlim}}}{S_{\text{H}}} \tag{5-15}$$

齿根弯曲疲劳许用应力为

$$[\sigma_{\text{F}}] = \frac{Y_{\text{NT}} \sigma_{\text{Flim}}}{S_{\text{F}}} \tag{5-16}$$

求取许用应力时，应注意以下问题。

（1）根据齿轮材料和齿面硬度，接触疲劳极限 σ_{Hlim} 查图 5-27，弯曲疲劳极限 σ_{Flim} 查图 5-28，若硬度超出图中范围，可近似地按外插法查取；查得的 σ_{lim} 是试验齿轮在持久寿命期内失效概率为1%的疲劳极限应力,已计入应力集中的影响;因为材料的成分、性能、热处理的结果和质量都不能统一,故该应力值不是一个定值,有很大的离散区,图中取的是中间值,即 MQ 线。

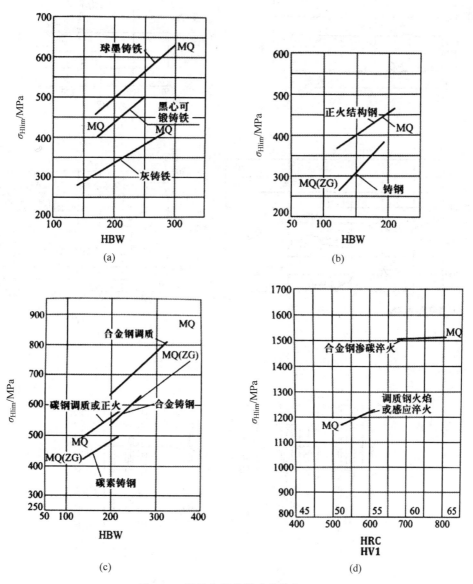

图 5-27　试验齿轮接触疲劳极限 σ_{Hlim}

(2) 当轮齿承受对称循环应力时,对于弯曲应力将图 5-28 中的 σ_{Flim} 值乘以 0.7。

(3) 齿面接触疲劳强度安全系数 S_H、齿根弯曲疲劳强度安全系数 S_F,可查表 5-6。

(4) 接触疲劳寿命系数 Z_{NT} 查图 5-29,弯曲疲劳寿命系数 Y_{NT} 查图 5-30,均为考虑应力循环次数影响的寿命系数。

(5) 图 5-29 和图 5-30 中 N 为应力循环次数,$N = 60njL_h$。其中,n 为齿轮转速;单位为 r/min;j 为齿轮转一转时同侧齿面的啮合次数;L_h 为齿轮工作寿命,单位为 h。

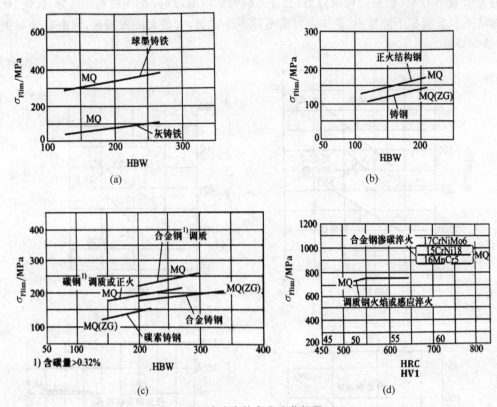

图 5-28　试验齿轮弯曲疲劳极限 σ_{Flim}

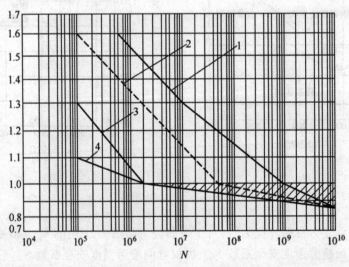

1—允许一定点蚀时的结构钢、调质钢、球墨铸铁（珠光体、贝氏体）、珠光体可锻铸铁、渗碳淬火钢的渗碳钢；
2—材料同 1，不允许出现点蚀；火焰或感应淬火的钢；3—灰铸铁，球墨铸铁（铁素体），渗氮的渗氮钢，调质钢、渗碳钢；4—碳氮共渗的调质钢、渗碳钢

图 5-29　接触疲劳寿命系数 Z_{NT}

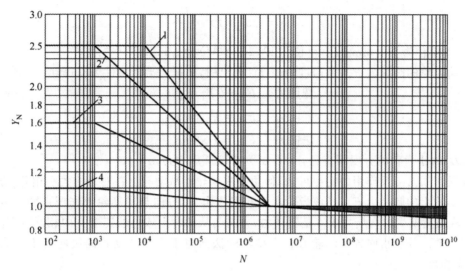

1—调质钢、球墨铸铁(珠光体、贝氏体、珠光体可锻铸铁);2—渗碳淬火的渗碳钢、火焰或感应表面淬火的钢、
球墨铸铁;3—渗氮的渗氮钢、球墨铸铁(铁素体)、结构钢、灰铸铁;4—碳氮共渗的调质钢、渗碳钢

图 5-30 弯曲接触疲劳寿命系数 Y_{NT}

表 5-6 安全系数 S_H、S_F

安全系数	齿面硬度≤350HBW	齿面硬度>350HBW	重要的传动、渗碳淬火齿轮或铸造齿轮
S_H	1.0~1.1	1.1~1.2	1.3
S_F	1.3~1.4	1.4~1.6	1.6~2.2

5.9 渐开线标准直齿圆柱齿轮传动的强度计算

5.9.1 轮齿的受力分析

为计算轮齿的强度、设计轴和轴承,必须首先分析轮齿上的作用力,齿面间的作用力有摩擦力和正压力。因为啮合中有相对滑动存在,齿面上必有摩擦力存在。由于摩擦力对齿轮面强度的影响不大,故可略去不计。正压力又称法向力 F_n,沿着齿宽接触线上均匀分布,为简化力学模型,以作用在齿宽中点处的集中力代替均布载荷。

图 5-31 所示为直齿圆柱齿轮的端面受力图,认为是在节点 P 处啮合。图中,F_n 是沿啮合线指向齿面的法向力,可分解为相互垂直的两个分力:一个是与分度圆相切的圆周力 F_t,另一个是沿半径方向的径向力 F_r。

设计齿轮传动时,通常已知主动齿轮传递的功率 P_1 及转速 n_1,可得所传递的转矩 T_1 为

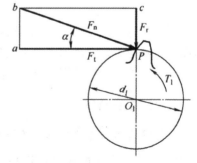

图 5-31 直齿圆柱齿轮的受力分析

$$T_1 = 9.55 \times 10^6 \cdot \frac{P_1}{n_1} \qquad (5\text{-}17)$$

式中：T_1 单位为 N·mm；P_1 单位为 kW；n_1 单位为 r/min。

主动齿轮的圆周力 F_{t1} 是通过转矩 T_1 求出的，根据力平衡条件可以得到

$$\left. \begin{array}{lll} \text{圆周力} & F_{t1} = 2T_1/d_1 \\ \text{径向力} & F_{r1} = F_{t1}\tan\alpha \\ \text{法向力} & F_{n1} = F_{t1}/\cos\alpha \end{array} \right\} \qquad (5\text{-}18)$$

式中：d_1 为小齿轮的分度圆直径，mm；α 为分度圆压力角，$\alpha = 20°$。

根据作用力与反作用力定律可知，作用在主动轮和从动轮上各对力的大小相等，方向相反。主动轮上的圆周力 F_{t1} 是该齿轮所受的工作阻力，方向与主动轮上作用点的速度方向相反；从动轮所受的圆周力 F_{t2} 是驱动力，方向与从动轮上该点的速度方向相同，两轮的径向力 F_{r1}、F_{r2} 分别指向各自的轮心。主动轮的法向力 F_{n1} 与从动轮的法向力 F_{n2} 大小相等，方向相反。

5.9.2　轮齿的计算载荷

法向力 F_n 是在理想模型下（F_n 沿齿宽均匀分布）计算出来的，称为名义载荷。计算齿轮强度时通常用计算载荷 F_c 代替名义载荷 F_n，以考虑载荷集中和附加动载荷的影响。即

$$F_c = KF_n \qquad (5\text{-}19)$$

式中：K 为载荷系数，见表 5-7。

表 5-7　齿轮传动的载荷系数 K

原动机	工作机械的载荷特性		
	平稳、轻微冲击	中等冲击	强烈冲击
电动机	1～1.2	1.2～1.6	1.6～1.8
多缸内燃机	1.2～1.6	1.6～1.8	1.9～2.1
单缸内燃机	1.6～1.8	1.8～2.0	2.2～2.4

注：斜齿、圆周速度低、精度高、齿宽系数小、齿轮在轴承间对称布置时取小值；直齿、圆周速度高、精度低、齿宽系数大、齿轮在轴承间非对称布置时取大值。

5.9.3　齿面接触疲劳强度计算

根据齿轮的计算准则，对于软齿面闭式传动，为了防止齿面点蚀的发生，必须限制啮合齿面的接触应力。考虑到点蚀多发生在节点附近，故取节点处的最大接触应力为计算依据，按齿面接触强度进行计算，得出齿轮的几何参数后，再按齿根弯曲强度进行校核。

1. 齿面接触应力

齿轮啮合可看作是分别以接触处的曲率半径 ρ_1、ρ_2 为半径，宽度为 b 的两个平行圆柱体接触，应力分布情况如图 5-32 所示。

根据弹性力学中的赫兹公式，可以计算节点处最大接触应力 σ_H：

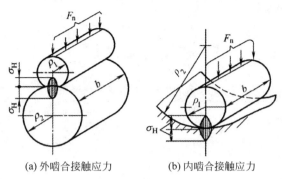

(a) 外啮合接触应力　　　　(b) 内啮合接触应力

图 5-32　齿面接触应力

$$\sigma_{\mathrm{H}} = Z_{\mathrm{E}} Z_{\mathrm{H}} \sqrt{\frac{2KT_1}{bd_1^2} \cdot \frac{(i \pm 1)}{i}} \tag{5-20}$$

式中："＋"号用于外啮合，"－"号用于内啮合；Z_{E} 为配对材料的弹性系数，查表 5-8；Z_{H} 为节点区域系数，与节点压力角有关，$\alpha = 20°$ 时，$Z_{\mathrm{H}} = 2.49$；d_1 为小齿轮的分度圆直径，mm；i 为齿数比，$i = z_1/z_2 = d_1/d_2$；K 为载荷系数，查表 5-7；T_1 为小齿轮的转矩，N・mm；b 为齿轮的宽度，mm。

表 5-8　弹性系数 Z_{E}　　　　单位：$\sqrt{\mathrm{MPa}}$

小轮材料	大 轮 材 料			
	钢	铸钢	灰铸铁	球墨铸铁
钢	189.8	188.9	181.4	162.0
铸钢	—	188.0	180.5	161.4
灰铸铁	—	—	173.9	156.6
球墨铸铁	—	—	—	143.7

2. 齿面接触疲劳强度计算

强度计算公式分为校核公式和设计公式，校核公式用于对已知参数和尺寸的齿轮强度进行核验，设计公式用于对已知载荷及使用条件的齿轮传动进行设计，确定齿轮的主要参数和尺寸。

1）齿面接触疲劳强度的校核公式

由于一般的齿轮传动中，两个齿轮多为钢制，为了便于计算，对于标准直齿圆柱齿轮传动，取 $Z_{\mathrm{H}} = 2.49$，由表 5-8 查得 $Z_{\mathrm{E}} = 189.8\sqrt{\mathrm{MPa}}$，根据强度条件，代入式（5-20）后得齿面接触疲劳强度校核公式：

$$\sigma_{\mathrm{H}} = 668 \sqrt[3]{\frac{KT_1}{bd_1^2} \cdot \frac{(i \pm 1)}{i}} \leqslant [\sigma_{\mathrm{H}}] \tag{5-21}$$

式中：$[\sigma_{\mathrm{H}}]$ 为许用接触应力，MPa。

2）齿面接触疲劳强度的设计公式

为了便于设计计算，引入齿宽系数 $\psi_{\mathrm{d}} = b/d_1$，取值可查表 5-9，代入式（5-21）后得齿面接触疲劳强度设计公式：

$$d_1 \geqslant 76.43 \sqrt[3]{\frac{KT_1}{\psi_d [\sigma_H]^2} \cdot \frac{(i \pm 1)}{i}}$$ (5-22)

表 5-9 齿宽系数 ψ_d

齿轮相对于轴承的位置	齿 面 硬 度	
	软齿面	硬齿面
对称布置	0.8~1.4	0.4~0.9
非对称布置	0.6~1.2	0.3~0.6
悬臂布置	0.3~0.4	0.2~0.25

注：① 直齿圆柱齿轮取较小值，斜齿柱齿轮可取较大值，人字齿轮可取更大值；
② 轴及其支座刚性较大时取大值，反之取小值。

3. 齿面接触疲劳强度计算注意事项

(1) 两个齿轮齿面上的接触应力 $\sigma_{H1} = \sigma_{H2}$；

(2) 两个齿轮的许用应力一般不相等 $[\sigma_H]_1 \neq [\sigma_H]_2$，进行强度计算时应选用较小值；

(3) 若两轮的材料不都是钢制齿轮，则不能直接使用公式(5-21)和式(5-22)。

(4) 齿轮的齿面接触疲劳强度与齿轮的直径或中心距的大小有关，即与 m 与 z 的乘积有关，而与模数的大小无关。当一对齿轮的材料、齿宽系数，齿数比一定时，由齿面接触强度所决定的承载能力仅与齿轮的直径或中心距有关。

5.9.4 齿根弯曲疲劳强度计算

1. 分析齿根弯曲应力

轮齿的弯曲应力

对轮齿的齿根进行弯曲应力计算时，将轮齿视为一个宽度为 b 的悬臂梁。为简化计算，假定全部载荷由一对齿承受，且载荷作用于齿顶时，齿根部分产生的弯曲应力最大。轮齿危险剖面的位置可由 30°切线法确定，如图 5-33 所示，作与轮齿对称中线成 30°且与齿根过渡曲线相切的直线，再通过两切点作平行于齿轮轴线的剖面，即为轮齿的危险剖面。在轮齿危险剖面上有由圆周力引起的弯曲应力和径向力引起的压应力。由于压应力比弯曲应力的数值小很多，所以可以略去不计。

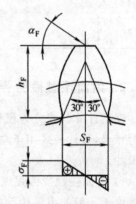
图 5-33 轮齿的弯曲应力

2. 齿根弯曲疲劳强度计算

1) 齿根弯曲疲劳强度的校核公式

根据上述分析和材料力学中的弯曲应力计算公式，得齿根弯曲疲劳强度校核公式：

$$\sigma_F = \frac{2KT_1}{bm^2 z_1} Y_F Y_S \leqslant [\sigma_F]$$ (5-23)

式中：K、T_1、b、z_1 四个参数含义同前；σ_F 为最大弯曲应力，MPa；$[\sigma_F]$ 为许用弯曲应力，

MPa；m 为齿轮模数；Y_F 为齿形系数，对于正常齿制标准齿轮仅取决于齿数，可查表 5-10；Y_S 为应力集中系数，主要考虑齿根圆角处的应力集中以及齿根危险截面上压应力的影响，可查表 5-10。

表 5-10　标准外齿轮的齿形系数 Y_F 和应力修正系数 Y_S

z	17	18	19	20	22	25	28	30	35	40	45	50	60	80	100	≥200
Y_F	2.97	2.91	2.85	2.81	2.75	2.65	2.58	2.54	2.47	2.41	2.37	2.35	2.30	2.25	2.18	2.14
Y_S	1.53	1.54	1.55	1.56	1.58	1.59	1.61	1.63	1.65	1.67	1.69	1.71	1.73	1.77	1.80	1.88

2）齿根弯曲疲劳强度的设计公式

为了便于设计计算，引入齿宽系数 $\psi_d = b/d_1$，取值可查表 5-9，代入式(5-23)后得齿面接触疲劳强度设计公式：

$$m \geqslant 1.26 \sqrt[3]{\frac{KT_1 Y_F Y_S}{\psi_d z_1^2 [\sigma_F]}} \tag{5-24}$$

3. 齿根弯曲疲劳强度计算注意事项

(1) 校核时，大、小齿轮轮齿的弯曲应力应分别计算，并与各自许用应力相比较。

(2) 设计时，应将两齿轮的 $Y_F Y_S/[\sigma_F]$ 值进行比较，取其中较大值代入式(5-24)。

5.9.5　齿轮传动参数的选择和设计步骤

1. 主要参数的选择

1）齿数 z

对软齿面的闭式传动，易发生齿面接触疲劳破坏，当齿轮宽度和传动比确定后，齿轮传动的疲劳强度主要与齿轮的分度圆直径或中心距有关。所以，当中心距或分度圆确定后，在满足齿根弯曲疲劳强度条件下，尽量选用较大的齿数，这样可以使重合度增大，从而提高齿轮传动的承载能力和平稳性。一般取 $z_1 = 20 \sim 40$。

对硬齿面的闭式传动及开式传动，易发生齿根弯曲疲劳破坏。为提高轮齿的弯曲疲劳强度，当中心距确定后，在保证不发生根切的情况下，应尽量选用较小的齿数，以便增大模数，但要避免发生根切，故通常取 $z_1 = 17 \sim 20$。

为使一对相互啮合的齿轮均匀地磨合，应使小齿轮的齿数和大齿轮的齿数互为质数。

2）模数 m

模数是影响轮齿抗弯强度的主要参数。在满足轮齿弯曲疲劳强度的条件下，尽可能取小模数，这样有利于增加齿数，增加重合度，同时还可以减少金属切削量。但对于传递动力的齿轮为了防止由于冲击载荷和过载使轮齿折断，一般应使模数 $m \geqslant 1.5 \sim 2 \mathrm{mm}$。

3）齿宽系数

齿宽系数 $\psi_d = b/d_1$，当 d_1 一定时，增大齿宽系数，必然增大齿宽，可提高齿轮的承载能力。但齿宽越大，载荷沿齿宽的分布越不均匀，会造成偏载而降低传动能力。因此设计齿轮传动时应合理选择 ψ_d。一般取 $\psi_d = 0.2 \sim 1.4$，具体可按表 5-9 选取。

　　在一般精度的圆柱齿轮减速器中,为补偿加工和装配的误差,应使小齿轮比大齿轮宽一些,小齿轮的齿宽取 $b_1=b_2+(5\sim10)\,\mathrm{mm}$。所以齿宽系数 ψ_d 实际上为 b_2/d_1。齿宽应圆整为整数,最好个位数为 0 或 5。

　　标准减速器中齿轮的齿宽系数也可表示为 $\psi_\mathrm{a}=b/a$,其中 a 为中心距。对于一般减速器可取 $\psi_\mathrm{a}=0.4$;开式传动可取 $\psi_\mathrm{a}=0.1\sim0.3$。

2. 齿轮精度等级的选择

　　齿轮传动的质量取决于齿轮的精度,应根据传动的用途、使用条件、传动功率和圆周速度等确定。我国国家标准 GB/T 10095.1—2008 规定齿轮精度等级共 13 级。从 0 级到 12 级,精度从高到低依次排列,其中 0 级是最高的精度等级,12 级是最低的精度等级。一般机械传动常用的齿轮精度等级为 6~8 级。表 5-11 给出了齿轮常用精度等级的应用举例。

表 5-11　常用齿轮传动精度等级及其应用

精 度 等 级	圆周速度/(m/s)			应 用 举 例
	直齿圆柱齿轮	斜齿圆柱齿轮	直齿锥齿轮	
6	≤15	≤30	≤9	在高速重载下工作的齿轮传动,如机床、汽车和飞机中的重要齿轮;分度机构的齿轮;高速减速器的齿轮
7	≤10	≤20	≤6	在高速中载或中速重载下工作的齿轮传动,如标准系列减速器的齿轮;机床和汽车变速箱中的齿轮
8	≤5	≤9	≤3	一般机械中的齿轮传动,如机床、汽车和拖拉机中一般的齿轮;起重机械中的齿轮;农业机械中的重要齿轮
9	≤3	≤6	≤2.5	在低速重载下工作的齿轮;不提精度要求的粗糙工作机械中的齿轮;农机齿轮

3. 齿轮传动的设计步骤

　　(1) 根据题目提供的工况等条件,确定传动形式,选定合适的齿轮材料和热处理方法,查表确定相应的许用应力。

　　(2) 根据设计准则,设计计算 m 或 d_1。

　　(3) 选择齿轮的主要参数。

　　(4) 计算主要几何尺寸。

　　(5) 根据设计准则校核接触强度或弯曲强度。

　　(6) 校核齿轮的圆周速度,选择齿轮传动的精度等级和润滑方式等。

　　(7) 绘制齿轮零件工作图。

　　【例 5-2】　设计一带式输送机用的普通一级直齿圆柱齿轮减速器中的齿轮传动,已知 $i=4$,电动机驱动,$n_1=955\mathrm{r/min}$,传递功率 $P_1=10\mathrm{kW}$,工作较平稳,单向传动,单班工作制,每班为 8h,工作期限为 10 年。

　　解:设计计算列表见表 5-12。

表 5-12　直齿圆柱齿轮传动设计计算列表

计算项目	计算与说明	计算结果
1. 选择齿轮精度等级	输送机机是一般工作机械,速度不高,故用 8 级精度	8 级精度
2. 选材与热处理	该齿轮传动无特殊要求,为制造方便,采用软齿面,大小齿轮均用 45 钢,小齿轮调质处理,齿面硬度为 220~250HBW,大齿轮正火处理,齿面硬度为 170~210HBW	45 钢 小齿轮调质处理 大齿轮正火处理
3. 按齿面接触疲劳强度设计	软齿面的闭式齿轮传动,齿轮承载能力主要由齿轮接触疲劳强度决定,其设计公式为 $$d_1 \geqslant 76.43 \sqrt[3]{\frac{KT_1}{\psi_d[\sigma_H]^2} \cdot \frac{(i+1)}{i}}$$ (1) 确定载荷系数 K 因该齿轮传动是软齿面的齿轮,圆周速度不大,精度不高,而且齿轮相对轴承是对称布置,根据原动机和载荷的性质查表 5-7,取 $K=1.1$。 (2) 小齿轮转矩 T_1 $$T_1 = 9.55 \times 10^6 \cdot \frac{P_1}{n_1} = 9.55 \times 10^6 \cdot \frac{10}{955} = 10^5 (\text{N} \cdot \text{mm})$$ (3) 齿数和齿宽系数 小齿轮的齿数取为 $z_1=25$,则大齿轮齿数 $z_2=100$。因一级齿轮传动为对称布置,齿轮齿面又为软齿面,由表 5-9 选取 $\psi_d=1$。 (4) 许用接触应力 $[\sigma_H]$ 由图 5-27 查得接触疲劳极限应力: $$\sigma_{Hlim1}=560\text{MPa}, \quad \sigma_{Hlim2}=530\text{MPa}$$ 由表 5-6 查得 $S_H=1$ $N_1 = 60n_1jL_h = 60 \times 955 \times 1 \times (10 \times 52 \times 40) = 1.21 \times 10^9$ $N_2 = N_1/i = 1.21 \times 10^9/4 = 3.03 \times 10^8$ 查图 5-25 查得 $Z_{NT1}=1, Z_{NT2}=1.06$ 由式(5-15)可得 $$[\sigma_H]_1 = \frac{Z_{NT1}\sigma_{Hlim1}}{S_H} = \frac{1 \times 560}{1} = 560(\text{MPa})$$ $$[\sigma_H]_2 = \frac{Z_{NT2}\sigma_{Hlim2}}{S_H} = \frac{1.06 \times 530}{1} = 562(\text{MPa})$$ (5) 计算小齿轮分度圆直径,确定模数 将以上参数代入设计公式: $$d_1 \geqslant 76.43 \sqrt[3]{\frac{KT_1}{\psi_d[\sigma_H]^2} \cdot \frac{(i+1)}{i}} = 76.43 \sqrt[3]{\frac{1.1 \times 10^5}{1 \times 560^2} \cdot \frac{(4+1)}{4}}$$ $$=58.3(\text{mm})$$ $$m = \frac{d_1}{z_1} = \frac{58.3}{25} = 2.33(\text{mm})$$ 由表 5-2 取标准模数 $m=2.5\text{mm}$	$T_1=10^5\text{N} \cdot \text{mm}$ $z_1=25$ $z_2=100$ $[\sigma_H]=560\text{MPa}$ $m=2.5\text{mm}$

续表

计 算 项 目	计 算 与 说 明	计 算 结 果
4. 确定主要参数	(1) 分度圆直径：$d_1 = mz_1 = 2.5 \times 25 = 62.5 (\text{mm})$ $\qquad\qquad\qquad d_2 = mz_2 = 2.5 \times 100 = 250 (\text{mm})$ (2) 齿宽：$b = \psi_d d_1 = 1 \times 62.5 = 62.5 (\text{mm})$ 经圆整后取 $b_1 = 65 + (5 \sim 10) = 70 (\text{mm})$ $\qquad\qquad b_2 = 65 \text{mm}$ (3) 中心距： $a = \dfrac{1}{2} m (z_1 + z_2) = \dfrac{1}{2} \times 2.5 \times (25 + 100) = 156.25 (\text{mm})$	$d_1 = 62.5 \text{mm}$ $d_2 = 250 \text{mm}$ $b_1 = 70 \text{mm}$ $b_2 = 65 \text{mm}$ $a = 156.25 \text{mm}$
5. 按齿根弯曲疲劳强度校核	校核公式为 $$\sigma_F = \frac{2KT_1}{bm^2 z_1} Y_F Y_S \leqslant [\sigma_F]$$ (1) 齿形系数 Y_F 由表 5-10 查得 $Y_{F1} = 2.65, Y_{F2} = 2.18$ (2) 应力修正系数 Y_S 由表 5-10 查得 $Y_{S1} = 1.59, Y_{S2} = 1.80$ (3) 许用弯曲应力 $[\sigma_F]$ 由图 5-29 查得接触疲劳极限应力： $\qquad \sigma_{Flim1} = 210 \text{MPa}, \quad \sigma_{Flim2} = 190 \text{MPa}$ 由表 5-6 查得 $S_F = 1.3$ 查图 5-30 查得 $Y_{NT1} = Y_{NT2} = 1$ 由式(5-16)可得 $$[\sigma_F]_1 = \frac{Y_{NT1} \sigma_{Flim1}}{S_F} = \frac{1 \times 210}{1.3} = 162 (\text{MPa})$$ $$[\sigma_F]_2 = \frac{Y_{NT2} \sigma_{Flim2}}{S_F} = \frac{1 \times 190}{1.3} = 146 (\text{MPa})$$ (4) 校核计算 将以上参数代入校核公式： $\sigma_{F1} = \dfrac{2KT_1}{bm^2 z_1} Y_{F1} Y_{S1} = \dfrac{2 \times 1.1 \times 10^5}{65 \times 2.5^2 \times 25} \times 2.65 \times 1.59$ $\qquad = 91 \text{MPa} < [\sigma_F]_1 = 162 (\text{MPa})$ $\sigma_{F2} = \sigma_{F1} \dfrac{Y_{F2} Y_{S2}}{Y_{F1} Y_{S1}} = 91 \times \dfrac{2.18 \times 1.80}{2.65 \times 1.59} = 85 \text{MPa} < [\sigma_F]_2 = 146 (\text{MPa})$ 齿根弯曲强度校核合格	$[\sigma_F]_1 = 162 \text{MPa}$ $[\sigma_F]_2 = 146 \text{MPa}$ 弯曲强度足够
6. 计算圆周速度	$$v = \frac{\pi \cdot d_1 \cdot n_1}{60 \times 1000} = \frac{3.14 \times 62.5 \times 955}{60 \times 1000} = 3.13 (\text{m/s})$$ 由表 5-11 可知，选 8 级精度是合适的	
7. 结构设计	略	

5.10 平行轴斜齿圆柱齿轮传动

5.10.1 斜齿圆柱齿轮的齿廓曲面与啮合特点

1. 齿廓曲面的形成

由于圆柱齿轮是有一定宽度的,所以轮齿的齿廓沿轴线方向形成一曲面。直齿轮轮齿渐开线曲面的形成如图 5-34(a)所示,平面与基圆柱相切于母线 AA,当平面沿基圆柱做纯滚动时,其上与母线平行的直线 KK 在空间所走过的轨迹即为渐开线曲面,平面称为发生面,形成的曲面即为直齿轮的齿廓曲面。

直齿圆柱齿轮相啮合时,齿面的接触线均平行于齿轮轴线。轮齿沿着整个齿宽同时进入啮合、同时退出啮合,载荷沿齿宽同时加上及卸下。因此,直齿轮传动时产生的冲击、振动和噪声较大,不适合高速重载的传动。

斜齿圆柱齿轮的齿面形成如图 5-34(b)所示,形成渐开面的直线 KK 相对于轴线方向偏转了一个角度 β_b。当发生面绕基圆柱做纯滚动时,斜直线 KK 的空间轨迹就形成了斜齿轮的齿廓曲面——渐开线螺旋面,β_b 称为基圆柱上的螺旋角。

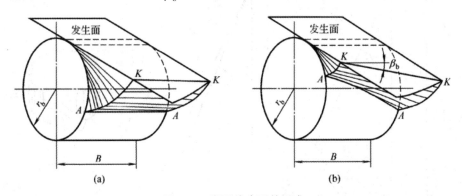

图 5-34 渐开线齿面的形成

2. 斜齿圆柱齿轮的啮合特点

一对平行轴斜齿圆柱齿轮啮合时,斜齿轮的齿廓是逐渐进入、逐渐脱离啮合的。如图 5-35 所示,斜齿轮齿廓接触线的长度由零逐渐增加,又逐渐缩短,直至脱离接触,载荷也不是突然加上或卸下的。因此,斜齿轮的啮合传动比较平稳,克服了直齿圆柱齿轮传动的缺点,能够适用于高速重载的传动场合。

图 5-35 齿轮啮合接触线

5.10.2　斜齿轮的基本参数和几何尺寸计算

斜齿轮的齿廓曲面为渐开线螺旋面,在垂直于齿轮轴线的端面(下标以 t 表示)和垂直于齿廓螺旋面的法面(下标以 n 表示)上有不同的参数。斜齿轮的端面是标准的渐开线,但从斜齿轮的加工和受力角度来看,斜齿轮的法面参数应为标准值。为了计算和测量方便,在计算斜齿轮几何尺寸时,一般都是端面尺寸,所以需要讨论端面和法向两种参数及其两者之间的关系。

1. 螺旋角 β

如图 5-36 所示,分度圆柱展开后的螺旋线为一条直线,该直线与轴线的夹角为 β,称为斜齿轮在分度圆柱上的螺旋角,简称斜齿轮的螺旋角。β 常用来表示斜齿轮轮齿的倾斜程度,一般取 $\beta=8°\sim20°$。斜齿轮按其轮齿的旋向分为右旋和左旋两种,面对竖直的轴线,若螺旋线右高左低为右旋,反之为左旋,如图 5-37 所示。

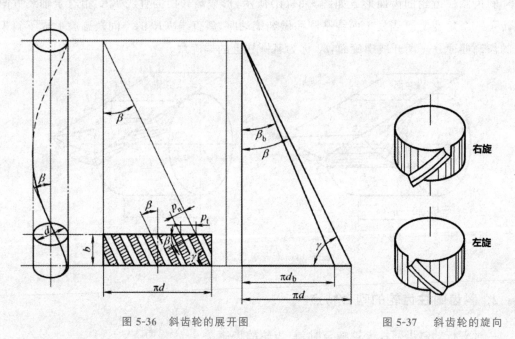

图 5-36　斜齿轮的展开图　　　　　图 5-37　斜齿轮的旋向

2. 法向模数 m_n 和端面模数 m_t

斜齿圆柱齿轮分度圆柱展开后的图形如图 5-36 所示。画有剖面线的部分为轮齿被分度圆柱剖切后的截面形状,空白部分为齿槽。p_t 为端面齿距,β 为螺旋角,p_n 为法向齿距,从图中可以得到 $p_n=p_t\cos\beta$,又因为法向齿距和端面齿距与模数的关系分别为 $p_n=\pi m_n$,$p_t=\pi m_t$,可最终推导出法面模数和端面模数的关系:

$$m_n=m_t\cos\beta \tag{5-25}$$

3. 法向压力角 α_n 和端面压力角 α_t

以渐开线斜齿条为例，法向压力角 α_n 和端面压力角 α_t 几何位置如图 5-38 所示，二者之间存在如下关系：

$$\tan\alpha_n = \tan\alpha_t\cos\beta \tag{5-26}$$

又因为当 $90° > \beta > 0$ 时，$\cos\beta < 1$，所以 $\alpha_t > \alpha_n$，即法向压力角 α_n 为标准值 20°，端面压力角 α_t 大于 20°。

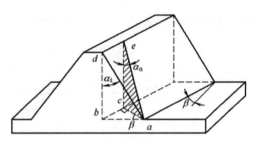

图 5-38　法向 α_n 和端面 α_t

4. 齿顶高系数及顶隙系数

因为斜齿圆柱齿轮的法向剖面为椭圆，椭圆短轴长度等于斜齿轮端面直径，所以无论在法向还是在端面测量轮齿的尺寸，轮齿的齿顶高都是相等的，齿顶间隙也是相等的，因此

$$h_a = h_{an}^* m_n = h_{at}^* m_t \qquad c = c_n^* m_n = c_t^* m_t$$

将式(5.25)代入上两式，即可得到

$$h_{at}^* = h_{an}^* \cos\beta \qquad c_t^* = c_n^* \cos\beta \tag{5-27}$$

对于正常齿制斜齿轮，法向齿顶高系数 $h_{an}^* = 1$，法向顶隙系数 $c_n^* = 0.25$。

5. 当量齿数 z_v

在进行强度计算以及用仿形法加工斜齿轮选择铣刀时，必须知道斜齿轮的法面齿形。通常用当量齿轮分析斜齿轮的法面齿形。如图 5-39 所示，齿数为 z 斜齿轮的分度圆柱被法向平面 nn 剖开后，得到椭圆，仅在此剖面上 P 点附近的齿形可以近似地看成为斜齿轮法向齿形，而在椭圆上的其他位置，由于剖面与其他轮齿的法向不垂直，所以除 P 点以外，剖面上其他齿形已经变形了，而并非是斜齿轮的法向齿形。

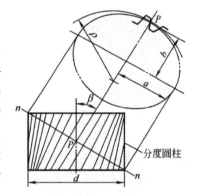

图 5-39　斜齿轮的当量齿数

若以 P 点的曲率半径 ρ 为半径作一个圆，在整个圆周上均匀分布着 P 点的齿形，这个虚拟的直齿圆柱齿轮称为该斜齿轮的当量齿轮，其齿数称为斜齿轮的当量齿数，用 z_v 表示，推导整理得

$$z_v = \frac{z}{\cos^3\beta} \tag{5-28}$$

正常齿标准斜齿轮不发生根切的最少齿数 z_{min} 可以通过其当量直齿轮的最少齿数 $z_{vmin}=17$ 计算出来,则

$$z_{min} = z_{vmin}\cos^3\beta = 17\cos^3\beta < 17 \qquad (5\text{-}29)$$

斜齿轮不发生根切的最少齿数要小于 17,这是斜齿轮传动优点之一。

6. 斜齿轮几何尺寸的计算

标准斜齿圆柱齿轮几何尺寸的计算公式见表 5-13。

表 5-13 外啮合正常齿制标准斜齿轮几何尺寸的计算公式

序号	名 称	代 号	计 算 公 式
1	法向模数	m_n	根据强度计算或结构要求确定,按表 5-2 选取
2	法向压力角	α_n	通常取标准值 $\alpha_n=20°$
3	分度圆直径	d_1,d_2	$d_1=m_t z_1=\dfrac{m_n z_1}{\cos\beta}$, $\quad d_2=m_t z_2=\dfrac{m_n z_2}{\cos\beta}$
4	齿顶高	h_a	$h_a=m_n$
5	齿根高	h_f	$h_f=1.25m_n$
6	全齿高	h	$h=h_a+h_f=2.25m_n$
7	齿顶间隙	c	$c=h_f-h_a=0.25m_n$
8	齿顶圆直径	d_{a1},d_{a2}	$d_{a1}=d_1+2h_a,d_{a2}=d_2+2h_a$
9	齿根圆直径	d_{f1},d_{f2}	$d_{f1}=d_1-2h_f,d_{f2}=d_2-2h_f$
10	端面模数	m_t	$m_t=\dfrac{m_n}{\cos\beta}$,$m_n$ 为标准值
11	端面压力角	α_t	$\alpha_t=\arctan\dfrac{\tan\alpha_n}{\cos\beta}$,$\alpha_n$ 为标准值
12	螺旋角	β	一般取 $\beta=8°\sim20°$
13	中心距	a	$a=\dfrac{d_1+d_2}{2}=\dfrac{m_t(z_1+z_2)}{2}=\dfrac{m_n(z_1+z_2)}{2\cos\beta}$

5.10.3 斜齿轮的正确啮合条件和重合度

1. 正确啮合条件

平行轴斜齿轮机构属于平面齿轮机构,端面齿形也是渐开线,要使一对斜齿轮能正确啮合,除了像直齿轮一样必须保证法面模数 m_n 和压力角 α_n 相等外,还必须使相互啮合的两齿轮的螺旋角 β 相同。因此,平行轴斜齿轮正确啮合条件为

$$\left.\begin{array}{l} m_{n1}=m_{n2}=m_n \\ \alpha_{n1}=\alpha_{n2}=\alpha_n \\ \beta_1=\mp\beta_2 \end{array}\right\} \qquad (5\text{-}30)$$

式中："－"代表外啮合时取负号；"＋"代内啮合时取正号。

若只满足前两项条件法面模数 m_n 和压力角 α_n 相等,不满足第三项条件,即 $\beta_1 \neq \mp \beta_2$,则成为交错轴斜齿轮传动。

2. 重合度

重合度是衡量齿轮承载能力和传动平稳性的一项重要指标,图 5-40 下图所示为斜齿圆柱齿轮的啮合面,上图为端面对应的直齿圆柱齿轮的啮合面。图中 B_1B_1 和 B_2B_2 分别表示在啮合平面内,同一对轮齿从开始啮合到退出啮合时的位置。B_1B_1 与 B_2B_2 直线之间区域是轮齿的啮合区。

图中的 l 相当于直齿圆柱齿轮的实际啮合面的长度,直齿轮的轮齿在 B_2B_2 处进入啮合时,沿着整个齿宽同时接触,接触线运动到 B_1B_1 处时,两个轮齿也是沿着整个齿宽同时退出啮合而分离,则直齿轮的重合度 $\varepsilon = l/p_{bt}$ 。

对于斜齿轮,虽然轮齿也是在 B_2B_2 处啮合,但不是沿着整个齿宽同时进啮合,而是先从轮齿的一端进入啮合,随着齿轮转动,接触线逐渐加长。当接触线运动到 B_1B_1 处时接触线开始逐渐变短,当接触线又移动了一端距离 Δl 后,

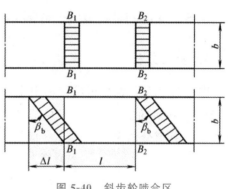

图 5-40　斜齿轮啮合区

两轮齿才完全退出啮合。因此,斜齿圆柱齿轮传动的实际啮合面的长度为 $l+\Delta l$,故斜齿圆柱齿轮传动的重合度为

$$\varepsilon = \frac{l}{p_{bt}} + \frac{\Delta l}{p_{bt}} = \varepsilon_\alpha + \frac{b \tan\beta_b}{p_{bt}} = \varepsilon_\alpha + \varepsilon_\beta \tag{5-31}$$

式中:ε_α 为端面重合度(相当于直齿圆柱齿轮传动的重合度);p_{bt} 为端面基圆齿距,mm;b 为斜齿圆柱齿轮的宽度,mm;β_b 为基圆螺旋角,°;ε_β 为纵向重合度。

由上可知,斜齿轮的重合度与齿宽 b 和基圆螺旋角 β_b 有关,当齿宽或螺旋角增大时,重合度也增大,斜齿轮传动的重合度比直齿轮的大很多,所以斜齿轮传动平稳,承载能力高。

5.10.4　斜齿圆柱齿轮传动的特点

1. 斜齿圆柱齿轮的优点

与直齿轮相比较,斜齿轮具有以下优点。

(1) 传动平稳:由于齿廓接触线是斜线,所以在传动中,轮齿是逐渐进入啮合和逐渐退出啮合的,因此产生的冲击和振动小,传动平稳,噪声小。

(2) 承载能力大:因重合度比直齿圆柱齿轮大,同时参与啮合的轮齿的对数多,故承载能力较强,适用于高速重载的场合。

(3) 不根切的最少齿数小:由于斜齿圆柱齿轮不发生根切的最少齿数小于直齿圆柱齿轮的最少齿数,所以传递相同转矩时,采用斜齿圆柱齿轮传动所占用的空间更小。

2. 斜齿圆柱齿轮的缺点

斜齿圆柱齿轮机构的主要缺点是在传动时,存在轴向分力 $F_a = F_t \tan\beta$。显然分度圆螺旋角与轴向力成正比,螺旋角越大,轴向力也越大,轴向力最终通过轴承作用在轴承座或箱体上,从而增加了轴承的负荷,使结构复杂化。为了限制轴向力,在设计斜齿圆柱齿轮时,一般取 $\beta = 8° \sim 20°$。为了克服轴向力,在空间和技术条件许可时,可将斜齿轮的轮齿做成左右对称的"人"字形状,因轮齿左右两侧完全对称,故两侧所产生的轴向分力可以互相抵消,但"人"字齿轮的制造成本较高。

5.10.5 斜齿圆柱齿轮的强度计算

1. 受力分析

图 5-41 为斜齿圆柱齿轮传动中主动轮上的受力分析图。图中 F_n 作用在齿面的法面内,忽略摩擦力的影响,F_n 可分解成三个互相垂直的分力,即圆周力 F_{t1}、径向力 F_{r1} 和轴向力 F_{a1},其值分别为

$$
\left.
\begin{aligned}
\text{圆周力} \quad & F_{t1} = 2T_1/d_1 \\
\text{径向力} \quad & F_{r1} = F_{t1} \tan\alpha_n / \cos\beta \\
\text{轴向力} \quad & F_{a1} = F_{t1} \tan\beta
\end{aligned}
\right\} \tag{5-32}
$$

式中:T_1 为小齿轮传递的转矩,N·mm;d_1 为小齿轮的分度圆直径,mm;α_n 为法向压力角,$\alpha_n = 20°$;β 为螺旋角。

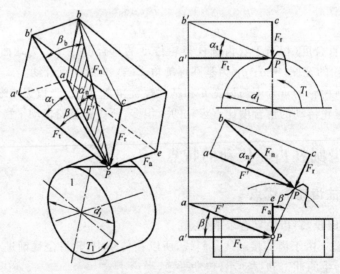

图 5-41 斜齿圆柱齿轮的受力分析图

作用于主动轮上的圆周力和径向力方向的判定方法与直齿圆柱齿轮相同,轴向力的方向可根据左右手法则判定,即右旋斜齿轮用右手判定,左旋斜齿轮用左手判定,弯曲的四指

表示齿轮的转向,拇指的指向即为轴向力的方向,如图 5-42 所示。作用于从动轮上的力可根据作用力与反作用力定律来判定。

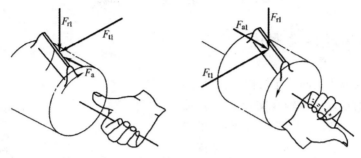

图 5-42　轴向力方向判定

2. 斜齿圆柱齿轮传动的强度计算

斜齿圆柱齿轮传动的强度计算方法与直齿圆柱齿轮相似,但由于斜齿轮啮合时齿面接触线的倾斜以及传动重合度增大等因素的影响,使斜齿轮的接触应力和弯曲应力降低。其强度计算公式可表示如下,式中各符号的意义、单位和确定方法与直齿圆柱齿轮传动相同。

1)齿面接触疲劳强度计算

校核公式:

$$\sigma_H = 3.17 Z_E \sqrt[3]{\frac{KT_1}{bd_1^2} \cdot \frac{(i \pm 1)}{i}} \leqslant [\sigma_H] \tag{5-33}$$

设计公式:

$$d_1 \geqslant \sqrt[3]{\left(\frac{3.17 Z_E}{[\sigma_H]}\right)^2 \cdot \frac{KT_1}{\psi_d} \cdot \frac{(i \pm 1)}{i}} \tag{5-34}$$

校核公式中,根号前的系数比直齿轮计算公式中的系数小,所以在受力条件等相同的情况下求得的 σ_H 值也随之减小,即接触应力减小。这说明斜齿轮传动的接触强度要比直齿轮传动的高。

2)齿根弯曲疲劳强度计算

校核公式:

$$\sigma_F = \frac{1.6 KT_1}{bm_n d_1} Y_F Y_S = \frac{1.6 KT_1 \cos\beta}{bm_n^2 z_1} Y_F Y_S \leqslant [\sigma_F] \tag{5-35}$$

设计公式:

$$m_n \geqslant 1.17 \sqrt[3]{\frac{KT_1 \cos^2\beta Y_F Y_S}{\psi_d z_1^2 [\sigma_F]}} \tag{5-36}$$

设计时,应将两齿轮的 $Y_F Y_S / [\sigma_F]$ 值进行比较,取其中较大值代入上式,并将计算所得的法面模数 m_n,按标准模数圆整。Y_F、Y_S 应按斜齿轮的当量齿数 z_v 查取。

思考:设计条件同例 5-2,同时要求结构紧凑,试设计符合条件的斜齿圆柱齿轮传动。

5.11 锥齿轮传动

5.11.1 锥齿轮传动概述

锥齿轮传动属于空间齿轮机构,用于传递两相交轴之间的运动。两轴线交角 Σ 由传动要求确定,常用 $\Sigma = 90°$。如图 5-43 所示,锥齿轮的轮齿分布在圆锥体上,从大端到小端逐渐减小。一对锥齿轮的运动可以看成是两个锥顶共点的圆锥体相互做纯滚动,这两个锥顶共点的圆锥体就是节圆锥。此外,与圆柱齿轮相似,锥齿轮有基圆锥、分度圆锥、齿顶圆锥、齿根圆锥。对于正确安装的标准锥齿轮传动,其节圆锥与分度圆锥应该重合。

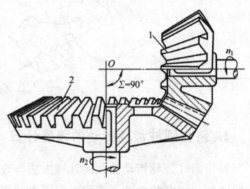

图 5-43 锥齿轮传动

锥齿轮的两个端面的尺寸不同,分为大端参数和小端参数,为了计算和测量方便,通常取锥齿轮大端参数为标准值,即大端分度圆压力角 $\alpha = 20°$,大端模数为标准模数。

锥齿轮按齿向分为直齿、斜齿和曲齿。直齿锥齿轮易于制造,适用于低速、轻载传动的场合,而斜齿、曲齿锥齿轮传动平稳,承载能力强,常用于高速、重载传动的场合,但其设计和制造较为复杂。本节只讨论直齿锥齿轮传动。

5.11.2 直齿锥齿轮的齿廓曲线、背锥和当量齿数

1. 直齿锥齿轮的理论齿廓曲线

如图 5-44 所示,基圆锥与圆平面 S 相切于 OP,基圆锥的锥距与圆平面 S 的半径 R 相等。当圆平面沿基圆锥做纯滚动时,圆平面上任意一点 B 在空间形成一条渐开线 B_0BB_e。又因为渐开线 B_0BB_e 上任意一点到锥顶 O 的距离都等于锥距 R,因此该渐开线是半径等于锥距 R 的球面上的一条曲线,所以称曲线 B_0BB_e 为球面渐开线。

2. 背锥和当量齿数

如上所述,一对直齿锥齿轮传动时,其锥顶相交于一点 O,共轭齿廓为球面渐开线。由于球面无法展开成平面,给锥齿轮的设计和制造带来很大困难,需采用近似方法进行研究。

图 5-45 为直齿锥齿轮的轴剖面,$\triangle OAB$ 是分度圆锥,过分度圆锥上的点 A 作球面的切线 AO_1 与分度圆锥的轴线交于 O_1 点。以 OO_1 为轴,O_1A 为母线作一圆锥体,它的轴截面为 $\triangle AO_1B$,此圆锥称为背锥。背锥与球面相切于锥齿轮大端的分度圆上。

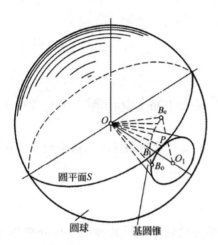

图 5-44　球面渐开线的形成

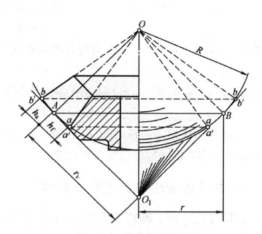

图 5-45　锥齿轮的背锥

将球面上的轮齿向背锥上投影，a、b 点的投影为 a'、b' 点，由图可知 $ab \approx a'b'$，即背锥上的齿高部分近似等于球面上的齿高部分，故可用背锥上齿廓代替球面上的齿廓。

如图 5-46 所示，将背锥展开成平面，则成为两个扇形齿轮，其分度圆半径即为背锥的锥距，分别以 r_{v1} 和 r_{v2} 表示。此时扇形齿轮上的齿数 z_1 及 z_2，是锥齿轮的实际齿数，现将扇形齿轮补足为完整的圆柱齿轮，称为该锥齿轮的当量齿轮，其齿数 z_{v1} 和 z_{v2} 称为当量齿数。

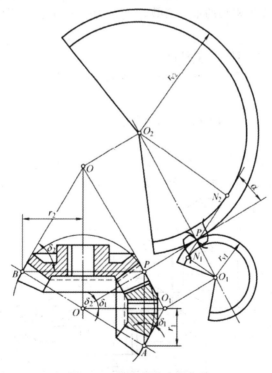

图 5-46　锥齿轮的当量齿轮

从图 5-46 可得到如下关系：

$$z_{v1} = z_1/\cos\delta_1 \\ z_{v2} = z_2/\cos\delta_2 \Big\}$$

(5-37)

式中：δ_1、δ_2分别为两个锥齿轮的分度圆锥角。

5.11.3 锥齿轮正确啮合条件和不发生根切的最少齿数

与直齿圆柱齿轮一样，相互啮合的一对锥齿轮，要满足一定的条件才能正确啮合。在用展成法加工锥齿轮时，也会发生根切现象。

1. 直齿锥齿轮的正确啮合条件

直齿锥齿轮的正确啮合条件是：两互相啮合的锥齿轮的大端模数和压力角分别相等，两轮的锥距也必须相等，即 $m_1 = m_2 = m$，$\alpha_1 = \alpha_2 = \alpha$，$R_1 = R_2$。

2. 锥齿轮不发生根切的最少齿数

通过当量齿数的计算公式，可知锥齿轮的当量齿数大于实际齿数，而锥齿轮的当量齿轮是圆柱齿轮，所以锥齿轮不发生根切的最少齿数要小于直齿圆柱齿轮的最少齿数。它们之间的关系为

$$z_{min} = z_{vmin}\cos\delta$$

(5-38)

式中：z_{min}为锥齿轮不发生根切的最少齿数；z_{vmin}为当量齿轮（渐开线直齿圆柱齿轮）不发生根切的最少齿数。

例如，当$\delta = 60°$，$\alpha = 20°$，$h_a^* = 1$时，有

$$z_{min} = z_{vmin}\cos\delta = 17\cos60° = 8.5$$

5.11.4 直齿锥齿轮几何尺寸计算

图 5-47 表示一对标准直齿锥齿轮，节圆锥与分度圆锥重合，轴交角 $\Sigma = 90°$，标准模数见表 5-14，各部分名称和几何尺寸计算公式见表 5-15。

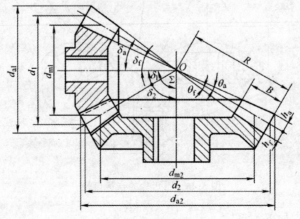

图 5-47 $\Sigma = 90°$ 的标准直齿锥齿轮的几何尺寸

表 5-14 锥齿轮标准模数（摘自 GB/T 12368—1990） 单位：mm

0.9	1	1.125	1.25	1.375	1.5	1.75	2	2.25	2.5
2.75	3	3.25	3.5	3.75	4	4.5	5	5.5	6
6.5	7	8	9	10	11	12	14	16	18
20	22	25	28	30	32	36	40	45	50

表 5-15 $\Sigma = 90°$ 的标准直齿锥齿轮的几何尺寸计算

序号	名 称	代号	计 算 公 式
1	模数	m	以大端模数为标准，查表 5-14
2	传动比	i	$i = \dfrac{z_2}{z_1} = \tan\delta_2 = \cot\delta_1$，单级 $i < 6$
3	分度圆锥角	δ_1, δ_2	$\delta_2 = \arctan\dfrac{z_2}{z_1}, \delta_1 = 90° - \delta_2$
4	分度圆直径	d_1, d_2	$d_1 = mz_1, d_2 = mz_2$
5	齿顶高	h_a	$h_a = m$
6	齿根高	h_f	$h_f = 1.2m$
7	全齿高	h	$h = 2.2m$
8	齿顶间隙	c	$c = 0.2m$
9	齿顶圆直径	d_{a1}, d_{a2}	$d_{a1} = d_1 + 2m\cos\delta_1, d_{a2} = d_2 + 2m\cos\delta_2$
10	齿根圆直径	d_{f1}, d_{f2}	$d_{f1} = d_1 - 2.4m\cos\delta_1, d_{f2} = d_2 - 2.4m\cos\delta_2$
11	锥距	R	$R = \sqrt{r_1^2 + r_2^2} = \dfrac{m}{2}\sqrt{z_1^2 + z_2^2} = \dfrac{d_1}{2\sin\delta_1} = \dfrac{d_2}{2\sin\delta_2}$
12	齿宽	b	$b = (0.25 \sim 0.3)R$
13	齿顶角	θ_a	$\theta_a = \arctan\dfrac{h_a}{R}$
14	齿根角	θ_f	$\theta_f = \arctan\dfrac{h_f}{R}$
15	齿根圆锥角	θ_{f1}, θ_{f2}	$\theta_{f1} = \delta_1 - \theta_f, \theta_{f2} = \delta_2 - \theta_f$
16	齿顶圆锥角	θ_{a1}, θ_{a2}	$\theta_{a1} = \delta_1 + \theta_a, \theta_{a2} = \delta_2 + \theta_a$

锥齿轮大端的尺寸较大，计算和测量的相对误差较小；同时便于确定齿轮机构的外廓尺寸，所以大端参数为标准参数，大端尺寸为标准尺寸，表 5-15 中公式所计算的几何尺寸都是锥齿轮的大端尺寸。其中，齿宽 b 的范围是 $(0.25 \sim 0.3)R$，R 是锥距。因接近锥顶的轮齿小端的尺寸相对较小，对提高轮齿强度的作用不大，同时齿宽过大时，较难加工，所以齿宽 b 不应过大。

5.11.5 直齿锥齿轮的强度计算

1. 受力分析

图 5-48(a) 为锥齿轮传动中主动轮上的受力情况。将作用在主动轮上的法向力简化为集中载荷 F_n，并近似地认为 F_n 作用在齿宽 b 中间位置的节点 P 上，即作用在分度圆锥的平均直径 d_{m1} 处。当齿轮上作用的转矩为 T_1 时，若忽略摩擦力的影响，F_n 可分解成三个

互相垂直的分力,即圆周力 F_{t1}、径向力 F_{r1},和轴向力 F_{a1},其值分别为

$$
\left.
\begin{aligned}
\text{圆周力} \quad & F_{t1} = 2T_1/d_{m1} \\
\text{径向力} \quad & F_{r1} = F_{t1}\tan\alpha\cos\delta_1 \\
\text{轴向力} \quad & F_{a1} = F_{t1}\tan\alpha\sin\delta_1
\end{aligned}
\right\} \tag{5-39}
$$

式中:d_{m1} 为小齿轮齿宽中点处的分度圆直径,由几何关系可知:

$$
d_{m1} = d_1(1 - 0.5b/R) = d_1(1 - 0.5\psi_R) \tag{5-40}
$$

其中,齿宽系数 $\psi_R = b/R$,一般可取 $\psi_R = 0.25 \sim 0.3$。

根据作用力和反作用力的关系可知,大齿轮上所受的力为 $F_{t2} = -F_{t1}$,$F_{r2} = -F_{a1}$,$F_{a2} = -F_{r1}$,如图 5-48(b)所示。两锥齿轮的受力方向判别如下:圆周力的方向,在主动轮上与其转动方向相反,在从动轮上与其转动方向相同;径向力的方向,分别指向两轮各自的转动中心;轴向力的方向,沿各自轴线方向并由小端指向大端,背离锥顶。

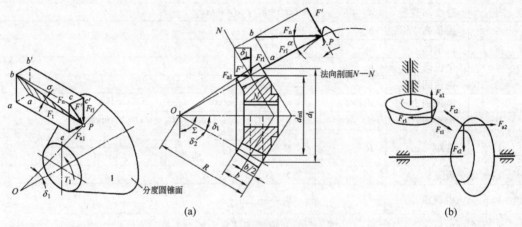

(a) (b)

图 5-48 锥齿轮的受力分析

2. 锥齿轮传动的强度计算

直齿锥齿轮传动的强度计算,可按齿宽中点处的一对当量直齿圆柱齿轮进行近似计算,其强度计算公式可表示如下。

1)齿面接触疲劳强度计算

校核公式:

$$
\sigma_H = \frac{4.98Z_E}{1 - 0.5\psi_R}\sqrt{\frac{KT_1}{\psi_R d_1^3 i}} \leqslant [\sigma_H] \tag{5-41}
$$

设计公式:

$$
d_1 \geqslant \sqrt[3]{\frac{KT_1}{\psi_R i}\left[\frac{4.98Z_E}{(1 - 0.5\psi_R)[\sigma_H]}\right]^2} \tag{5-42}
$$

式中:ψ_R 为齿宽系数,其余各项符号的意义与直齿齿轮相同。

2)齿根弯曲疲劳强度计算

校核公式:

$$\sigma_{\mathrm{F}} = \frac{4KT_1 Y_{\mathrm{F}} Y_{\mathrm{S}}}{\psi_{\mathrm{R}}(1 - 0.5\psi_{\mathrm{R}})^2 z_1^2 m^3 \sqrt{i^2 + 1}} \leqslant [\sigma_{\mathrm{F}}] \tag{5-43}$$

设计公式：

$$m \geqslant \sqrt[3]{\frac{4KT_1 Y_{\mathrm{F}} Y_{\mathrm{S}}}{\psi_{\mathrm{R}}(1 - 0.5\psi_{\mathrm{R}})^2 z_1^2 [\sigma_{\mathrm{F}}] \sqrt{i^2 + 1}}} \tag{5-44}$$

计算得的模数 m，应按表 5-14 进行圆整。

5.12　齿轮的结构设计、润滑和效率

5.12.1　齿轮的结构设计

齿轮的结构形式通常根据齿轮的尺寸大小、毛坯材料及加工方法来确定。通常先按齿轮的直径大小、重要性和材料确定齿轮毛坯的加工方法，再选定合适的结构形式，并根据经验公式和与其配合的轴的直径的大小，进行结构设计。齿轮毛坯的制造方法有锻造齿轮毛坯和铸造齿轮毛坯两种。当齿轮的齿顶圆直径 $d \leqslant 500\mathrm{mm}$ 时，一般用锻造毛坯。

1. 齿轮轴

当齿轮的齿根圆直径与轴径很接近，且圆柱齿轮的齿根圆与键槽底部的径向距离 $x \leqslant 2 \sim 2.5m$(模数)时，或当锥齿轮小端的齿根圆与键槽底部的径向距离 $x \leqslant 1.6 \sim 2m$ 时，为保证齿轮的强度，应将齿轮和轴做成一体，称为齿轮轴，如图 5-49 所示。

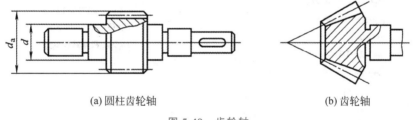

(a) 圆柱齿轮轴　　　　　　　　　　　　　(b) 齿轮轴

图 5-49　齿轮轴

2. 实体式齿轮

当齿轮齿顶圆直径 $d_{\mathrm{a}} \leqslant 200\mathrm{mm}$，且圆柱齿轮的齿根圆与键槽底部的径向距离 $x > 2 \sim 2.5m$ 时，锥齿轮满足 $x > 1.6 \sim 2m$ 时，若将齿轮与轴做成一体，则齿轮轴毛坯直径较大，造成材料和加工工时的浪费，因此可以采用实体式盘形齿轮结构，如图 5-50 所示。

3. 腹板式齿轮

如图 5-51 所示，当齿顶圆直径 $200\mathrm{mm} < d_{\mathrm{a}} \leqslant 500\mathrm{mm}$，为减轻齿轮的重量，应采用腹板式齿轮结构。

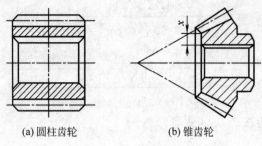

(a) 圆柱齿轮　　　　　　(b) 锥齿轮

图 5-50　实体式齿轮

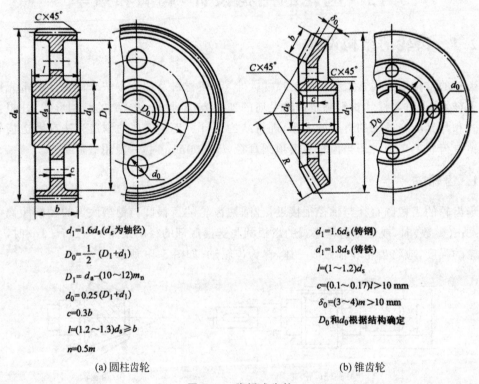

$d_1 = 1.6 d_s (d_s$ 为轴径)

$D_0 = \dfrac{1}{2}(D_1 + d_1)$

$D_1 = d_a - (10 \sim 12) m_n$

$d_0 = 0.25(D_1 + d_1)$

$c = 0.3b$

$l = (1.2 \sim 1.3) d_s \geqslant b$

$n = 0.5m$

$d_1 = 1.6 d_s$（铸钢）

$d_1 = 1.8 d_s$（铸铁）

$l = (1 \sim 1.2) d_s$

$c = (0.1 \sim 0.17) l > 10$ mm

$\delta_0 = (3 \sim 4) m > 10$ mm

D_0 和 d_0 根据结构确定

(a) 圆柱齿轮　　　　　　　　　　　　(b) 锥齿轮

图 5-51　腹板式齿轮

4. 轮辐式齿轮

如图 5-52 所示,当齿轮齿顶圆直径 $d > 500$ mm 时,可采用轮辐式结构。为减少加工量和锻造难度,通常采用铸钢或铸铁制造。

5.12.2　齿轮传动的润滑

同所有运动的零部件一样,齿轮传动也需要润滑,润滑的目的是减小由于齿轮齿面啮合部位的摩擦所造成的功率损失、减少齿面的磨损、降低噪声、散热并防止传动零件的锈蚀等。齿轮传动的润滑可以保证齿轮机构运转正常,提高传动效率和工作寿命。

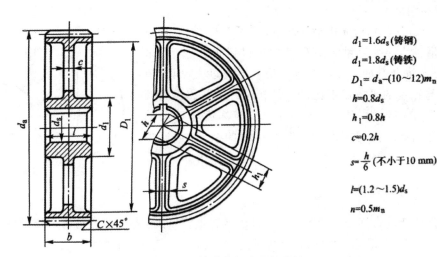

图 5-52 铸造轮辐式圆柱齿轮

$d_1 = 1.6d_s$(铸钢)

$d_1 = 1.8d_s$(铸铁)

$D_1 = d_a - (10 \sim 12)m_n$

$h = 0.8d_s$

$h_1 = 0.8h$

$c = 0.2h$

$s = \dfrac{h}{6}$(不小于 10 mm)

$l = (1.2 \sim 1.5)d_s$

$n = 0.5m_n$

1. 开式齿轮传动的润滑

开式齿轮传动由于结构和使用环境的限制,无法采用油池润滑,因此对该种传动,通常采用定期滴油润滑或脂润滑,并定期清洗各传动零件。

2. 闭式齿轮传动的润滑

闭式齿轮传动的润滑方式主要根据最大齿轮的分度圆切向速度 v 的大小来确定。

1)飞溅润滑

如图 5-53 所示,当 $v \le 12\text{m/s}$ 时,一般采用浸油润滑,将大齿轮浸入油池里油面下一定的深度。当齿轮运转时,大齿轮就把润滑油带到啮合区,同时也甩到箱壁上,借以散热。当 v 较大时,浸入深度约为一个齿高,要保证至少为 10mm;当 v 较小时(0.5~0.8m/s),浸入深度可达到 1/3 的齿顶圆半径,这样既可以保证润滑效果,又可以减小由于轮齿对润滑油的搅动所造成的搅油功率损失。

在多级齿轮传动中,当几对齿轮中的大齿轮直径不相等时,如图 5-54 所示,可以采用带油轮或油环将油带到没有浸入油液的其他齿轮上。

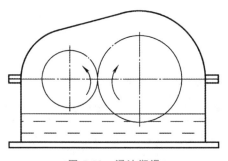

图 5-53 浸油润滑

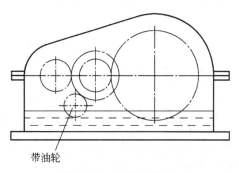

带油轮

图 5-54 用带油轮带油

2）喷油润滑

当 $v > 12 \text{m/s}$ 时，应采用喷油润滑，如图 5-55 所示，通过油泵将润滑油直接喷射到啮合区，使轮齿得到润滑。若仍采用浸油润滑，将会造成：①轮齿搅油功率损失过大，因为流体的阻力与速度的平方成正比；②润滑油的温度和齿轮箱的工作温度增高过大，使润滑性能降低，破坏齿轮传动的正常工作条件；③搅起润滑油在箱底沉淀的杂质，加速齿轮的磨损。

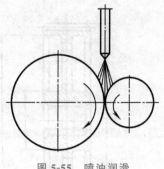

图 5-55　喷油润滑

3. 润滑剂的选择

一般齿轮传动常用的润滑剂为润滑油。选择润滑油时，先根据齿轮的工作条件以及圆周速度由表 5-16 查得运动黏度值，再根据选定的黏度确定润滑油的牌号。

必须经常检查齿轮传动润滑系统的状况，如润滑油的油面高度等。油面过低则润滑不良，油面过高则会增加搅油功率的损失。对于压力喷油润滑系统还需检查油压状况，油压过低会造成供油不足，油压过高则可能是油路不畅通造成的，需及时调整油压。

表 5-16　齿轮传动润滑油运动黏度荐用值

齿 轮 材 料	强度极限 σ_b/MPa	圆周速度 $v/(\text{m/s})$						
		<0.5	0.5~1	1~2.5	2.5~5	5~12.5	12.5~25	>25
		运动黏度 $v_{50℃}(v_{100℃})/(\text{mm}^2/\text{s})$						
塑料、青铜、铸铁	—	180(23)	120(1.5)	85	60	45	34	—
钢	450~1000	270(34)	180(23)	120(15)	85	60	45	34
	1000~1250	270(34)	270(34)	180(23)	120(15)	85	60	45
渗碳或表面淬火钢	1250~1580	450(53)	270(34)	270(34)	180(23)	120(15)	85	60

注：① 多级齿轮传动按各级所选润滑油运动黏度的平均值来确定润滑油；

② 对于 $\sigma_b > 800\text{MPa}$ 的镍铬钢制齿轮（不渗碳），润滑油运动黏度取高一档的数值。

5.12.3　齿轮传动的效率

任何传动总是存在由于摩擦造成的功率损耗。闭式齿轮传动的功率损耗由三部分组成：轮齿啮合的摩擦损失、轴承中的摩擦损失和齿轮的搅油损失。进行有关齿轮的计算时通常使用的是齿轮传动的平均效率。当齿轮轴上装有滚动轴承，并在满载状态下运转时，传动的平均总效率 η 详见表 5-17。

表 5-17　装有滚动轴承的齿轮传动的平均总效率 η

传 动 形 式	圆柱齿轮传动	圆锥齿轮传动
6 级或 7 级精度的闭式齿轮传动	0.98	0.97
8 级精度的闭式齿轮传动	0.97	0.96
开式齿轮传动	0.95	0.94

5.13　本章实训——带式运输机传动系统中齿轮传动的设计

1. 实训目的

学会齿轮传动的设计计算方法,确定齿轮的齿数、模数和齿轮宽度。绘制齿轮图样,观察齿轮传动模型。

2. 实训内容

根据第 3 章和第 4 章实训得到的主要参数,计算齿轮的分度圆直径,确定齿轮的齿数、模数和齿轮宽度,根据计算得到的参数,绘制齿轮零件图样。

3. 实训过程

根据第 3 章和第 4 章实训得到的主要参数,包括功率、转速、传动比、载荷性质和工作寿命等,按齿面接触疲劳强度设计公式计算齿轮的分度圆直径,确定减速器中齿轮的齿数、模数和齿宽。按标准圆整模数后,再按齿根弯曲疲劳强度校核公式,校核齿轮传动的齿根弯曲疲劳强度。

根据计算得到的参数,绘制齿轮的零件图图样。

实训计算过程可参照表 5-12 顺序进行。

4. 实训总结

齿轮传动设计是一种典型的机械零件的设计,齿轮传动设计过程中需要运用工程力学、工程材料和机械设计的综合知识,利用理论公式和试验修正方法,查阅图表、手册和国家标准等多种资料,经过反复计算后才能得出合理的参数。

拓展阅读

高铁的中国元素

高铁列车是中国制造的一张“黄金名片”,然而中国高端装备崛起的背后,是核心关键部件落后的掣肘。想要让高铁列车以时速 $250\sim350\mathrm{km}$ 的速度在轨道上奔驰,给列车的动力系统带来严峻的考验,齿轮传动系统是高铁列车动力传递的核心部件(图 5-56),其工作性能直接决定了高铁列车运行的可靠性和安全性,也是高铁列车跑出“世界速度”的关键所在。

高铁上齿轮制造的相关技术不可谓不难,齿轮处理需要达到微米级精度,相当于头发丝的五十分之一。自 2005 年引进和谐号动车组后,高铁齿轮传动系统长期被国外垄断,而且质量问题频发,国外的技术人员认为我国攻克这些技术难题至少要二三十年。我国科研团队铆足

图 5-56　高铁齿轮箱

了劲,开始了高铁齿轮传动系统国产化研发道路。反复试验后,在 10 年内攻克了高铁变速箱设计方面的技术难关,全部用上中国造的零部件,打破了之前高铁用齿轮传动系统德国和日本企业的垄断,推动了我国高铁装备关键零部件达到国际领先水平,助力中国高铁装上"风火轮"。

从设计试验到零部件的加工制造,高铁的强劲发展势头伴随着中国整体工业制造实力的提升。中国工程师创建的标准,正成为世界追逐的新目标。

练 习 题

1. 填空题

(1) 直齿圆柱齿轮机构属于_____齿轮机构,平行轴斜齿圆柱齿轮机构属于_____齿轮机构,锥齿轮机构属于_____齿轮机构,齿轮齿条机构属于_____齿轮机构,交错轴斜齿圆柱齿轮机构属于_____齿轮机构,蜗杆蜗轮机构属于_____齿轮机构。

(2) 直径越大,渐开线齿轮上的压力角越_____。

(3) 渐开线圆柱齿轮_____圆上的压力角最大,_____圆上的压力角最小,_____圆上的压力角为标准值。

(4) 斜齿圆柱齿轮的_____参数为标准值,其当量齿数_____于实际齿数。

(5) 直齿锥齿轮的_____端模数为标准值,计算锥齿轮的强度时,假设法向力作用在齿宽的_____点。

(6) 齿数、模数不变时,斜齿圆柱齿轮的螺旋角越小,其轴向力越_____,其分度圆越_____。

(7) 材料相同、热处理工艺相同、齿宽相同的一对相互啮合的齿轮,小齿轮的齿根弯曲疲劳强度_____于大齿轮的齿根弯曲疲劳强度。

(8) 理论上,一对相互啮合齿轮齿面的接触应力的大小_____。

2. 简答题

(1) 简述齿轮传动的特点。
(2) 简述齿廓啮合基本定律。
(3) 简述斜齿圆柱齿轮的正确啮合条件。
(4) 从变位的角度出发,简述变位齿轮传动的类型。
(5) 简述齿轮传动的主要失效形式。
(6) 简述齿轮传动的设计准则。

3. 综合计算题

(1) 已知一对外啮合正常齿标准直齿圆柱齿轮的模数 $m = 4\text{mm}$,$z_1 = 19$,$z_2 = 41$,试计算这对齿轮的主要几何尺寸。

（2）试设计一对外啮合的标准直齿圆柱齿轮传动，要求传动比 $i=8/5$，模数 $m=3\text{mm}$，安装中心距 $a=78\text{mm}$。试确定齿数 z_1 和 z_2，并计算这对齿轮主要几何尺寸。

（3）已知一对斜齿轮 $z_1=22$，$z_2=39$，$m_n=5\text{mm}$，$\alpha_n=20°$，$\beta=18°$，$h_{an}^*=1$，试求：

①分度圆直径 d_1、d_2 及中心距 a；②齿顶圆直径 d_{a1}、d_{a2} 及齿根圆直径 d_{f1}、d_{f2}；③当量齿数 z_{v1}、z_{v2}。

（4）已知一对锥齿轮的参数为，$z_1=19$，$z_2=41$，$m=2\text{mm}$，$\alpha=20°$，$h_a^*=1$，$c^*=0.2$，$\Sigma=90°$，试计算：

① 分度圆直径 d_1、d_2；② 分度圆锥角 δ_1、δ_2；③ 锥距 R。

（5）有一电动机带动的单级闭式直齿圆柱齿轮传动，已知小齿轮材料为 45 钢，调质处理，齿面硬度 220HBW，大齿轮材料为 45 钢，调质处理，190HBW，齿轮模数 $m=4\text{mm}$，齿数 $z_1=23$，$z_2=75$，齿宽 $b_1=85\text{mm}$，$b_2=80\text{mm}$，7 级精度，齿轮在轴上对称布置，$N_1=1.2\times10^8$，齿轮传递功率 $P_1=4\text{kW}$，转速 $n_1=730\text{r/min}$，单向转动，载荷有轻微冲击。试校核该齿轮传动的强度。

第**6**章

蜗杆传动

第 6 章
微课视频

学习目标

本章主要介绍蜗杆传动的类型、特点和应用；蜗杆传动的工作原理、主要失效形式、强度计算及热平衡计算。通过本章的学习，要求了解圆柱蜗杆传动的类型、特点和应用；学会圆柱蜗杆传动的设计计算。

重点与难点

◇ 蜗杆蜗轮的类型、特点及应用场合；
◇ 蜗杆蜗轮传动的基本参数和几何尺寸计算；
◇ 蜗杆蜗轮受力分析；
◇ 蜗杆蜗轮的强度设计与校核；
◇ 蜗杆蜗轮的结构。

 案例导入

滚 齿 机

图 6-1 为 300mm 简易滚齿机的运动简图，其工作原理如下：电动机 1 通过带传动 2、切削速度挂轮 A 和 B 以及万向联轴节 3 和锥齿轮，使滚刀 4 转动，从而完成切削运动。由于滚刀在轴向剖面内相当于一个齿条，滚刀转动相当于齿条在轴向移动，因此齿坯 6 也要相应地转动，并要求滚刀的转速与齿坯的转速之间严格保持着齿条与被加工齿轮间的啮合关系，也就是滚刀每转一转，刀齿在轴向移动一个齿时，齿坯也相应地转过一个齿，这个运动就是铣削齿轮的分齿运动。在机床上由装在工作台 7 下部的一对蜗杆蜗轮 9 和 10 来保证这个分齿运动，并根据滚刀头数和被加工齿轮的齿数，靠改变分齿挂轮 a、b、c 和 d 的齿数比来保证滚刀和齿坯之间所要求的分齿运动关系。被加工齿轮的分齿精度取决于分度蜗杆蜗轮机构的精度。

蜗杆蜗轮机构是一种特殊的齿轮机构，广泛应用于机床、汽车、仪器、冶金机械及其他机器或设备中。本章将讨论蜗杆蜗轮机构的特性、几何尺寸计算、受力分析及其强度计算。

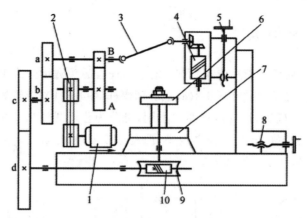

1—电动机；2—带传动；3—万向联轴节；4—滚刀；5—垂直进给丝杠；6—齿坯；
7—工作台；8—水平进给丝杠；9、10—蜗杆蜗轮副

图 6-1　简易滚齿机运动简图

6.1　蜗杆传动概述

6.1.1　蜗杆传动的特点

蜗杆传动是由交错轴斜齿轮传动演化而来的，用来传递空间交错轴之间的运动和动力。蜗杆传动由蜗杆和蜗轮组成，如图 6-2 所示，通常两轴线在空间交错成 90°。

蜗杆蜗轮传动广泛用于各种机器和仪器中，一般蜗杆为主动件，蜗轮为从动件，做减速传动；在少数机械中，利用蜗轮作为主动件，做增速运动，如离心机。与齿轮传动相比，具有以下特点。

（1）传动比大。在动力传动中，单级蜗杆传动比 $i=$ 5～80；在传递运动时，如机床的分度机构，其传动比可达 1000，因而结构很紧凑。

（2）传动平稳，噪声低。由于蜗杆的齿是一条连续的螺旋线，所以传动平稳，噪声小。

（3）可制成具有自锁性的蜗杆。当蜗杆的螺旋角小于啮合副材料的当量摩擦角时，蜗杆传动具有自锁特性，即蜗杆可以带动蜗轮，但蜗轮不能带动蜗杆。因此一些需要自锁的机构或设备常利用此特性，如起重设备等，以保证安全生产。

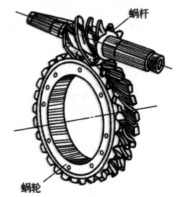

图 6-2　蜗杆传动

（4）传动效率低。蜗杆传动中，由于啮合处相对滑动速度较大，产生的摩擦损失也较大，所以传动效率较低，一般为 0.7～0.8；对具有自锁性的蜗杆传动，效率低于 0.5。

（5）制造成本较高。为了减少摩擦与磨损，增强耐热性与抗胶合能力，蜗轮齿圈通常需要使用贵重的青铜等材料制造，而蜗杆则多淬硬后进行磨削，因此制造成本较高。

6.1.2 蜗杆传动的类型

根据蜗杆齿的旋向可分为左旋和右旋；根据蜗杆齿的头数可分为单头和多头；根据蜗杆外形，蜗杆又可分为圆柱蜗杆（图6-3(a)）、环面蜗杆（图6-3(b)）及锥蜗杆（图6-3(c)）。圆柱蜗杆制造简单，应用广泛，按其齿廓曲线不同，可分为普通圆柱蜗杆和圆弧圆柱蜗杆；环面蜗杆传动润滑状态较好，有利于提高效率，但制造较复杂，主要用于大功率的传动；锥蜗杆传动的效率较高，传动比范围较大。

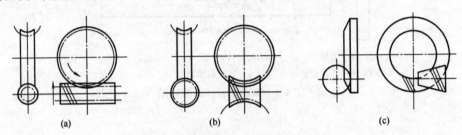

(a) (b) (c)

图6-3　圆柱蜗杆、环面蜗杆与锥蜗杆

1. 普通圆柱蜗杆传动

普通圆柱蜗杆传动的蜗杆按刀具加工位置的不同可以分为阿基米德蜗杆（ZA型）、渐开线蜗杆（ZI型）和法向直廓蜗杆（ZN型），代号中的字母Z表示圆柱蜗杆。

(1) 阿基米德蜗杆（ZA型）：如图6-4所示，端面齿廓为阿基米德螺旋线，轴向齿廓为直线。阿基米德蜗杆一般在车床上用成型车刀切制，车刀切削刃夹角 $2\alpha = 40°$，加工方法与加工普通梯形螺纹类似。加工时应使切削的平面通过蜗杆轴线。阿基米德蜗杆的加工与测量较容易，所以在机械中应用最广。

(2) 渐开线蜗杆（ZI型）：如图6-5所示，端面齿廓为渐开线，轮齿可以用滚刀加工，并可在专用机床上磨削，制造精度较高，利于成批生产，适用于功率较大的高速传动。

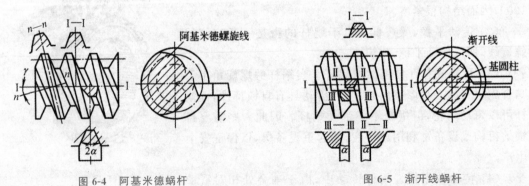

图6-4　阿基米德蜗杆　　　　　　　图6-5　渐开线蜗杆

(3) 法向直廓蜗杆（ZN型）：如图6-6所示，加工时，刀刃顶平面置于齿槽中线处螺旋线的法向剖面内，在该剖面内齿廓为直线，轴向剖面内齿廓为外凸曲线，端面齿廓为延伸渐开线，故又称为延伸渐开线蜗杆。常用于机床的多头精密蜗杆传动。

2. 圆弧圆柱蜗杆传动（ZC 型）

图 6-7 所示为圆弧圆柱蜗杆,螺旋面是用刃边为凸圆弧形的刀具切制的,而蜗轮是用展成法制成的。在过蜗杆轴线与蜗轮轴线垂直的平面上,蜗杆的齿廓为凹弧形,而与之相配合的蜗轮齿廓为凸弧形。

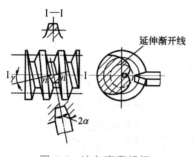

图 6-6 法向直廓蜗杆

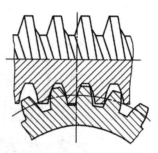

图 6-7 圆弧圆柱蜗杆

3. 环面蜗杆传动

如图 6-3(b)所示,环面蜗杆在轴向的外形是以凹圆弧为母线所形成的旋转曲面。环面蜗杆传动同时相啮合的齿对多,而且轮齿的接触线与蜗杆齿运动的方向近似垂直,因此极大地改善了轮齿的受力状况,且易形成润滑油膜。其承载能力为阿基米德蜗杆传动的 2～4 倍,效率可达 0.85～0.9。缺点是需要较高的制造与安装精度。

4. 锥蜗杆传动

如图 6-3(c)所示,锥蜗杆传动是一种空间交错轴之间的传动,两轴交错角通常为 90°。其传动特点是:同时接触的点数较多,重合度大;传动比范围可达 10～360;承载能力和效率较高;侧隙便于控制和调整;能作为离合器使用;制造安装简便,工艺性好。但由于结构上的原因,传动具有不对称性,因此转向不同时,受力不同,承载能力和效率也不同。

工程中广泛使用的是阿基米德蜗杆传动,故本章着重介绍阿基米德蜗杆传动。

6.2 蜗杆传动的主要参数和几何尺寸计算

设计标准蜗杆传动时,一般先根据给定的传动比 i,选择蜗杆头数 z_1 和蜗轮齿数 z_2,再按强度条件确定传动主要参数,如模数 m 和蜗杆分度圆直径 d_1(或蜗杆直径系数 q)等。

6.2.1 蜗杆传动的正确啮合条件

图 6-8 所示为阿基米德蜗杆与蜗轮啮合的情况,若过蜗杆的轴线做一截面垂直于蜗轮的轴线,这个截面称为中间平面。在中间平面内,蜗轮端面相当于一齿轮,蜗杆轴向剖面相当于一齿条。所以在中间平面内,蜗轮与蜗杆的啮合相当于齿轮与齿条的啮合,因此蜗杆传

动的正确啮合条件为：中间平面内的模数和压力角分别相等，即蜗轮端面模数 m_{t2} 应等于蜗杆轴向模数 m_{a1}，且为标准值；蜗轮端面压力角 α_{t2} 应等于蜗杆轴向压力角 α_{a1}，且为标准值；蜗杆的导程角 γ 与蜗轮的螺旋角 β 相等且旋向相同。即

$$\left.\begin{array}{c} m_{t2} = m_{a1} = m \\ \alpha_{t2} = \alpha_{a1} = \alpha \\ \gamma = \beta \end{array}\right\} \tag{6-1}$$

圆柱蜗杆
传动的主
要参数

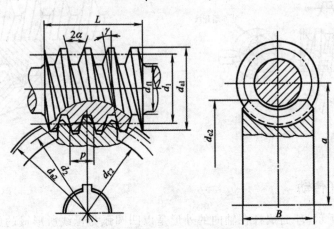

图 6-8　圆柱蜗杆传动的主要参数

6.2.2　蜗杆传动的主要参数及其选择

普通圆柱蜗杆传动的主要参数有模数 m 和压力角 α，蜗杆分度圆直径 d_1，蜗杆分度圆柱上的螺旋升角 γ 等。

1. 模数 m 和压力角 α

如图 6-8 所示，在中间平面内，蜗轮与蜗杆的啮合相当于齿轮与齿条的啮合。在蜗杆传动的设计计算中，均以中间平面上的基本参数和几何尺寸为基准。

模数 m 的标准值见表 6-1；压力角的标准值 $\alpha = 20°$。

表 6-1　蜗杆基本参数（摘自 GB/T 10085—2018）

模数 m/mm	分度圆直径 d_1/mm	$m^2 d_1$/mm³	蜗杆头数 z_1	直径系数 q
1	18	18	1	18.000
1.25	20	31.25	1	16.000
	22.4	35	1	17.920
1.6	20	51.2	1,2,4	12.500
	28	71.68	1	17.500
2	22.4	89.6	1,2,4,6	11.200
	35.5	142	1	17.750

模数 m/mm	分度圆直径 d_1/mm	$m^2 d_1$/mm³	蜗杆头数 z_1	直径系数 q
2.5	28	175	1,2,4,6	11.200
	45	281	1	18.000
3.15	35.5	352	1,2,4,6	11.270
	56	556	1	17.778
4	40	640	1,2,4,6	10.000
	71	1136	1	11.750
5	50	1250	1,2,4,6	10.000
	90	2250	1	18.000
6.3	63	2500	1,2,4,6	10.000
	112	4445	1	17.778
8	80	5120	1,2,4,6	10.000
	140	8960	1	17.500

2. 蜗杆分度圆直径 d_1

如图 6-8 所示,齿厚与齿槽宽相等的圆柱称为蜗杆分度圆柱,直径用 d_1 表示。

由于加工蜗轮时,采用形状与蜗杆相仿的滚刀切齿,故为了限制滚刀的数量,将蜗杆分度圆直径 d_1 规定为标准系列,见表 6-1。

3. 蜗杆直径系数 q

蜗杆分度圆直径 d_1 与模数 m 的比值,称为蜗杆直径系数,用 q 表示。

$$q = \frac{d_1}{m} \tag{6-2}$$

当模数 m 一定时,q 值增大则蜗杆直径 d_1 增大,蜗杆的刚度提高。因此,对于小模数蜗杆,规定了较大的 q 值,以保证蜗杆有足够的刚度。

4. 蜗杆分度圆柱上的螺旋升角 γ

将蜗杆分度圆柱展开(图 6-9),γ 为蜗杆分度圆柱上的螺旋升角,p_{a1} 为轴向齿距,则

$$\tan\gamma = \frac{z_1 p_{a1}}{\pi d_1} = \frac{z_1 m}{d_1} = \frac{z_1}{q} \tag{6-3}$$

由上式可知,为提高传动效率,γ 可取较大值,但此时蜗杆的强度和刚度就会降低。

在两轴交错为 90° 的蜗杆传动中,蜗杆分度圆柱上的螺旋升角 γ 应等于蜗轮分度圆柱上的螺旋角 β,且旋向必须相同,$\gamma = \beta$。

通常蜗杆分度圆柱上的螺旋升角 $\gamma = 3.5° \sim 27°$。螺旋升角小时,传动效率低,但可实现自锁;螺旋升角大时,传动效率高,但蜗杆车削较困难。

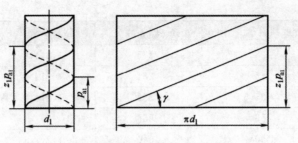

图 6-9 蜗杆分度圆柱上展开图

5. 传动比 i、蜗杆头数 z_1 和蜗轮齿数 z_2

设蜗杆的头数(齿数)为 z_1，即蜗杆螺旋线的数目，蜗轮的齿数为 z_2，其传动比为

$$i = \frac{n_1}{n_2} = \frac{z_2}{z_1} \tag{6-4}$$

式中：n_1、n_2 分别为蜗杆和蜗轮的转速，r/min。

蜗杆头数 z_1 的选择与传动比、传动效率及制造的难易程度有关。蜗杆头数一般取 $z_1 = 1$、2、4，对于传动比大或要求自锁的蜗杆传动，常取 $z_1 = 1$，但传动效率较低。在传递功率较大时，为提高传动效率可采用多头蜗杆，取 $z_1 = 2$ 或 4，但此时的加工难度增加。

蜗轮齿数 $z_2 = i \cdot z_1$，为避免蜗轮发生根切，z_2 应不少于 28；但若 z_2 过大，蜗轮直径增大，相应地蜗杆变长，刚度变差，蜗杆和蜗轮的配合精度变差。所以蜗轮齿数 z_2 常在 28～80 范围内选取。

各种传动比时推荐的 z_1、z_2 值，如表 6-2 所示。

表 6-2 蜗杆头数 z_1 和蜗轮齿数 z_2 推荐值

传动比 i	7～13	14～27	28～40	＞40
蜗杆头数 z_1	4	2	2、1	1
蜗轮齿数 z_2	28～52	28～54	28～80	＞40

6.2.3 蜗杆传动的几何尺寸计算

在设计标准蜗杆传动中，一般是先根据给定的传动比 i，选择蜗杆头数 z_1 和蜗轮齿数 z_2，再按强度条件来确定模数 m 和蜗杆分度圆直径 d_1(或蜗杆直径系数 q)，最后根据表 6-3 计算出蜗杆和蜗轮的基本尺寸。

表 6-3 圆柱蜗杆传动的几何尺寸计算($\Sigma = 90°$)

名　称	符　号	计　算　公　式	
		蜗　杆	蜗　轮
分度圆直径	d	$d_1 = mq$	$d_2 = mz_2$
齿顶高	h_a	$h_a = m$	
齿根高	h_f	$h_f = 1.2m$	
齿顶圆直径	d_a	$d_{a1} = (q+2)m$	$d_{a2} = (z_2+2)m$

续表

名　称	符　号	计　算　公　式	
		蜗　杆	蜗　轮
齿根圆直径	d_f	$d_{f1}=(q-2.4)m$	$d_{f2}=(z_2-2.4)m$
蜗杆螺旋升角	γ	$\gamma=\arctan\dfrac{z_1}{q}$	
蜗轮螺旋角	β		$\gamma=\beta$
蜗杆轴向齿距,蜗轮端面齿距		$p_{a1}=p_{t2}=\pi m$	
顶隙	c	$c=0.2m$	
标准中心距	a	$a=0.5(d_1+d_2)=0.5m(q+z_2)$	

　　注:蜗杆传动中心距标准系列为:40、50、63、80、100、125、160、(180)、200、(225)、250、(280)、315、(355)、400、(450)、500。

6.3　蜗杆传动的失效形式、材料和结构

6.3.1　蜗杆蜗轮齿面间的相对滑动速度

　　如图 6-10 所示,蜗杆和蜗轮啮合时,齿面间有较大的相对滑动速度。相对滑动速度的大小及方向取决于蜗杆与蜗轮的圆周速度 v_1 及 v_2,其大小为

$$v_s=\sqrt{v_1^2+v_2^2}=\frac{v_1}{\cos\gamma}=\frac{\pi\cdot d_1\cdot n_1}{60\times1000\cos\gamma} \qquad (6-5)$$

式中: v_1 为蜗杆分度圆圆周速度,m/s; n_1 为蜗杆转速,r/min; d_1 为蜗杆分度圆直径,mm; γ 为蜗杆分度圆柱上的螺旋升角,°。

　　相对滑动速度的大小,对齿面的润滑状态、齿面失效形式及传动效率影响很大。

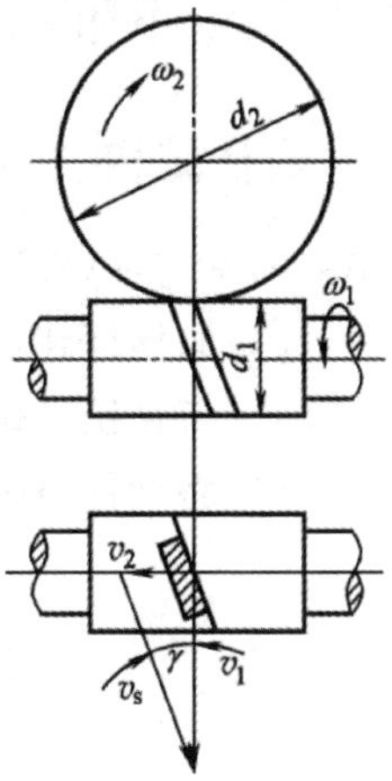

蜗杆传动
滑动速度

6.3.2　蜗杆传动的失效形式和计算准则

图 6-10　蜗杆传动滑动速度

　　蜗杆传动的失效形式有齿面胶合、磨损、点蚀和轮齿折断。通常失效总是发生在强度较低的蜗轮上。由于蜗杆传动轮齿间相对滑动速度较大,温度上升较快,当润滑及散热条件较差时,闭式传动极易出现胶合。开式传动及润滑油不清洁的闭式传动,轮齿磨损速度很快。所以轮齿表面的胶合、磨损是蜗杆传动的主要失效形式。

　　同齿轮强度计算一样,胶合、磨损失效的计算还不成熟,且较复杂。因此蜗杆传动的计算准则是:对闭式蜗杆传动按齿面接触疲劳强度设计,按齿根弯曲疲劳强度校核并进行热平衡验算;如果载荷平稳、无冲击,可以只按齿面接触疲劳强度设计,不必校核齿根弯曲疲劳强度。对于开式蜗杆传动只按齿根弯曲疲劳强度设计。当蜗杆轴支承跨距较大时,还应进行蜗杆轴刚度计算。

6.3.3　蜗杆蜗轮常用材料

由蜗杆传动的失效形式可知,蜗杆和蜗轮的材料不仅要有足够的强度,更为重要的是应具有良好的减摩性、耐磨性和抗胶合性能。工程中常采用青铜蜗轮(低速时可用铸铁蜗轮)与淬硬的钢制蜗杆相配对使用。

蜗杆一般用碳钢或合金钢制造。高速、重载的重要传动,蜗杆常用20Cr或20CrMnTi,并经渗碳淬火,硬度可达56～62HRC;中速、中载的一般传动,蜗杆常用45、40Cr等,经表面淬火,表面硬度可达45～55HRC;对于低速、轻中载的不重要传动,蜗杆可采用45钢调质,硬度为220～250HBW。

蜗轮常用材料为青铜和铸铁。如锡青铜ZCuSn10P1,抗胶合和耐磨性能好,允许的相对滑动速度可达25m/s,易于切削加工,但价格较贵。当相对滑动速度$v \leqslant 12$m/s时,可采用含锡量较低的锡青铜ZCuSn5Pb5Zn5。又如铝铁青铜ZCuAl10Fe3,抗胶合性能比锡青铜差,但强度较高,价格便宜,一般用于$v \leqslant 8$m/s的传动。当低速轻载,$v \leqslant 2$m/s时,可采用灰铸铁制造蜗轮。

6.3.4　蜗杆和蜗轮的结构

1. 蜗杆结构

蜗杆通常与轴做成一体,称为蜗杆轴,如图6-11所示。按蜗杆的螺旋部分加工方法不同,可分为车制蜗杆和铣制蜗杆。车削螺旋部分要有退刀槽,这削弱了蜗杆轴的刚度。铣制蜗杆,在轴上直接铣出螺旋部分,无退刀槽,因而蜗杆轴的刚度好。当蜗杆螺旋部分的直径较大时,可以将蜗杆与轴分开制作。

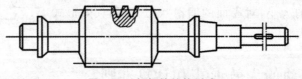

图6-11　蜗杆的结构形式

2. 蜗轮结构

蜗轮分为整体式和组合式,常见的结构形式有以下几种,主要结构参数见表6-4。

表6-4　蜗轮主要结构参数

参　　数	蜗杆头数 z_1		
	1	2	4
蜗轮顶圆直径 $d_{e2} \leqslant$	$d_{a2}+2m$	$d_{a2}+1.5m$	$d_{a2}+m$
蜗轮宽度	0.75d_{a1}		0.67d_{a1}
蜗轮齿宽角	90°～110°		
齿圈厚度 $c \geqslant 10$mm	2m		

（1）整体浇铸式：图 6-12(a)所示结构主要用于铸铁蜗轮或尺寸很小的青铜蜗轮。

（2）过盈配合式：图 6-12(b)所示结构由青铜齿圈及铸铁轮芯所组成，齿圈与轮芯为过盈配合，在配合面加装几个直径为 $(1.2\sim1.5)m$ 的紧定螺钉（m 为模数），以增强联接的可靠性。为了便于钻孔，应将螺孔中心线由配合缝向材料较硬的轮芯部分偏移 $2\sim3$mm，此结构用于尺寸不太大或工作温度变化较小的场合。

（3）螺栓联接式：图 6-12(c)为齿圈与轮芯用铰制孔螺栓联接的蜗轮结构，由于装拆方便，常用于尺寸较大或磨损后需要更换蜗轮齿圈的场合。

（4）拼铸式：图 6-12(d)所示是在铸铁轮芯上浇铸青铜齿圈的蜗轮结构，再经切齿后制成蜗轮，该结构只用于成批制造的蜗轮。

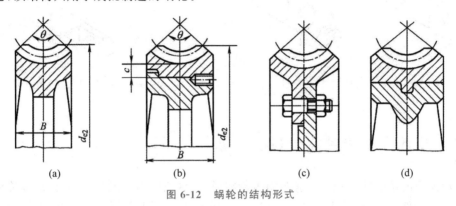

图 6-12　蜗轮的结构形式

6.4　蜗杆传动的强度计算

6.4.1　蜗杆传动的受力分析

1. 转向判定

蜗轮旋转方向按照蜗杆的螺旋线旋向和旋转方向应用"左、右手法则"来判定，如图 6-13(a)所示，当蜗杆为右旋时，用右手，四个拇指顺蜗杆转向"握住"其轴线，则大拇指的反方向即为齿面啮合部位蜗轮的速度方向。当蜗杆为左旋时，则用左手按相同的方法判定蜗轮转向，如图 6-13(b)所示。

2. 轮齿上的作用力

如图 6-14 所示。将蜗杆蜗轮齿面上的法向力 F_n 分解为三个互相垂直的分力：圆周力 F_t、轴向力 F_a 和径向力 F_r 各力的计算公式如下：

$$\left.\begin{array}{l}F_{t1}=-F_{a2}=2T_1/d_1\\F_{a1}=-F_{t2}=2T_2/d_2\\F_{r1}=-F_{r2}=F_{t2}\tan\alpha\end{array}\right\}\qquad(6\text{-}6)$$

式中：F_{a1}、F_{a2} 为蜗杆和蜗轮上的轴向力，N；F_{t1}、F_{t2} 为蜗杆和蜗轮上的圆周力，N；F_{r1}、

F_{r2} 为蜗杆和蜗轮上的径向力，N；T_1、T_2 为蜗杆和蜗轮上的转矩，N·mm；d_1、d_2 为蜗杆和蜗轮的分度圆直径，mm；α 为蜗轮端面压力角，$\alpha = 20°$。

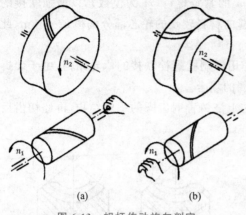

图 6-13　蜗杆传动旋向判定

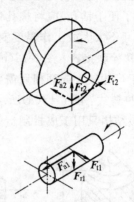

图 6-14　蜗杆蜗轮的受力分析

6.4.2　蜗轮齿面接触疲劳强度计算

蜗轮齿面的接触疲劳强度计算与斜齿轮相似，以赫兹应力公式为基础，按蜗杆传动在节点处的啮合条件，计算蜗轮齿面的接触应力，钢制蜗杆与青铜或铸铁蜗轮的齿面接触疲劳强度的校核公式为

$$\sigma_H = 480\sqrt{\frac{KT_2}{d_1 d_2^2}} = 480\sqrt{\frac{KT_2}{m^2 d_1 z_2^2}} \leqslant [\sigma_H] \tag{6-7}$$

经整理得蜗轮齿面接触疲劳强度的设计公式为

$$m^2 d_1 \geqslant KT_2\left(\frac{480}{z_2[\sigma_H]}\right)^2 \tag{6-8}$$

式中：σ_H 为蜗轮齿面接触应力，MPa；$[\sigma_H]$ 为蜗轮材料的许用接触应力，MPa，按蜗轮材料由表 6-7 和表 6-8 选取；T_2 为蜗轮转矩，N·mm，$T_2 = T_1 i\eta$，η 为蜗杆的传动效率，查表 6-5 选取；K 为载荷系数，$K = 1 \sim 1.4$，当载荷平稳，相对滑动速度 $v_s \leqslant 3\text{m/s}$，7 级以上精度时，取小值，否则取较大值。

其余符号的意义同前。当按式(6-8)算出 $m^2 d_1$ 值后，可由表 6-1 查找适当的 m 和 d_1 值。

表 6-5　蜗杆传动效率 η

传动类型	蜗杆头数	传动效率 η
闭式传动	1	0.65~0.75
	2	0.75~0.82
	4、6	0.82~0.92
	自锁时	<0.50
开式传动	1、2	0.60~0.70

6.4.3　蜗轮齿根弯曲疲劳强度计算

目前还没有精确计算齿根弯曲应力的方法和公式，所以通常把蜗轮近似地当作斜齿圆柱齿轮来考虑，进行条件性计算。

校核公式为

$$\sigma_F = \frac{1.53 K T_2 \cos\gamma}{d_1 d_2 m} Y_{F2} \leqslant [\sigma_F] \tag{6-9}$$

设计公式为

$$m^2 d_1 \geqslant \frac{1.53 K T_2 \cos\gamma}{z_2 [\sigma_F]} Y_{F2} \tag{6-10}$$

式中：σ_F 为蜗轮弯曲应力，MPa；Y_{F2} 为蜗轮的齿形系数，按蜗轮的实际齿数 z_2 查表 6-6 选取；$[\sigma_F]$ 为蜗轮材料的许用弯曲应力，MPa，由表 6-9 选取，并按式(6-12)计算。

其余符号的意义同前。当按式(6-10)算出 $m^2 d_1$ 值后，可由表 6-1 查找适当的 m 和 d_1 值。

表 6-6　蜗轮的齿形系数 Y_{F2}（$\alpha = 20°, h_a^* = 1$）

z_2	10	11	12	13	14	15	16	17	18	19	20	22	24	26
Y_{F2}	4.55	4.14	3.70	3.55	3.34	3.22	3.07	2.96	2.89	2.82	2.76	2.66	2.57	2.51
z_2	28	30	35	40	45	50	60	70	80	90	100	150	200	300
Y_{F2}	2.48	2.44	2.36	2.32	2.27	2.24	2.20	2.17	2.14	2.12	2.10	2.07	2.04	2.04

6.4.4　蜗轮材料的许用应力

1. 蜗轮材料的许用接触应力 $[\sigma_H]$

蜗轮材料的许用接触应力 $[\sigma_H]$ 由材料的抗失效能力决定。

蜗轮材料为锡青铜时，其失效形式主要为疲劳点蚀，许用应力的大小与应力循环次数有关，其计算公式为

$$[\sigma_H] = [\sigma_H]' K_{HN} \tag{6-11}$$

式中：$[\sigma_H]'$ 为蜗轮的基本许用接触应力，MPa，可从表 6-7 中查取；K_{HN} 为寿命系数。

$$K_{HN} = \sqrt[8]{\frac{10^7}{N}}$$

式中：N 为应力循环次数，$N = 60 n_2 j L_h$；n_2 为蜗轮转速，单位为 r/min；j 为蜗轮转一周单个轮齿参与啮合的次数；L_h 为工作寿命，单位为 h。当 $N > 25 \times 10^7$ 时，取 $N = 25 \times 10^7$；当 $N < 2.6 \times 10^5$ 时，取 $N = 2.6 \times 10^5$。

表 6-7　铸锡青铜蜗轮的基本许用接触应力$[\sigma_H]'(N=10^7)$ 单位：MPa

蜗轮材料	铸造方法	适用的滑动速度 $v_s(m/s)$	蜗杆齿面硬度	
			≤350HBW	>45HRC
铸锡磷青铜	砂型	≤12	180	200
ZCuSn10P1	金属型	≤25	200	220
铸锡锌铅青铜	砂型	≤10	110	125
ZCuSn5Pb5Zn5	金属型	≤12	135	150

　　蜗轮材料为铸铝铁青铜或铸铁时，其失效形式为胶合，此时接触强度计算为条件性计算，许用应力可根据材料和滑动速度由表 6-8 查得，其值与应力循环次数无关。

表 6-8　铸铝铁青铜及铸铁蜗轮的许用接触应力$[\sigma_H]$ 单位：MPa

材　　料		相对滑动速度 $v_s/(m/s)$						
蜗轮	蜗杆	0.5	1	2	3	4	6	8
铸铝铁青铜 ZCuAl10Fe3	淬火钢	250	230	210	180	160	120	90
灰铸铁 HT150 灰铸铁 HT200	渗碳钢	130	115	90	—	—	—	—
灰铸铁 HT150	调质钢	110	90	70	—	—	—	—

　　注：蜗杆未经淬火时表中值降低 20%。

2. 蜗轮的许用弯曲应力$[\sigma_F]$

　　蜗轮的许用弯曲应力$[\sigma_F]$的计算公式为

$$[\sigma_F]=[\sigma_F]'K_{FN} \tag{6-12}$$

式中：$[\sigma_F]'$为蜗轮的基本许用弯曲应力，MPa，可从表 6-9 中查取；K_{FN} 为寿命系数。

$$K_{FN}=\sqrt[9]{\frac{10^6}{N}}$$

式中：N 为应力循环次数，计算方法同前，$N>25\times10^7$ 时，取 $N=25\times10^7$；当 $N<10^5$ 时，取 $N=10^5$。

表 6-9　蜗轮材料的基本许用弯曲应力$[\sigma_F]'(N=10^6)$ 单位：MPa

蜗轮材料	铸造方法	单侧工作	双侧工作
铸锡磷青铜 ZCuSn10P1	砂型	46	32
	金属型	58	42
铸锡锌铅青铜 ZCuSn5Pb5Zn5	砂型	32	24
	金属型	41	32
铸铝铁青铜 ZCuAl10Fe3	砂型	112	91
	金属型	90	64
灰铸铁 HT150	砂型	40	28
灰铸铁 HT200	金属型	48	34

6.5 效率、润滑和热平衡计算

6.5.1 蜗杆传动的效率

当蜗杆主动时,蜗杆传动的总效率为

$$\eta = \eta_1 \eta_2 \eta_3 \tag{6-13}$$

式中:η_1、η_2、η_3 分别为蜗杆传动的啮合效率、轴承效率和搅油效率,其中决定蜗杆传动效率的主要因素为啮合效率 η_1。当蜗杆为主动件时,啮合效率可按螺旋传动的效率公式求出:

$$\eta_1 = \frac{\tan\gamma}{\tan(\gamma + \rho_v)}$$

通常取 $\eta_2 \eta_3 = 0.95 \sim 0.97$,则蜗杆传动的总效率为

$$\eta = (0.95 \sim 0.97)\frac{\tan\gamma}{\tan(\gamma + \rho_v)} \tag{6-14}$$

式中:γ 为蜗杆螺旋升角(导程角);ρ_v 为当量摩擦角,$\rho_v = \arctan f_v$,查表 6-10。

表 6-10 当量摩擦系数 f_v 和当量摩擦角 ρ_v

蜗轮材料	锡 青 铜				无 锡 青 钢		灰 铸 铁			
蜗杆齿面硬度	≥45HRC		<45HRC		≥45HRC		≥45HRC		<45HRC	
滑动速度 v/(m/s)	f_v	ρ_v	f_v	ρ_v	f_v	ρ_v	f_v	ρ_v	f_v	ρ_v
0.01	0.11	6°17′	0.12	6°51′	0.18	10°12′	0.18	10°12′	0.19	10°45′
0.10	0.08	4°34′	0.09	5°09′	0.13	7°24′	0.13	7°24′	0.14	7°58′
0.25	0.065	3°43′	0.075	4°17′	0.10	5°43′	0.10	5°43′	0.12	6°51′
0.50	0.055	3°09′	0.065	3°43′	0.09	5°09′	0.09	5°09′	0.10	5°43′
1.00	0.045	2°35′	0.055	3°09′	0.07	4°00′	0.07	4°00′	0.09	5°09′
1.50	0.04	2°17′	0.05	2°52′	0.065	3°43′	0.065	3°43′	0.08	4°34′
2.00	0.035	2°00′	0.045	2°35′	0.055	3°09′	0.055	3°09′	0.07	4°00′
2.50	0.03	1°43′	0.04	2°17′	0.05	2°52′				
3.00	0.028	1°36′	0.035	2°00′	0.045	2°35′				
4.00	0.024	1°22′	0.031	1°47′	0.04	2°17′				
5.00	0.022	1°16′	0.029	1°40′	0.035	2°00′				
8.00	0.018	1°02′	0.026	1°29′	0.03	1°43′				
10.0	0.016	0°55′	0.024	1°22′						
15.0	0.014	0°48′	0.020	1°09′						
24.0	0.013	0°45′								

注:硬度≥45HRC 时的 ρ_v 值是指蜗杆齿面经磨削、蜗杆传动经跑合,并有充分润滑的情况。

由式(6-14)可知,效率在一定范围内随蜗杆导程角 γ 的增大而增大,多头蜗杆的 γ 较大,所以在传递动力中多采用多头蜗杆。但 γ 过大会增加制造困难,且 $\gamma > 27°$ 后,效率提高

的幅度很小,因此一般 $\gamma \leqslant 27°$。与螺旋传动相同,当 $\gamma \leqslant \rho_v$ 时,蜗杆传动具有自锁性,但此时效率很低,小于 50%。

在设计传动尺寸之前,为近似确定蜗轮的转矩 T_2,传动效率可根据表 6-5 估取。

6.5.2 蜗杆传动的润滑

良好的润滑是提高蜗杆传动的效率、降低齿面的工作温度、避免胶合和减少磨损的重要措施。闭式蜗杆传动的润滑油的黏度和润滑方法,一般可根据相对速度和载荷类型参考表 6-11 选取。对于青铜蜗轮,一般不允许采用抗胶合能力强的活性润滑油,以免腐蚀青铜齿面。开式蜗杆传动常采用黏度较高的齿轮油或润滑脂。

表 6-11 蜗杆传动的润滑油粘度及润滑方法

滑动速度/(m/s)	工作条件	运动黏度 $v_{40℃}$/(mm²/s)	润 滑 方 法
<1	重载	900	
<2.5	重载	500	油池润滑
<5	中载	350	
>5~10	—	220	油池润滑或喷油润滑
>10~15	—	150	
>15~25	—	100	喷油润滑
>25	—	80	

为利于散热,在搅油损失不致过大的情况下,应使油池保持一定的油量。一般蜗杆下置时,浸油深度为蜗杆一个齿高,蜗杆上置时,浸油深度为蜗轮外径的 1/3。

6.5.3 蜗杆传动的热平衡

由于蜗杆传动的效率低,发热量大,如果不及时散热,会引起润滑不良而产生胶合。因此,对闭式蜗杆传动应进行热平衡计算。

蜗杆传动转化为热量所消耗的功率 P_S 为

$$P_S = 1000(1-\eta)P_1 \tag{6-15}$$

经箱体散发的热量功率,折算成功率 P_C 为

$$P_C = K_S A(t_1 - t_0) \tag{6-16}$$

达到平衡时,即 $P_S = P_C$,即:

$$1000(1-\eta)P_1 = K_S A(t_1 - t_0)$$

推导得

$$t_1 = \frac{1000(1-\eta)P_1}{K_S A} + t_0 \leqslant [t_1] \tag{6-17}$$

式中:P_1 为蜗杆传动的输入功率,kW;K_S 为散热系数,一般取值 $K_S = 10 \sim 17 W/(m^2 \cdot ℃)$,箱体周围通风条件良好时取大值,通风不良时,取小值;t_0 为环境温度,一般取 $t_0 = 20℃$;t_1 为润滑油的工作温度,℃;$[t_1]$ 为润滑油的许用温度,℃,一般限制 $[t_1] = 70 \sim 90℃$;A 为散热

面积(m^2),指箱体内壁被油飞溅,外壁与空气接触的箱体表面积,对于箱体上的散热片及凸缘的表面积,可近似按 50% 计算;设计时可用下式估算 $A = 0.33(a/100)^{1.75} m^2$,$a$ 为中心距。

如果润滑油的工作温度超过许用温度,可采用下列降温措施:

(1) 增加散热面积,箱体上铸出或焊上散热片。

(2) 提高散热系数,蜗杆轴上装风扇,如图 6-15(a)所示。

(3) 在箱体油池内装蛇形冷却水管,如图 6-15(b)所示。

(4) 用循环油冷却,如图 6-15(c)所示。

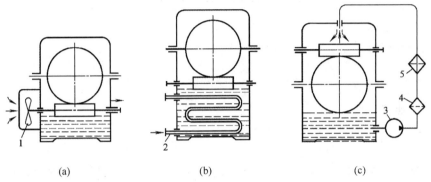

| (a) | (b) | (c) |

1—风扇;2—冷却水管;3—油泵;4—过滤器;5—冷却器

图 6-15 蜗杆传动的散热方法

【例 6-1】 设计输送机用的闭式蜗杆传动,由电动机直接驱动蜗杆,已知:蜗杆输入功率 $P_1 = 5.5kW$,蜗杆转速 $n_1 = 960r/min$,蜗杆传动的传动比 $i = 25$,载荷较平稳,单向转动,预期寿命 $L_h = 15000h$。通风良好,若散热面积为 $A = 2.5m^2$,试计算润滑油的温升。

解:1) 选择蜗杆蜗轮的材料

蜗杆材料选用 45 钢调质,硬度为 $<350HBW$;蜗轮材料选用铸锡青铜 ZCuSn10P1,砂型铸造。

2) 蜗杆头数及蜗轮齿数

由表 6-2,按传动比 $i = 25$,取蜗杆头数 $z_1 = 2$,蜗轮齿数 $z_2 = iz_1 = 25 \times 2 = 50$,满足要求。

3) 按蜗轮齿面接触疲劳强度进行设计

(1) 蜗轮上的转矩 T_2。由表 6-5,按 $z_1 = 2$,取效率 $\eta = 0.82$。

$$T_2 = T_1 i\eta = 9.55 \times 10^6 \times \frac{5.5}{960} \times 25 \times 0.82 = 11.22 \times 10^5 (N \cdot mm)$$

(2) 载荷系数 K。载荷平稳,在 $K = 1 \sim 1.4$ 的取值范围内取中间偏小值,取 $K = 1.15$。

(3) 蜗轮材料的许用接触应力 $[\sigma_H]$。

① 由表 6-7 查得基本许用接触应力 $[\sigma_H]' = 180MPa$。

② 蜗轮轮齿应力循环次数 N

$$N = 60n_2jL_h = 60 \times \frac{960}{25} \times 1 \times 15000 = 3.5 \times 10^7$$

③ 寿命系数 K_{HN}

$$K_{HN} = \sqrt[8]{\frac{10^7}{N}} = \sqrt[8]{\frac{10^7}{3.5 \times 10^7}} = 0.86$$

则许用接触应力

$$[\sigma_H] = [\sigma_H]' K_{HN} = 0.86 \times 180 = 155(\text{MPa})$$

④ 由复合参数 $m^2 d_1$ 确定模数和分度圆直径

$$m^2 d_1 \geqslant KT_2 \left(\frac{480}{z_2[\sigma_H]}\right)^2 = 1.15 \times 11.22 \times 10^5 \times \left(\frac{480}{50 \times 155}\right)^2 = 4950(\text{mm}^3)$$

由表 6-1 查得 $m^2 d_1 = 5120 \text{ mm}^3$，得

$$m = 8\text{mm}, \quad d_1 = 80\text{mm}, \quad q = \frac{d_1}{m} = 10$$

蜗轮分度圆直径：$d_2 = mz_2 = 8 \times 50 = 400\text{mm}$。

⑤ 蜗杆导程角

$$\gamma = \arctan\frac{z_1}{q} = \arctan\frac{2}{10} = 11.31°$$

⑥ 滑动速度 v_s

$$v_s = \frac{v_1}{\cos\gamma} = \frac{\pi \cdot d_1 \cdot n_1}{60 \times 1000\cos\gamma} = \frac{\pi \times 80 \times 960}{60 \times 1000 \times \cos 11.31°} = 4.1(\text{m/s})$$

⑦ 效率。由表 6-10 查得，$f_v = 0.031$，$\rho_v = 1°47' = 1.783°$，所以蜗杆传动的啮合效率为

$$\eta = (0.95 \sim 0.97)\frac{\tan\gamma}{\tan(\gamma + \rho_v)} = (0.95 \sim 0.97)\frac{\tan 11.31°}{\tan(11.31° + 1.783°)}$$

$$= 0.82 \sim 0.83$$

与初估 0.82 相差相近。

4）校核蜗轮抗弯强度

（1）蜗轮材料的许用弯曲应力$[\sigma_F]$。

① 由表 6-9 查得基本许用弯曲应力$[\sigma_H]' = 46\text{MPa}$。

② 寿命系数 K_{FN}

$$K_{FN} = \sqrt[9]{\frac{10^6}{N}} = \sqrt[9]{\frac{10^6}{3.5 \times 10^7}} = 0.67$$

则许用弯曲应力

$$[\sigma_F] = [\sigma_F]' K_{HN} = 0.67 \times 46 = 31(\text{MPa})$$

（2）齿形系数 Y_{F2}。按蜗轮的实际齿数 $z_2 = 50$ 查表 6-6 选取 $Y_{F2} = 2.24$。

（3）抗弯强度条件

$$\sigma_F = \frac{1.53KT_2\cos\gamma}{d_1 d_2 m} Y_{F2} = \frac{1.53 \times 1.15 \times 11.22 \times 10^5 \times \cos 11.31°}{80 \times 400 \times 8} \times 2.24$$

$$= 17\text{MPa} < [\sigma_F]$$

齿根弯曲疲劳强度校核合格。

5）蜗杆、蜗轮各部分尺寸的计算

（1）中心距

$$a = 0.5(d_1 + d_2) = 0.5 \times (80 + 400) = 240(\text{mm})$$

（2）蜗杆尺寸。由头数 $z_1 = 2$，模数 $m = 8\text{mm}$，分度圆直径 $d_1 = 80\text{mm}$ 得

齿顶高 $h_a = m = 8\text{mm}$

齿根高 $h_f = 1.2m = 1.2 \times 8 = 9.6 (\text{mm})$

蜗杆齿顶圆直径 $d_{a1} = d_1 + 2m = 80 = 2 \times 8 = 96 (\text{mm})$

蜗杆齿根圆直径 $d_{f1} = d_1 - 2.4m = 80 - 2.4 \times 8 = 60.8 (\text{mm})$

（3）蜗轮尺寸。由齿数 $z_2 = 50$，模数 $m = 8\text{mm}$，分度圆直径 $d_2 = 400\text{mm}$ 得

蜗轮齿顶圆直径 $d_{a2} = d_2 + 2m = 400 + 2 \times 8 = 416 (\text{mm})$

蜗轮齿根圆直径 $d_{f2} = d_2 - 2.4m = 400 - 2.4 \times 8 = 380.8 (\text{mm})$

蜗轮最大外圆直径 $d_{e2} = d_{a2} + 1.5m = 416 + 1.5 \times 8 = 428 (\text{mm})$

齿宽 $b = 0.75d_{a1} = 0.75 \times 96 = 72 (\text{mm})$

6）热平衡计算

箱体散热面积：

$$A = 0.33 \left(\frac{a}{100}\right)^{1.75} = 0.33 \times \left(\frac{240}{100}\right)^{1.75} = 1.53 (\text{m}^2)$$

取室温 $t_0 = 20\text{℃}$，许用温度 $[t_1] = 70\text{℃}$，因通风散热条件较好，取散热系数 $K_S = 15[\text{W}/(\text{m}^2 \cdot \text{℃})]$。

得计算油温：

$$t_1 = \frac{1000(1-\eta)P_1}{K_S A} + t_0 = \frac{1000 \times (1-0.82) \times 5.5}{15 \times 1.53} + 20 = 63(\text{℃}) < 70(\text{℃})$$

符合要求。

7）蜗杆、蜗轮的结构设计

略。

6.6　本章实训——带式输送机用蜗杆传动的设计

1. 实训目的

学会蜗杆传动的设计计算方法，确定蜗杆头数、蜗轮齿数、模数等，并进行传动效率计算和热平衡计算；了解蜗杆传动的实际应用。

2. 实训内容

根据第 3 章得到的主要参数，传动装置采用蜗杆传动，替代带传动和齿轮传动，由电动机直接驱动蜗杆，蜗轮直接驱动卷筒。计算蜗杆传动装置的主要参数；观察蜗杆蜗轮传动模型；观看蜗杆传动的应用视频。

3. 实训过程

根据第 3 章的主要设计参数，包括传动装置传递功率、转速、传动比、载荷性质和工作寿命等，参照本章例题 6-1，设计带式输送机用的闭式蜗杆传动，并进行传动效率计算和热平衡计算。

观察蜗杆蜗轮传动模型。

观看蜗杆传动的应用视频。

4. 实训总结

蜗杆传动是一种典型的机械传动形式。在各种齿轮传动形式中,蜗杆传动的效率最低。蜗杆传动的效率与多种因素有关,如蜗杆蜗轮的加工精度、安装精度,润滑情况、工作转速、轴承类型等。通过实训掌握蜗杆传动的设计方法,了解机械传动各种因素对传动效率的影响。

 拓展阅读

大国重器之隐形战斗机歼-20

歼-20飞机(图6-16(a))的成功研制使中国首次实现了与世界主要航空强国装备同代战斗机的格局,消除了代差,具备了与强敌对抗的能力。歼-20战机具有"先对手发现、先对手攻击、先对手摧毁"的优势,对非隐身战机可形成压倒性优势,并具有抗衡隐身战机的能力,从而对那些威胁我国空天安全的现实与潜在对手构成强大的空中威慑力与打击力。歼-20战机于2011年首飞后,进行了一系列先期试装试用,检验新一代隐身战机的能力,摸索新装备运用特点。2019年10月13日,列装中国空军王牌部队。2021年6月18日,列装中国空军多支英雄部队。

杨伟(图6-16(b)),歼-20的总设计师,中国科学院院士,他带领团队用了14年时间完成了歼20首飞,比美国国防部长盖茨预言的时间整整提早了10年!作为中国新一代战斗机电传飞行控制系统的组织者和开拓者,见证了中国航空工业从无到有,从弱到强,为航空工业发展和国防建设做出重大贡献。曾经有人问杨伟,这几十年,他是如何做到这么专注投入的?杨伟的回答只有两个字:热爱。简单的话语,却道出了最深的情之所在。

(a) 歼-20　　　　　　(b) 杨伟

图6-16　国之重器歼-20和它的总师

练 习 题

1. 填空题

(1) 为了保证传动的稳定性,蜗轮齿数 z_2 不宜_____又不能_____,因为_____。

(2) 闭式蜗杆传动的功率损失包括_____、_____和_____。

（3）一对非标蜗杆传动，已知 $m=6\text{mm}$，$z_1=2$，$q=10$，$z_2=30$，则中心距 $a=$
_____ mm，蜗杆分度圆柱上的导程角 $\gamma=$_____。

2. 简答题

（1）与齿轮传动相比，蜗杆传动有何优点？什么情况下宜采用蜗杆传动？为何传递大功率时，很少采用蜗杆传动？

（2）蜗杆传动的主要失效形式和齿轮传动相比有什么异同？为什么？

（3）蜗杆传动中为什么对于一定的模数 m 要规定一定的直径系数 q？

（4）为增加蜗杆减速器输出轴的转速，决定用双头蜗杆代替原来的单头蜗杆，问原来的蜗轮是否可以继续使用？为什么？

（5）确定蜗杆头数和蜗轮齿数应考虑哪些因素？

（6）闭式蜗杆传动和开式蜗杆传动的主要失效形式有何不同？

（7）指出图 6-17 中未注明的蜗杆或蜗轮的转向。

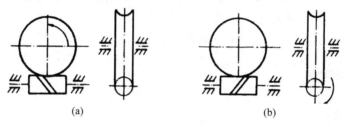

（a）　　　　　　　　（b）

图 6-17　题（7）图

3. 综合计算题

（1）设计一由电动机驱动的单级圆柱蜗杆减速器。电动机功率为 7kW，转速为 1440r/min，蜗轮轴转速为 80r/min，载荷平稳，单向传动。蜗轮材料选用 10-1 锡青铜，砂型；蜗杆选用 40Cr，表面淬火。

（2）一单级蜗杆减速器输入功率 $P_1=8\text{kW}$，$z_1=2$，箱体散热面积约为 1m^2，通风条件较好，室温 20℃，试算油温是否满足使用要求。

第7章

轮 系

 学习目标

本章主要介绍轮系的基本类型、各种轮系传动比的计算方法；轮系在工程实际中的功用。通过本章的学习，了解轮系的分类方法，能正确划分轮系的类型；能正确计算定轴轮系、行星轮系、混合轮系的传动比；对轮系的主要功用有较清楚的了解。

重点与难点

◇ 轮系的分类；
◇ 定轴轮系的传动比计算；
◇ 行星轮系的传动比计算；
◇ 混合轮系的传动比计算；
◇ 轮系的功用。

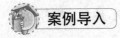 **案例导入**

涡轮螺旋桨发动机

齿轮机构是应用最广的传动机构之一，其最简单的形式是由一对齿轮组成的，但在现代机械中，为了满足较远距离的传动、大传动比的传动、变速及变向传动、合成或分解运动等要求，只有一对齿轮传动显然不能实现。通常用一系列互相啮合的齿轮组成的传动系统，称为轮系。轮系的作用就是把原动机的运动和动力按照需要传递给工作机构或执行机构。

图 7-1 所示为涡轮螺旋桨发动机主减速器的传动轮系，齿轮 1 为主动件，构件 H 为从动件。在此轮系运动中，观察齿轮 2 轴线的运动可以发现，其位置是相对变化的，齿轮 2 做复合运动；其余齿轮几何轴线的位置均是相对固定的。第 5 章已经学习了一对定轴齿轮传动的传动比，对这样的轮系，传动比如何计算？有何特点？设计时应该注意哪些问题？本章主要研究轮系的传动比计算及转向

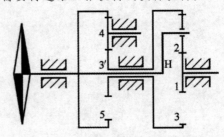

图 7-1 涡轮螺旋桨发动机主减速器
传动简图

确定,并简要介绍轮系的应用。

7.1 轮系的分类

轮系可以由各种类型的齿轮——圆柱齿轮、锥齿轮、蜗杆蜗轮等组成。如果轮系中各齿轮轴线相互平行,则称为平面轮系,否则称为空间轮系。根据运转时轮系中各齿轮轴线的相对位置是否变动,可将轮系分为两种基本类型:定轴轮系和行星轮系。

7.1.1 定轴轮系

轮系运转时,如果各齿轮轴线相对机架的位置是不变的,则称为定轴轮系,又称普通轮系。根据轮系中各齿轮轴线是否相互平行,定轴轮系又可分为平面定轴轮系和空间定轴轮系,如图 7-2 所示。

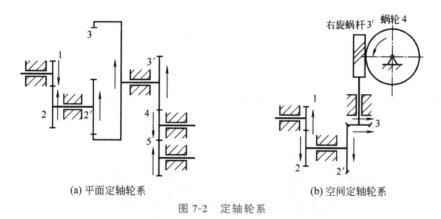

(a) 平面定轴轮系   (b) 空间定轴轮系

图 7-2 定轴轮系

7.1.2 行星轮系

轮系运转时,若其中至少有一个齿轮的几何轴线并不固定,而是绕着其他定轴齿轮的轴线转动,这种轮系称为行星轮系。如图 7-3 所示,其中齿轮 1、3 轴线重合,且轴线位置固定,

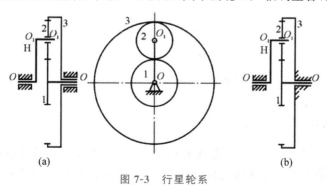

(a)   (b)

图 7-3 行星轮系

为定轴齿轮,而齿轮 2 空套在构件 H 上,在构件 H 的带动下,齿轮 2 一方面与齿轮 1、3 相啮合,另一方面又绕着齿轮 1、3 的轴线做周转。轮系中这种轴线不固定的齿轮称为行星轮,支承行星轮的构件称为系杆或行星架,而定轴齿轮则称为中心轮或太阳轮。行星轮系中一般以中心轮或系杆作为运动输入或输出的构件,故称它们为行星轮系的基本构件。

根据轮系中各齿轮的轴线是否相互平行,行星轮系可分为空间行星轮系(图 7-11)和平面行星轮系(图 7-3),根据机构自由度数的不同,行星轮系还可进一步分为简单行星轮系和差动轮系。

1. 简单行星轮系

机构自由度为 1 的行星轮系称为简单行星轮系,如图 7-3(b)所示。为确定该轮系的运动,只需要给定轮系中一个构件以独立的运动规律即可。

2. 差动轮系

机构自由度为 2 的行星轮系称为差动轮系,如图 7-3(a)所示,为确定该轮系的运动,需要给定轮系中两个构件以独立运动规律。

7.1.3 复合轮系

如图 7-4 所示,将定轴轮系与行星轮系组合或将几个行星轮系组合构成的轮系称为复合轮系,又称混合轮系。

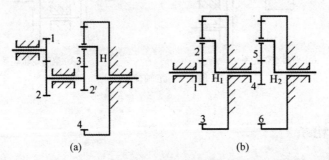

(a)　　　　　　　　(b)

图 7-4　复合轮系

7.2 定轴轮系的传动比计算

7.2.1 一对齿轮的传动比计算

1. 传动比大小

对一对齿轮传动来说,无论是圆柱齿轮传动、锥齿轮传动还是蜗杆蜗轮传动,其传动比都是主、从动齿轮的角速度或转速之比,也等于二者齿数的反比。若主动齿轮为 1,从动齿

轮为 2,则传动比大小为

$$i_{12} = \frac{n_1}{n_2} = \frac{\omega_1}{\omega_2} = \frac{z_2}{z_1}$$

2. 传动方向

齿轮转动方向可用箭头标定。一对外啮合的圆柱齿轮的转向相反,则表示转向的箭头反向(图 7-5(a));一对内啮合的圆柱齿轮的转向相同,则表示转向的箭头同向(图 7-5(b));一对圆锥齿轮传动,在节点速度大小相等,二者的转动方向同时指向节点,或者同时背离节点(图 7-5(c));对于蜗轮蜗杆传动,则按照左、右手法则判断转动方向(图 7-5(d))。

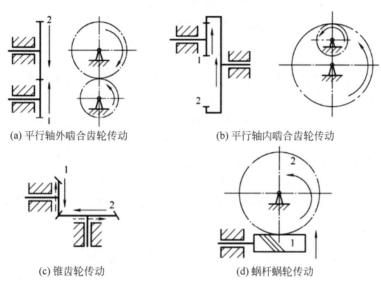

(a) 平行轴外啮合齿轮传动　　　　　　(b) 平行轴内啮合齿轮传动

(c) 锥齿轮传动　　　　　　　　(d) 蜗杆蜗轮传动

图 7-5　一对齿轮传动的转动方向

对于一对平行轴圆柱齿轮传动,两轮转向相同,传动比为正;反之,传动比为负,则传动比可以表示为

$$i_{12} = \frac{n_1}{n_2} = \frac{\omega_1}{\omega_2} = \pm\frac{z_2}{z_1}$$

式中:外啮合时,两齿轮转向相反,取"一";内啮合时,两齿轮转向相同,取"+"。

7.2.2　定轴轮系的传动比计算

1. 传动比的大小

定轴轮系首轮与末轮的转速之比称轮系传动比,图 7-6 所示轮系中所有齿轮的几何轴线均固定且平行,为平面定轴轮系,首轮 1 与末轮 5 的转速之比为轮系总传动比 i_{15}。其计算公式可由各对单级齿轮的传动比来表示。即

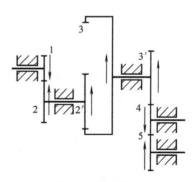

图 7-6　定轴轮系

$$i_{12} = \frac{\omega_1}{\omega_2} = \frac{z_2}{z_1}$$

$$i_{2'3} = \frac{\omega_{2'}}{\omega_3} = \frac{z_3}{z_{2'}}$$

$$i_{3'4} = \frac{\omega_{3'}}{\omega_4} = \frac{z_4}{z_{3'}}$$

$$i_{45} = \frac{\omega_4}{\omega_5} = \frac{z_5}{z_4}$$

其中 $\omega_2 = \omega_{2'}$，$\omega_3 = \omega_{3'}$。将以上各式两边连乘可得

$$i_{12}i_{2'3}i_{3'4}i_{45} = \frac{\omega_1 \omega_{2'} \omega_{3'} \omega_4}{\omega_2 \omega_3 \omega_4 \omega_5} = \frac{z_2 z_3 z_4 z_5}{z_1 z_{2'} z_{3'} z_4}$$

$$i_{15} = \frac{\omega_1}{\omega_5} = i_{12}i_{2'3}i_{3'4}i_{45} = \frac{z_2 z_3 z_4 z_5}{z_1 z_{2'} z_{3'} z_4} = \frac{z_2 z_3 z_5}{z_1 z_{2'} z_{3'}} \tag{7-1}$$

上式表明：定轴轮系传动比大小等于该轮系中各对齿轮传动比的连乘积；也等于该轮系各对啮合齿轮中，所有从动轮齿数的连乘积与所有主动轮齿数的连乘积之比。

如图 7-6 所示，齿轮系中齿轮 4 同时与齿轮 3′和齿轮 5 啮合，其齿数可在上述计算式中消掉，即齿轮 4 不影响齿轮系传动比的大小，仅仅是改变齿轮 5 的转向。这种只改变轮系从动轮转向，而对轮系传动比大小没有影响的齿轮称为惰轮。

可将式(7-1)推广，定轴轮系传动比大小等于从首轮 A 到末轮 K 组成轮系的各对啮合齿轮传动比之积；还等于从首轮 A 到末轮 K 各对啮合齿轮中所有从动轮齿数之积除以所有主动轮齿数之积，即

$$i_{AK} = \frac{\omega_A}{\omega_K} = \frac{\text{从首轮 A 到末轮 K 所有从动轮齿数之积}}{\text{从首轮 A 到末轮 K 所有主动轮齿数之积}} \tag{7-2}$$

2. 首末轮转向关系

定轴轮系各对啮合齿轮的相对转向可用标箭头的方法表示，如图 7-6 所示。

对于轮系中几何轴线互相平行的定轴轮系，由于一次外啮合改变转向一次，外啮合齿轮对数为 m 时，则该轮系的传动比可表示为

$$i_{AK} = \frac{\omega_A}{\omega_K} = (-1)^m \frac{\text{从首轮 A 到末轮 K 所有从动轮齿数之积}}{\text{从首轮 A 到末轮 K 所有主动轮齿数之积}} \tag{7-3}$$

传动比为正时，表示首末两轮转向相同；传动比为负时，表示转向相反。

【例 7-1】 在图 7-7 定轴轮系中，齿轮 1 为主动轮，转向如图所示，转速 $n_1 = 2400\text{r/min}$，已知各轮齿数为 $z_1 = 20$，$z_2 = 30$，$z_{2'} = 40$，$z_3 = 20$，$z_4 = 60$，$z_{4'} = 40$，$z_5 = 30$，$z_6 = 40$，$z_7 = 2$，$z_8 = 40$。求传动比 i_{18}、蜗轮 8 的转速大小及转向。

解：(1) 传动比 i_{18} 和蜗轮转速 n_8

由式(7-2)可得

$$i_{18} = \frac{n_1}{n_8} = \frac{z_2 z_3 z_4 z_5 z_6 z_8}{z_1 z_{2'} z_3 z_{4'} z_5 z_7} = \frac{30 \times 60 \times 40 \times 40}{20 \times 40 \times 40 \times 2} = 45$$

$$n_8 = \frac{n_1}{i_{18}} = \frac{2400}{45} = 53.3(\text{r/min})$$

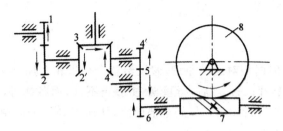

图 7-7　定轴轮系

（2）蜗轮转向：用箭头标定方法可确定蜗轮 8 逆时针方向旋转。

【例 7-2】　图 7-8 所示为外圆磨床砂轮架横向进给机构的传动系统图,转动手轮,可使砂轮架沿工件做径向移动,以便靠近和离开工件。其中齿轮 1、2、3、4 组成定轴轮系,各轮齿数为 $z_1=25,z_2=60,z_3=30,z_4=50$。丝杠与齿轮 4 固定联接,丝杠转动时带动与螺母固联的砂轮架移动,丝杠螺距 $P=4\text{mm}$。试求手轮转一圈时砂轮架移动的距离 L。

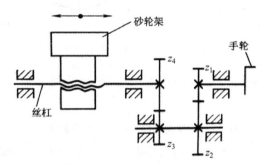

图 7-8　外圆磨床的进给机构

解：丝杆与齿轮 4 的转速一样,要想求出丝杠的转速,应先计算出齿轮 4 的转速。

$$n_{丝杠}=n_4 \qquad i_{14}=\frac{n_1}{n_4}=\frac{z_2 z_4}{z_1 z_3}$$

$$n_4=\frac{n_1}{i_{14}}=1\times\frac{z_1 z_3}{z_2 z_4}=1\times\frac{25\times 30}{60\times 50}=0.25（转）$$

因丝杠转一圈,螺母即砂轮架,移动一个螺距,所以砂轮架移动的距离为

$$L=Pn_{丝杠}=4\times 0.25=1（\text{mm}）$$

生产实践中,加工设备的进给机构都是应用这样的传动系统来完成的。如将例 7-2 中的手轮（进给刻度盘）等分为 50 份,则进给刻度盘转动 1 等份的刻度,进给机构的移动量 0.02mm。

7.3　行星轮系传动比计算

行星轮系（图 7-9（a））中因既有自转又有公转,几何轴线不固定,所以传动比不能直接利用定轴轮系传动比公式进行计算,可采用“反转法”计算行星轮系传动比。

7.3.1　反转法

所谓反转法,就是依据相对运动原理,假设给整个行星轮系加上一个与行星架 H 转速大小相等、方向相反的转速($-n_H$)后,行星架 H 静止不动,而各构件间的相对运动并不改变,所有齿轮的几何轴线位置相对行星架全部固定,从而得到一个假想的定轴轮系,称为原行星轮系的转化轮系,如图 7-9(b)所示。

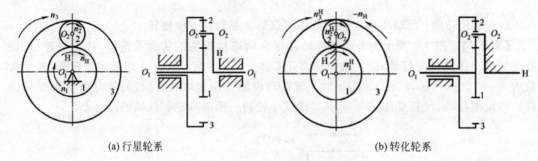

(a)行星轮系　　　　　　　　　　　　　　　(b)转化轮系

图 7-9　行星轮系及其转化轮系

转化轮系中各构件相对行星架 H 的转速(或角速度)分别用 n_1^H、n_2^H、n_3^H 及 n_H^H 表示,转化前后各构件的转速见表 7-1。

表 7-1　行星轮系转化前后各构件转速

构件	行星轮系中构件转速	转化轮系中构件转速
太阳轮 1	n_1	$n_1^H = n_1 - n_H$
行星轮 2	n_2	$n_2^H = n_2 - n_H$
太阳轮 3	n_3	$n_3^H = n_3 - n_H$
行星架 H	n_H	$n_H^H = n_H - n_H = 0$

由于转化轮系中行星架是固定的,即转化轮系成了定轴轮系,因此可借用定轴轮系传动比计算公式进行计算,即

$$i_{13}^H = \frac{n_1^H}{n_3^H} = \frac{n_1 - n_H}{n_3 - n_H} = (-1)^m \frac{z_2 z_3}{z_1 z_2} = -\frac{z_3}{z_1} \tag{7-4}$$

推广到一般情况,设 n_A、n_K 为行星轮系中任意两个齿轮 A、K 的转速,n_H 为行星架的转速,m 为齿轮 A 至齿轮 K 之间外啮合齿轮的对数,将式(7-3)写成一般通式为

$$i_{AK}^H = \frac{n_A^H}{n_K^H} = \frac{n_A - n_H}{n_K - n_H} = (-1)^m \frac{\text{从轮 A 到轮 K 间所有从动轮齿数之积}}{\text{从轮 A 到轮 K 间所有主动轮齿数之积}} \tag{7-5}$$

利用式(7-4)可以求解行星轮系的传动比及未知构件的转速,计算时应注意以下事项。

(1) i_{AK}^H 表示转化轮系的传动比,$i_{AK}^H \neq i_{AK}$。

(2) 齿轮 A、齿轮 K 和行星架 H 三个构件轴线必须平行,否则不能应用该公式。

(3) n_A、n_K、n_H 方向相同或相反,须用"±"号区别,并与数值一起代入计算。

(4) 式中的"±"号表示 n_A^H 和 n_K^H 的转向关系。

若转化机构中所有齿轮轴线平行,可用$(-1)^m$判定式中的"±"号判定转向;否则只能

用画箭头的办法判定。

7.3.2 行星轮系的传动比计算

下面通过实例介绍行星轮系传动比的计算方法。

【例 7-3】 图 7-10 所示的行星轮系中,已知各轮齿数为 $z_1=100$, $z_2=101$, $z_{2'}=100$, $z_3=99$,求:(1)传动比 i_{H1};(2)若 $z_1=99$,其他齿数不变,求传动比 i_{H1}。

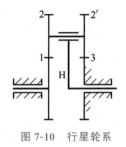

图 7-10 行星轮系

解:(1)在图示行星轮系的转化轮系中,齿轮各轴线平行,有 2 次外啮合,由式(7-4)可得

$$i_{13}^{H}=\frac{n_1-n_H}{n_3-n_H}=(-1)^m\frac{z_2 z_3}{z_1 z_{2'}}$$

由于齿轮 3 为固定轮,即 $n_3=0$,代入各轮齿数和外啮合次数,则有

$$\frac{n_1-n_H}{0-n_H}=-\frac{n_1}{n_H}+1=1-i_{1H}=(-1)^2\frac{z_2 z_3}{z_1 z_{2'}}$$

$$i_{1H}=1-\frac{z_2 z_3}{z_1 z_{2'}}=1-\frac{101\times 99}{100\times 100}=\frac{1}{10000}$$

$$i_{H1}=\frac{1}{i_{1H}}=10000$$

即当转臂 H 转过 10000 转时,齿轮 1 转过 1 转,且齿轮 1 与转臂 H 转向相同。

(2)若 $z_1=99$,代入上式,得

$$i_{1H}=1-\frac{z_2 z_3}{z_1 z_{2'}}=1-\frac{101\times 99}{99\times 100}=-\frac{1}{100}$$

$$i_{H1}=\frac{1}{i_{1H}}=-100$$

计算结果表明,同一种结构形式的行星轮系,由于某一齿轮的齿数少了 1 齿,传动比可相差 100 倍,且传动比的符号也改变了,即转向改变。这说明构件实际转速的大小和方向的判断,必须根据计算结果确定。

【例 7-4】 图 7-11 所示为锥齿轮组成的行星轮系,已知各轮齿数为 $z_1=25$, $z_2=20$, $z_{2'}=60$, $z_3=50$,转速 $n_1=600 \text{r/min}$。求传动比 i_{1H}、行星架 H 的转速 n_H 及转向。

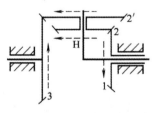

图 7-11 行星轮系

解:(1)采用"反转法",用画箭头的方法判定 n_1^H、n_3^H 的转向相反。

(2)由式(7-4)可得

$$i_{13}^{H}=\frac{n_1-n_H}{n_3-n_H}=-\frac{z_2 z_3}{z_1 z_{2'}}$$

由于齿轮 3 为固定轮,即 $n_3=0$,代入各轮齿数,则有

$$\frac{600-n_H}{0-n_H} = -\frac{20\times50}{25\times60} = -\frac{2}{3}$$

得 $n_H = 360r/min$，转向与 n_1 相同。

（3）传动比 i_{1H}

$$i_{1H} = \frac{n_1}{n_H} = \frac{600}{360} = 1.67$$

结论：$n_H = 360r/min$，转向与 n_1 相同，$i_{1H} = 1.67$。

7.4 混合轮系传动比的计算

求解混合轮系传动比的方法是：先从混合轮系中区分出定轴轮系部分和行星轮系部分，然后分别按相应的方法计算，最后联立求解出所求的传动比。区分混合轮系中定轴轮系部分和行星轮系部分的方法是：首先在混合轮系中找出行星轮，支持行星轮转动的构件为行星架，与行星轮啮合同时轴线又是固定的齿轮为太阳轮，那么由行星轮、太阳轮和行星架就组成了一个简单行星轮系。所有行星轮系区分出来后，剩下的部分即为定轴轮系。

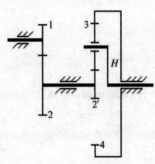

图 7-12 混合轮系

【例 7-5】 图 7-12 所示混合轮系，已知各轮齿数为 $z_1 = 20, z_2 = 40, z_{2'} = 20, z_3 = 30, z_4 = 80$，求传动比 i_{1H}。

解：（1）分析轮系，该轮系中，轮 3 为行星轮，与其相啮合的齿轮 $2'$、4 为太阳轮，所以齿轮 $2'$、3、4 和行星架 H 组成了行星轮系；齿轮 1、2 为定轴轮系。

（2）列出定轴轮系传动比计算式：

$$i_{12} = \frac{n_1}{n_2} = -\frac{z_2}{z_1}$$

（3）列出行星轮系转化轮系传动比计算式：

$$i_{2'4}^H = \frac{n_{2'}-n_H}{n_4-n_H} = (-1)^1 \frac{z_3 z_4}{z_{2'} z_3} = -\frac{z_4}{z_{2'}}$$

（4）代入各轮已知齿数、$n_4 = 0$ 以及 $n_{2'} = n_2$，得

$$i_{12} = \frac{n_1}{n_2} = -\frac{40}{20}$$

$$i_{2'4}^H = \frac{n_{2'}-n_H}{0-n_H} = -\frac{80}{20}$$

得 $n_2 = -0.5n_1$，对双联齿轮来说，$n_{2'} = n_2$，代入上式得

$$\frac{-0.5n_1-n_H}{0-n_H} = -4$$

得

$$i_{1H} = \frac{n_1}{n_H} = -10$$

【例 7-6】 图 7-13 所示为电动卷扬机的减速器,已知各轮齿数为 $z_1 = 24, z_2 = 48, z_{2'} = 30, z_3 = 90, z_{3'} = 20, z_4 = 30, z_5 = 80$,求传动比 i_{1H}。

解:(1)分析轮系,该轮系中,齿轮 1、2、$2'$、3 和行星架 H 组成了差动行星轮系;齿轮 $3'$、4、5 组成定轴轮系,其中 $n_H = n_5$、$n_3 = n_{3'}$。

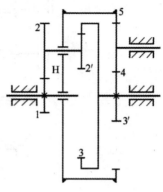

图 7-13 混合轮系

(2)列出定轴轮系传动比计算式:

$$i_{3'5} = \frac{n_{3'}}{n_5} = -\frac{z_5}{z_{3'}} = -\frac{80}{20} = -4$$

(3)列出行星轮系转化轮系传动比计算式:

$$i_{13}^H = \frac{n_1 - n_H}{n_3 - n_H} = (-1)^1 \frac{z_2 z_3}{z_1 z_{2'}} = -\frac{48 \times 90}{24 \times 30} = -6$$

(4)联立以上两式,代入 $n_H = n_5$、$n_3 = n_{3'}$,得

$$i_{1H} = \frac{n_1}{n_H} = 31$$

i_{1H} 为正值,说明齿轮 1 与行星架 H 转向相同。

7.5 轮系的功用

轮系广泛应用于各种机械设备中,如汽车、机床和飞机等,主要功用如下。

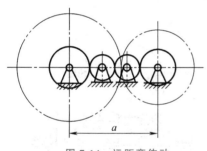

图 7-14 远距离传动

1. 实现两轴间较远距离的运动和动力传递

若主、从动轴间距离较远时,使用一对齿轮传动,如图 7-14 双点画线所示,两齿轮的尺寸很大,浪费材料,制造、安装也不方便。若采用轮系传动,如图 7-14 实线所示,则可以克服上述缺点。使用四个齿轮组成的定轴轮系与使用一对齿轮传动中心距相同,但尺寸及占据空间要小得多。应当注意,每增加一个惰轮,末端从动轮转向就改变一次。

2. 实现变速传动

如图 7-15 所示轮系,Ⅲ轴上安装有三联齿轮 6、7、8,当其沿轴滑动时可分别与齿轮 3、4、5 啮合,可得到三种输出转速。在输入轴转速不变的条件下,利用轮系可以使输出轴获得多种转速,这种传动称为变速传动。在汽车、机床等机械中大量使用变速传动。

3. 实现换向传动

如图 7-16 所示车床上走刀丝杠的三星轮换向机构,扳动手柄,利用惰轮,可实现 a、b 两种传动方案。由于两方案仅相差一次外啮合,故有两种输出转向。

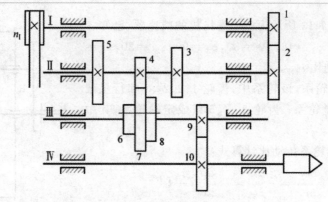

图 7-15　变速传动

在输入轴转向不变的条件下，利用轮系可改变从动轴转向，这种传动称为换向传动。如汽车中变速器中的倒挡、机床主轴正反转等，可采用换向机构完成。

4. 实现分路传动

利用齿轮系可使一个主动轴同时带动若干从动轴转动，将运动从不同的传动路线传递给执行机构，实现机构的分路传动。图 7-17 所示为滚齿机上滚刀与轮坯之间做展成运动的传动简图。滚齿加工要求滚刀的转速 $n_刀$ 与轮坯的转速 $n_坯$ 必须满足 $i_{刀坯}=n_刀/n_坯=z_坯/z_刀$ 的传动比关系。主动轴 I 通过锥齿轮 1、2 将运动传给滚刀；同时主动轴通过直齿轮 3 经齿轮 4-5、6、7-8 传至蜗轮 9，带动轮坯转动，以满足滚刀与轮坯的传动比要求。

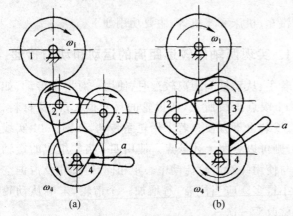

图 7-16　三星轮换向机构

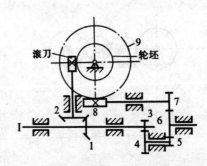

图 7-17　滚齿机中的轮系

5. 获得大的传动比

定轴轮系总传动比等于各对齿轮传动比之积，只要适当选择各对啮合齿轮的齿数，就可获得大传动比。采用行星齿轮系时，可在结构尺寸很紧凑的情况下获得很大传动比，例题 7-3 中，仅用 4 个齿轮即可获得 $i=10000$ 的大传动比。

6. 运动合成和运动分解

利用差动齿轮系，可将两个输入运动合成为一个运动输出；也可以将一个输入运动分解成所需的两个运动输出。

1）运动的合成

图 7-18 所示为滚齿机中的差动齿轮系。滚切斜齿轮时,由齿轮 4 传递来的运动传给中心轮 1,转速为 n_1;由蜗轮 5 传递来的运动传给 H,使其转速为 n_H。这两个运动经齿轮系合成后变成齿轮 3 的转速 n_3 输出。

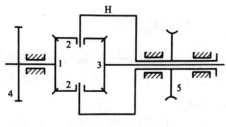

图 7-18　使运动合成的轮系

因 $z_1 = z_3$,则 $i_{13}^H = \dfrac{n_1 - n_H}{n_3 - n_H} = \dfrac{z_3}{z_1} = -1$,故 $2n_H = n_1 + n_3$。

2）运动的分解

图 7-19 所示的汽车后桥差速器即为分解运动的齿轮系。在汽车转弯时,它可将发动机传到齿轮 5 的运动以不同的速度分别传递给左右两个车轮,以维护车轮与地面间的纯滚动,避免车轮与地面间的滑动摩擦导致车轮过度磨损。

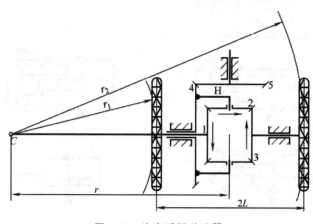

图 7-19　汽车后桥差速器

7.6　减　速　器

减速器是一种由封闭在刚性壳体内的齿轮传动、蜗杆传动、齿轮-蜗杆传动所组成的独立部件,常用作原动机与工作机之间的减速传动装置。在少数场合也可用作增速传动装置,这时就称为增速器。

减速器的种类很多,按其传动及结构特点,大致可分为以下三类。

（1）齿轮减速器:主要有圆柱齿轮减速器、锥齿轮减速器和圆锥-圆柱齿轮减速器三种。

（2）蜗杆减速器:主要有圆柱蜗杆减速器、圆弧齿蜗杆减速器、锥蜗杆减速器和蜗杆-齿轮减速器等。

（3）行星减速器:有渐开线行星齿轮减速器、摆线针轮减速器和谐波齿轮减速器等。

7.6.1 常用减速器的主要类型、特点和应用

1. 齿轮减速器

齿轮减速器按减速齿轮的级数可分为单级、二级、三级和多级减速器；按轴在空间的相互配置方式可分为立式和卧式减速器两种；按运动简图的特点可分为展开式、同轴式和分流式减速器等。

单级圆柱齿轮减速器的最大传动比一般为 $i_{max}=8\sim10$，这主要是为了避免外廓尺寸过大。当要求 $i>10$，就应采用二级圆柱齿轮减速器。

二级圆柱齿轮减速器应用于 $i=8\sim50$ 及高、低速级的中心距总和 $a_\Sigma=250\sim400\text{mm}$ 的情况下。图 7-20(a)所示为展开式二级圆柱齿轮减速器，它结构简单，可根据需要选择输

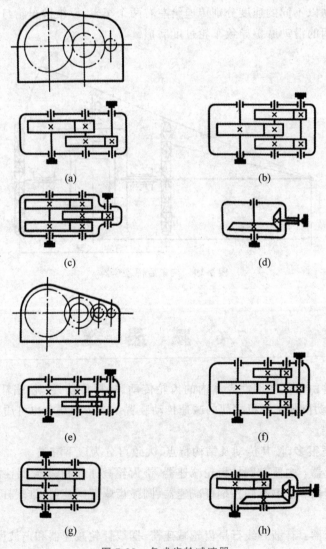

图 7-20 各式齿轮减速器

入轴端和输出轴端的位置。图 7-20(b)、(c)所示为分流式二级圆柱齿轮减速器,其中,图 7-20(b)为高速级分流,图 7-20(c)为低速级分流。分流式减速器的外伸轴可向任意一边伸出,便于传动装置的总体配置,分流级的齿轮均做成斜齿,一边左旋,另一边右旋以抵消轴向力。图 7-20(g)所示为同轴式二级圆柱齿轮减速器,它的径向尺寸紧凑,轴向尺寸较大,常用于要求输入和输出轴端在同一轴线上的情况。图 7-20(e)、(f)所示为三级圆柱齿轮减速器,用于要求传动比较大的场合。图 7-20(d)、(h)所示分别为单级锥齿轮减速器和二级圆锥-圆柱齿轮减速器,用于需要输入轴与输出轴成 90°配置的传动中。因大尺寸的锥齿轮较难精确制造,所以圆锥-圆柱齿轮减速器的高速级总是采用锥齿轮传动以减小其尺寸,提高制造精度。

齿轮减速器的特点是效率高、寿命长、维护简便,因而应用极为广泛。

2. 蜗杆减速器

蜗杆减速器的优点是在外廓尺寸不大的情况下可以获得很大的传动比,同时工作平稳、噪声较小,缺点是传动效率较低。蜗杆减速器中应用最广的是单级蜗杆减速器。

单级蜗杆减速器根据蜗杆的位置可分为上置蜗杆(图 7-21(a))、侧蜗杆(图 7-21(b))及下置蜗杆(图 7-21(c))三种,其传动比范围一般为 $i = 10 \sim 70$。设计时应尽可能选用下置蜗杆的结构,以便于解决润滑和冷却问题。图 7-21(d)所示为二级蜗杆减速器。

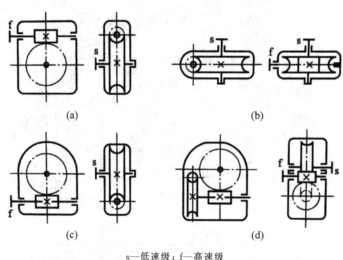

s—低速级；f—高速级
图 7-21　各式蜗杆减速器

3. 蜗杆-齿轮减速器

这种减速器通常将蜗杆传动作为高速级,因为高速时蜗杆的传动效率较高。它适用的传动比范为 50～130。

7.6.2　减速器传动比的分配

由于单级齿轮减速器的传动比最大不超过 10,当总传动比要求超过此值时,应采用二级或多级减速器。此时就应考虑各级传动比的合理分配问题,否则将影响到减速器外形尺寸的大小、承载能力能否充分发挥等。根据使用要求的不同,可按下列原则分配传动比。

(1) 使各级传动的承载能力接近于相等。

(2) 使减速器的外廓尺寸和质量最小。

(3) 使传动具有最小的转动惯量。

(4) 使各级传动中大齿轮的浸油深度大致相等。

7.6.3 减速器的结构

图 7-22 所示为一级圆柱齿轮减速器,图 7-23 为二级圆柱齿轮减速器,图上标示了各部分的名称和符号。减速器主要由齿轮(或蜗杆)、轴、轴承和箱体等组成。箱体必须有足够的刚度,为保证箱体的刚度及散热,常在箱体外壁上制有加强肋。为方便减速器的制造、装配及使用,还在减速器上设置一系列附件,如检查孔、透气孔、油标尺或油面指示器、吊钩及起盖螺钉等。

一级圆柱齿轮减速器结构

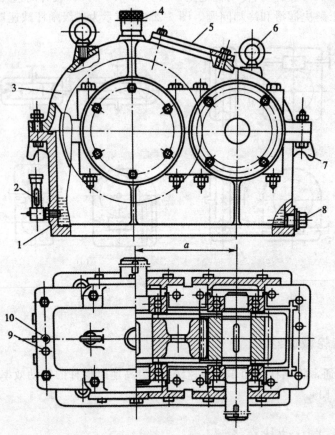

1—下箱体;2—油面指示器;3—上箱体;4—透气孔;5—检查孔盖;6—吊环螺钉;

7—吊钩;8—油塞;9—定位销钉;10—起盖螺钉孔(带螺纹)

图 7-22　一级圆柱齿轮减速器结构

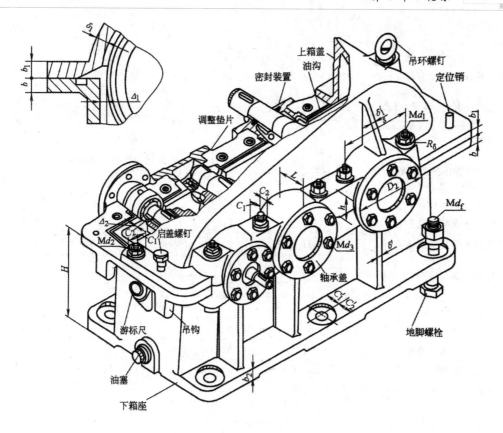

图 7-23　二级圆柱齿轮减速器结构

　　减速器箱体各部分尺寸的确定可参考表 7-2,轴承盖尺寸可参考表 7-3,其余细节请查阅相关机械设计手册。

表 7-2　一级圆柱齿轮减速器铸铁箱体主要结构尺寸关系　　　　单位：mm

名　　称	符　号	荐　用　尺　寸		
一、减速器箱体厚度部分				
下箱体壁厚	δ	$0.025a+1 \geqslant 8$		
上箱盖壁厚	δ_1	$0.025a+1 \geqslant 8$		
下箱体剖分面处凸缘厚度	b	$b=1.5\delta$		
上箱盖剖分面处凸缘厚度	b_1	$b_1=1.5\delta_1$		
地脚螺栓底脚厚度	b_2	$b_2=2.5\delta$		
上箱盖肋厚	δ_1'	$\delta_1' \geqslant 0.85\delta_1$		
下箱体肋厚	δ'	$\delta' \geqslant 0.85\delta$		
二、安装地脚螺栓部分		一级圆柱齿轮传动中心距		
		$a \leqslant 100$	$a \leqslant 200$	$a \leqslant 250$
地脚螺栓直径	d_f	M12	M16	M20
地脚螺栓通孔直径	d_f'	15	20	25

名　　称	符　号	荐　用　尺　寸		
地脚螺栓沉头座直径	D_0	40	45	48
底脚凸缘尺寸(扳手空间)	c_1'	20	25	30
	c_2'	18	22	25
螺栓数目	n	4～6		
三、安装轴承座旁螺栓部分		一级圆柱齿轮传动中心距		
		$a\leqslant100$	$a\leqslant200$	$a\leqslant250$
轴承座旁螺栓直径	d_1	M10	M12	M16
轴承座旁螺栓通孔直径	d_1'	11	13.5	17.5
轴承座旁螺栓沉头座直径	D_0	22	26	33
剖分面凸缘尺寸(扳手空间)	c_1	18	20	24
	c_2	14	16	20
四、安装上下箱体螺栓部分		一级圆柱齿轮传动中心距		
		$a\leqslant100$	$a\leqslant200$	$a\leqslant250$
上下箱体连接螺栓直径	d_2	M8	M10	M12
上下箱体连接螺栓通孔直径	d_2'	9	11	13.5
上下箱体连接螺栓沉头座直径	D_0	18	12	26
箱体剖分面凸缘尺寸(扳手空间)	c_1	15	18	20
	c_2	12	14	16
五、箱体其他尺寸				
轴承座外径	D_2	$D_2=$轴承孔直径 $D+(5\sim5.5)d_3$		
箱体外壁至轴承座端面的距离	l	$l=c_1+c_2+(5\sim10)$		
轴承座孔长度(箱体内壁至轴承座端面的距离)	L	$L=l+\delta$		
轴承座旁凸台的高度	h	根据低速轴轴承盖外径 D_2 和 Md_1 扳手空间 c_1 的要求,由结构确定		
轴承座旁凸台的半径	R_δ	$R_\delta=c_2$		
轴承座旁连接螺栓的距离	S	为防止螺栓干涉,同时考虑轴承座的刚度,一般取 $S=D_2$		
轴承端盖螺钉直径	d_3	见表 7-3		
检查孔盖连接螺钉直径	d_4	$d_4=0.4d_f\geqslant6$		
圆锥定位销直径	d_5	$d_5=0.8d_2$		
减速器中心高	H	$H=R_a+(60\sim80)$,R_a 为大齿轮齿顶圆半径		
大齿轮齿顶圆与箱体内壁的距离	Δ_1	$\geqslant1.2\delta$		
齿轮端面与箱体内壁的距离	Δ_2	$\geqslant\delta$		

表 7-3　凸缘式轴承端盖的结构尺寸　　　　　　　　　　　单位：mm

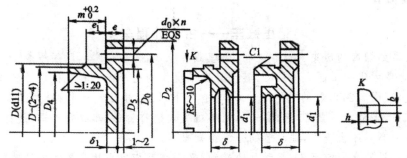

符　号	尺　寸　关　系				符　号	尺　寸　关　系
轴承外径 D	30～60	65～100	110～130	140～230	D_5	$D_0-(2.5～3)d_3$
螺钉直径 d_3	6	8	10	12～16	e	$1.2d_3$
螺钉数 n	4	4	6	6	e_1	$(0.1～0.15)D(e_1\geqslant e)$
d_0	$d_3+(1～2)$				m	$(0.1～0.15)D$ 或由结构确定
D_0	无套杯时：$D_0=D+2.5d_3$				δ_1	8～10
	有套杯时：$D_0=D+2.5d_3+2S_2$				b	8～10
	套杯厚度：$S_2=7～12$				h	$(0.8～1)b$
$D_2(D_1)$	$D_0+(2.5～3)d_3$				δ	由密封尺寸确定
D_4	$(0.85～0.9)D$					

7.7　本章实训——减速器拆装与结构分析

1. 实训目的

熟悉减速器的基本结构，了解常用减速器的用途及特点；了解减速器各部分零件的名称、结构和功用；了解减速器的装配关系及安装调整过程；学会减速器基本参数的测定方法。

2. 实训内容

【拆装】　观察减速器的外形，用手来回推动输入轴、输出轴，感受轴向窜动及传动过程。用扳手旋开箱盖上的螺栓，卸下箱盖，观察减速器各部分的结构，了解减速器各个零件之间的连接关系，确定减速器的装配顺序，将减速器复原。

【测量】　利用工具测量减速器各个主要部分的参数尺寸，包括齿数，求出各级传动比和总传动比，测量中心距，求算模数。

【计算】　利用第 6 章实训得到的齿轮传动数据，根据表 7-2 对减速器箱体厚度部分尺寸进行计算。

3. 实训总结

通过本章实训，了解减速器各部分名称、结构和功用，尤其是熟悉箱体结构，学会齿轮测绘，熟悉各零件连接关系，进行箱体初步设计，为后续的螺纹联接、键联接、轴、轴承等的学习奠定基础。

记里鼓车——古代计程车

在中国浩如烟海的历史文献和文物中，埋藏着一些惊人的神器，既闪耀着"人工智能"的光辉，又蕴含着古代手工匠人的初心，甚至启发了现代的生产方式和机械设计。东汉以后出现的记里鼓车（图 7-24），最早叫作记道车，车有上下两层，每层各有木制机械人，手执木槌，下层木人打鼓，车每行一里路，敲鼓一下，上层机械人敲打铃铛，车每行十里，敲打铃铛一次。记里鼓车有一套减速齿轮系，通过音响分段报知里程。

马匹拉记里鼓车向前行走，带动足轮转动，靠一套互相咬合的齿轮系传给敲鼓木人。传动齿轮的构造如下：在左足轮的内侧，安装一个木质母齿轮，车下安装一个与地面平行的传动齿轮，和母齿轮咬合。传动轮中心的传动轴，穿入记里鼓车的第一层。传动轴的上端，安装一个铜质旋风轮，和旋风轮咬合的是水平轮。水平轮转轴上端安装一个小平轮和大平轮咬合。记里鼓车共八轮，其中 6 个齿轮，2 个足轮，构成一套百分之一和千分之一的减速齿轮系。1936 年，研究员王振铎根据古代文献记载，复原了汉代记里鼓车，此模型现藏中国国家博物馆。

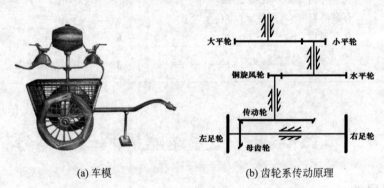

(a) 车模　　　　　　　(b) 齿轮系传动原理

图 7-24　记里鼓车

练 习 题

1. 选择题

（1）一对平行轴外啮合圆柱齿轮传动，两轮转向_____；一对平行轴内啮合圆柱齿轮传动，两轮转向_____。

　　A. 相同　　　　　　　　　　　　B. 相反

（2）对于全部由圆柱齿轮组成的定轴轮系，主、从动轮的转向关系决定于外啮合的次数，当外啮合次数为奇数时，则主、从动轮的转向_____；当外啮合次数为偶数时，则主、从动轮的转向_____。

　　A. 相同　　　　　　　　　　　　B. 相反

（3）行星轮系的传动比计算应用了转化轮系的概念，对应行星轮系的转化轮系是_____。

A. 定轴轮系　　　　　B. 行星轮系　　　　　C. 混合轮系　　　　D. 差动轮系

（4）如图 7-25 所示轮系，若 $z_1=z_2=z_3$，则传动比 i_{1H} 为_____。

A. 1　　　　　B. 2　　　　　C. −1　　　　　D. −2

（5）图 7-26 所示的轮系为_____。

A. 定轴轮系　　　　　B. 行星轮系　　　　　C. 混合轮

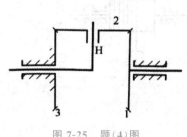

图 7-25　题（4）图

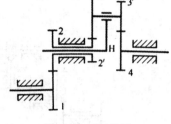

图 7-26　题（5）图

2. 判断题

（1）在某行星轮系的转化轮系中，若轮 a、b 的传动比 i_{ab}^{H} 为正，则表示轮 a、b 的绝对转速方向相同。　　　　　　　　　　　　　　　　　　　　　　　　　　　　（　）

（2）用反转法计算行星轮系的传动比，只有当轮 A、K 及转臂 H 的轴线平行时，其转化轮系传动比的表述 $i_{AK}^{H}=\dfrac{n_A-n_H}{n_K-n_H}$ 才是正确的。　　　　　　　　　　　　　（　）

（3）如图 7-27 所示，当提升重物 Q 时，右旋蜗杆应以 n_1 方向转动。　　　　（　）

（4）图 7-28 所示轮系为一行星轮系，故式 $i_{14}^{H}=\dfrac{n_1-n_H}{n_4-n_H}=(+)\dfrac{z_2z_3z_4}{z_1z_{2'}z_{3'}}$ 的表述是正确的。　　　　　　　　　　　　　　　　　　　　　　　　　　　　　　　　　（　）

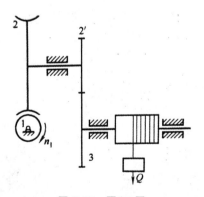

图 7-27　题（3）图

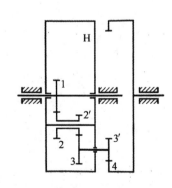

图 7-28　题（4）图

（5）对于图 7-25 所示轮系，式 $i_{12}^{H}=\dfrac{n_1-n_H}{n_2-n_H}=\dfrac{z_2}{z_1}$ 的表述是正确的。　　　（　）

3. 综合计算题

(1) 图 7-29 所示为一手摇提升装置,已知各轮齿数为 $z_1 = 20, z_2 = 50, z_{2'} = 16, z_3 = 32, z_{3'} = 1, z_4 = 30, z_{4'} = 18, z_5 = 52$。试求传动比 i_{15},并指出当提升重物时手柄的转向。

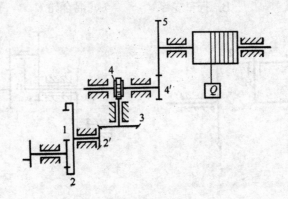

图 7-29 题(1)图

(2) 图 7-30 所示为差动轮系,已知 $z_1 = 60, z_2 = 40, z_{2'} = z_3 = 20$,若 n_1 和 n_2 均为 120r/min,求 n_H 的大小和方向。

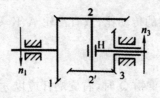

图 7-30 题(2)图

第 8 章

常用连接

学习目标

　　本章主要介绍机械连接的类型、特点和应用。包括螺纹联接、键联接的工作原理、类型、特点和应用,主要失效形式及设计选用原则;销联接类型、特点和应用。通过本章的学习,要求了解机械连接的类型、特点和应用;掌握螺纹联接和平键联接的设计计算;学会螺纹联接件、键和销的选用。

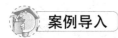
重点与难点

　　◇ 螺纹联接及其预紧与防松;

　　◇ 单个螺栓联接的强度计算;

　　◇ 螺栓组连接;

　　◇ 平键联接的强度计算。

案例导入

齿轮减速器中的连接件

　　图 8-1 为减速器上的部分连接件。在减速器上,螺纹联接用于连接轴承盖与箱体、减速器上、下箱体、减速器与地基等,还将吊环、放油塞与箱体连接在一起。键将轴与齿轮连接在了一起。

　　在机械设备的装配、安装、运输等过程中,广泛使用着各种不同形式的连接,机械连接分为两类:①机器工作时,被连接零件之间可以有相对运动的连接,称为运动副;②机器工作时,被连接零件间不允许产生相对运动的连接,称为固定连接。

　　固定连接又分为可拆连接和不可拆连接。可拆连接是不需毁坏连接中的任一零件就可拆开的连接,允许多次重复拆装,如螺纹联接、键联接和销联接等。不可拆连接是至少必须毁坏连接中的某一部分才能拆开的连接,如铆接、焊接、胶接等。本章重点介绍可拆连接。

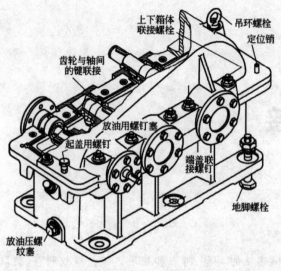

图 8-1　减速器上的部分连接件

8.1　螺纹联接的基本知识

8.1.1　螺纹的类型

按不同的分类方法螺纹有不同的类型。

（1）按螺纹的轴向剖面形状分为普通螺纹（三角形螺纹）、管螺纹、矩形螺纹、梯形螺纹和锯齿形螺纹，如图 8-2 所示。普通螺纹和管螺纹主要用于连接，其余主要用于传动。

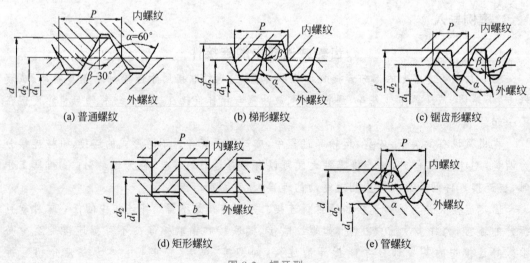

图 8-2　螺牙型

（2）按螺旋线的旋向分为左旋螺纹和右旋螺纹。常用右旋螺纹。

（3）按螺旋线数分为单线、双线及多线螺纹，其中单线螺纹一般用于连接。

除此之外，螺纹又有米制和英制两种，我国除管螺纹外，一般都采用米制螺纹。

8.1.2 螺纹的主要参数

圆柱普通螺纹的主要参数如图 8-3(a)所示。

（1）大径：螺纹的最大直径称为大径，在螺纹标准中定为公称直径。外螺纹大径用 d 表示，内螺纹大径用 D 表示。

（2）小径：螺纹的最小直径称为小径，在强度计算中常作为危险截面的计算直径。外螺纹小径用 d_1 表示，内螺纹小径用 D_1 表示。

（3）中径：即螺牙厚与牙槽宽相等处的假想圆柱直径。外螺纹中径用 d_2 表示，内螺纹中径用 D_2 表示。

（4）螺距：即相邻两螺牙在中径线上同侧对应的两点间轴向距离，用 P 表示。

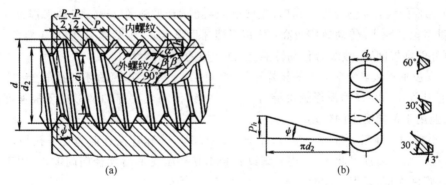

图 8-3 螺纹的主要参数

（5）导程和螺纹线数：导程是同一螺纹线上的相邻两螺牙在中径线上同侧对应的两点间的轴向距离，用 P_h 表示；螺纹线数即螺旋线的数目，用 n 表示。导程、螺纹线数和螺距的关系为

$$P_h = nP \tag{8-1}$$

（6）升角：即在螺纹中径圆柱面上螺旋线的切线与垂直于螺纹轴线的平面间的夹角，螺纹升角用 ψ 表示，如图 8-3(b)可得

$$\psi = \arctan \frac{P_h}{\pi d_2} = \arctan \frac{nP}{\pi d_2} \tag{8-2}$$

显然，若公称直径、螺距相同，螺纹线数越多，导程将成倍增加，螺纹升角也相应增大，传动效率提高。

（7）牙型角和牙型斜角：在轴向剖面内，牙型两侧边的夹角称为牙型角，用 α 表示；牙型侧边与螺纹轴线的垂线之间的夹角称为牙型斜角，用 β 表示。各种螺纹的牙型角如图 8-2 所示。

8.1.3　常用螺纹的特点和应用

内、外螺纹旋合在一起形成的连接称为螺纹副。螺纹按用途可分为传动螺纹和连接螺纹。由螺纹实现的传动又称为螺旋传动,一般用于将旋转运动转变为直线运动;用螺纹实现的连接称为螺纹联接,是应用最广的一种可拆连接,具有构造简单,装拆方便、成本低廉等优点。用于传动时,希望传动效率越高越好,能量损失越小越好;用于连接时,则希望效率越低越好,能量损失越大越好,一般还要求自锁。

常用的五种螺纹结构特点和应用如下。

(1) 三角螺纹:即普通螺纹,牙型为等边三角形,牙型角 $\alpha=60°$,牙型斜角 $\beta=30°$。牙根强度高、自锁性好、工艺性能好,主要用于连接。同一公称直径按螺距 P 的大小分为粗牙螺纹和细牙螺纹。

(2) 矩形螺纹:牙型为正方形,牙厚是螺距的一半。牙型角 $\alpha=0°$,牙型斜角 $\beta=0°$。矩形螺纹当量摩擦系数小,传动效率高,用于传动。但牙根强度较低,精确加工难,磨损后间隙难以修复,补偿,对中精度低。

(3) 梯形螺纹:牙型为等腰梯形,牙型角 $\alpha=30°$,牙型斜角 $\beta=15°$。梯形螺纹比三角形螺纹当量摩擦系数小,传动效率较高;比矩形螺牙根强度高,承载能力高,加工容易,对中性能好,可补偿磨损间隙,故综合传动性能好,是常用的传动螺纹。

(4) 锯齿形螺纹:牙型为不等腰梯形,牙型角 $\alpha=33°$,工作面的牙型斜角 $\beta=3°$,非工作面的牙型斜角 $\beta=30°$。锯齿形螺纹综合了矩形螺纹传动效率高和梯形螺牙根强度高的特点,但只能用于单向受力的传动。

(5) 管螺纹:牙型为等腰三角形,牙型角 $\alpha=55°$。公称直径近似为管子孔径,以 in(英寸)为单位。由于牙顶呈圆弧状,内外螺纹旋合相互挤压变形后无径向间隙,多用于有紧密性要求的管件连接,以保证配合紧密。

8.2　螺纹联接类型、预紧与防松

8.2.1　常用螺纹联接件

螺纹联接件是通过螺纹旋合起到紧固、连接作用的零件,又称为螺纹紧固件。螺纹联接的类型很多,在工程实际中,常用的螺纹紧固件有螺栓、双头螺柱、螺钉、紧定螺钉、螺母和垫圈等。这些零件大多已经标准化,设计时应根据螺纹的公称直径,从相关的标准中选取。

1. 螺栓

螺栓的类型有很多。常用的螺栓有六角头螺栓、T 形槽用螺栓和地脚螺栓等。

六角头螺栓(图 8-4(a))应用最广;六角头铰制孔用螺栓(图 8-4(b))应用较少;T 形槽用螺栓如图 8-4(c)所示,地脚螺栓(图 8-4(d))可用于将机器固定在地基上。

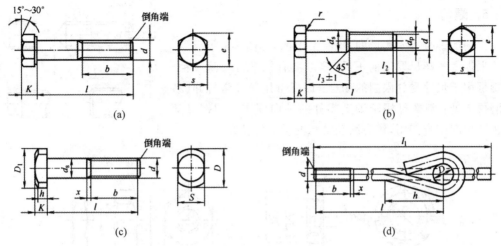

图 8-4　常用螺栓

2. 双头螺柱

双头螺柱没有头部,其两端均加工有螺纹。为了保证连接的可靠性,双头螺柱的旋入端必须全部旋入螺纹孔内,图 8-5 为双头螺柱。

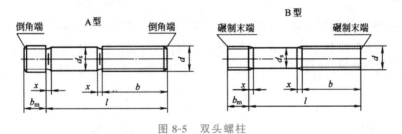

图 8-5　双头螺柱

3. 螺钉

螺钉的头部有多种不同的形状,以适应不同的拧紧程度,如图 8-6 所示。

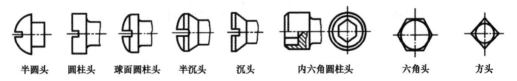

半圆头　　圆柱头　　球面圆柱头　　半沉头　　沉头　　内六角圆柱头　　六角头　　方头

图 8-6　螺钉头部的形状

4. 紧定螺钉

紧定螺钉的头部有开槽、内六角孔等形式。紧定螺钉的端部也有各种形状,以满足各种场合的需要,如图 8-7 所示。

5. 螺母

常用的螺母有六角形的,也有圆形的,如图 8-8 所示。

根据六角螺母厚度的不同,螺母又有标准、厚、薄 3 种。薄螺母用于尺寸受到限制的场合;厚螺母用于经常拆卸、易于磨损之处;圆螺母用于轴上零件的轴向固定。圆螺母常与止动垫圈配合使用,作为滚动轴承的轴向定位。

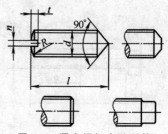

图 8-7　紧定螺钉末端形状

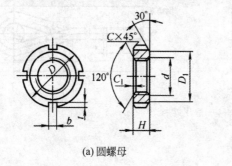

(a) 圆螺母　　　　　　(b) 六角螺母

图 8-8　螺母

6. 垫圈

垫圈是螺纹联接中不可缺少的零件,位于螺母和被连接件之间,其作用是增加被连接件的支承面积,以减少接触处的压强,避免拧紧螺母时划伤被连接件的表面,如图 8-9 所示。常用的垫圈有平垫圈与斜垫圈(图 8-9(a)),用于圆螺母的止动垫圈(图 8-9(b))及弹簧垫圈(图 8-9(c))。

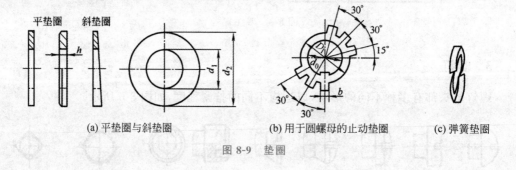

(a) 平垫圈与斜垫圈　　　　　(b) 用于圆螺母的止动垫圈　　　(c) 弹簧垫圈

图 8-9　垫圈

8.2.2　螺纹联接的基本形式

螺纹联接是利用螺纹联接件将被连接件连接起来而构成的一种可拆连接,在机械中应用较广。螺纹联接的类型很多,常用的有以下 4 种基本类型。

1. 螺栓联接

螺栓联接有普通螺栓联接和铰制孔螺栓联接两种。

普通螺栓联接如图 8-10(a)所示,在工作的时候,主要承受轴向载荷。这种连接的特点是在螺栓与被连接件上的通孔之间留有间隙,因此在被连接上只需钻出通孔,内孔不必加工出螺纹。由于通孔加工方便且精度低,结构简单,装拆方便,因此,普通螺栓联接是工程上应用较为广泛的一种连接方式。一般用于被连接的两个零件厚度不大,且容易钻出通孔,并能从两边进行装配的场合。

铰制孔螺栓联接由螺栓和螺母组成。如图 8-10(b)所示,螺栓杆与螺栓孔之间没有间隙,对孔的加工精度要求较高。这类螺栓适用于承受垂直于螺栓轴线方向的横向载荷,或者需要精确固定被连接件的相互位置的场合。

2. 螺钉联接

螺钉联接大多用于被连接的两个零件之一较厚、受力不大且不经常拆的场合,如图 8-11(a)所示。螺钉联接不宜经常拆卸,否则会使被连接件的螺纹孔磨损,修复起来比较困难,可能导致被连接件的报废。

3. 双头螺柱联接

双头螺柱联接由双头螺柱、螺母和垫圈组成,如图 8-11(b)所示。双头螺柱联接多用于被连接的两个零件之一较薄,且另一零件较厚不能钻成通孔,或者为了结构紧凑,不允许钻成通孔的盲孔连接。采用这种连接允许多次拆卸而不会损坏被连接件上的螺纹孔。

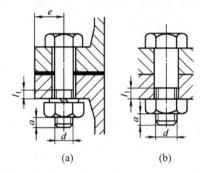
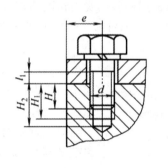
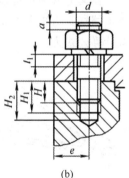

螺纹余留长度

　静载荷 $l_1 \geqslant (0.3 \sim 0.5)d$

　变载荷 $l_1 \geqslant 0.75d$

　冲击载荷或弯曲载荷 $l_1 \geqslant d$

　铰制孔用螺栓 $l_1 \approx d$

螺纹伸出长度 $a = (0.2 \sim 0.3)d$

螺栓轴线到边缘的距离 $e = d + (3+6)$mm

图 8-10　螺栓联接

座端拧入深度 H,当螺孔材料为

钢或青铜 $H \approx d$

铸铁 $H = (1.25 \sim 1.5)d$

铝合金 $H = (1.5 \sim 2.5)d$

螺纹孔深度 $H_1 = (2 \sim 2.5)P$

钻孔深度 $H_2 = H_1 + (0.5 \sim 1)d$

图 8-11　螺钉联接和双头螺柱联接

4. 紧定螺钉联接

在工程应用中,紧定螺钉联接大多用于轮毂与轴之间的固定,并可传递不大的力或转矩。通常在轴上加工出小锥坑,如图 8-12 所示。

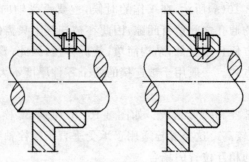

图 8-12　紧定螺钉联接

8.2.3　螺纹联接的预紧

通常螺纹联接在装配时都必须拧紧,使螺纹在承受工作载荷之前受到力的作用,这种力称为预紧力。在装配时需要预紧的螺纹联接称为紧连接。

预紧力的大小对螺纹联接的可靠性、强度和紧密性都有很大的影响。对于重要的螺栓联接,当预紧力不足时,在承受工作载荷之后,被连接件之间可能会出现缝隙,或者发生相对位移。但预紧力过大时,则可能使螺栓过载,甚至断裂破坏。因此,在装配的时候,应控制预紧力的大小。

预紧力的大小可以根据螺栓的受力情况和连接的工作要求来决定,可通过拧紧螺母时产生的拧紧力矩来控制。对于 M10～M68 的粗牙普通螺栓,作用在螺母上的拧紧力矩的近似计算公式为

$$T = 0.2F_0 d \tag{8-3}$$

式中：T 为拧紧力矩,N·mm；F_0 为预紧力,N；d 为螺栓的公称直径,mm。

对于重要的螺纹联接,为了能够保证装配质量,在装配的时候,需要专用工具,如测力矩扳手或定力矩扳手,以达到控制预紧力的目的。图 8-13 所示为测力矩扳手。

图 8-13　测力矩扳手

8.2.4　螺纹联接的防松

常用的螺纹联接件为单线普通螺纹,具有自锁性。因此,在静载荷的作用下,螺纹联接拧紧之后一般不会自动松脱。但是,在冲击、振动和变载荷的作用下,或是在工作温度急剧变化时,都可能使预紧力在某一瞬间减小或消失,使螺纹副相对转动,导致螺纹联接出现自动松脱的现象。这样很容易引起机器或零部件不能正常工作,甚至发生严重的事故。因此,在使用螺纹紧固件进行连接时,特别是对于重要的连接,为使连接安全可靠,还需要采用必要的防松措施,即防止螺纹副的相对转动。防松的方法有很多,常用的有以下几种。

1. 利用摩擦力防松

利用摩擦力防松的原理是：在螺纹副中产生正压力，以形成阻止螺纹副相对转动的摩擦力。这种防松方法适用于机械外部静止构件的连接，以及防松要求不严格的场合。一般可采用弹簧垫圈或双螺母等来实现螺纹副的摩擦力防松。

在装配的时候，当螺母拧紧之后，弹簧垫圈受压变平，这种变形会产生反弹力。依靠这种变形力，使螺纹之间的摩擦力增大。因此可以防止螺母自动松脱，如图 8-14(a) 所示。

在两个螺母拧紧之后，利用两个螺母之间所产生的对顶作用，使螺栓始终受到附加的轴向拉力，而螺母则受压，增大了螺纹之间的摩擦力和变形，从而达到防止螺母自动松脱的目的，如图 8-14(b) 所示。这种防松方法的结构简单，适用于低速、重载的场合，但是外轮廓尺寸较大。

2. 机械方法防松

机械方法防松是采用各种专用的止动元件来限制螺纹副的相对转动。这种防松方法可靠，但装拆麻烦，适用于机械内部运动构件的连接，以及防松要求较高的场合。

常用的止动元件有以下几种：槽形螺母和开口销(图 8-14(c))适用于承受冲击载荷或载荷变化较大的连接；止动垫片防松(图 8-14(d))只能用于被连接件边缘部位的连接；止动垫圈和圆螺母防松(图 8-14(e))。

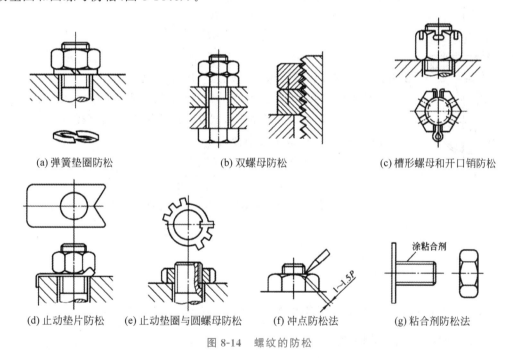

(a) 弹簧垫圈防松　　　　(b) 双螺母防松　　　　(c) 槽形螺母和开口销防松

(d) 止动垫片防松　(e) 止动垫圈与圆螺母防松　(f) 冲点防松法　(g) 粘合剂防松法

图 8-14　螺纹的防松

3. 破坏螺纹副防松

破坏螺纹副防松是在螺纹副拧紧之后，采用某种措施破坏局部螺纹副，而成为不可拆连接的一种防松方法，适用于装配之后不再拆卸的场合。常用的破坏螺纹副的方法有冲点防松法和粘合剂防松法等。

采用冲点防松法时，用冲头在螺栓尾部与螺母的接触处冲 2～3 点，使接触处的螺纹被破坏，以阻止螺纹副的相对转动，如图 8-14(f) 所示。采用粘合剂防松法时，将粘合剂涂在螺纹旋合表面。拧紧螺母之后，粘合剂自行固化，达到防松的目的，如图 8-14(g) 所示。这种方法简单可靠，防松效果较好。

8.3　单个螺栓联接的强度计算

螺栓的主要失效形式有：螺栓杆拉断；螺纹的压溃和剪断；因磨损而产生的滑扣。由于螺栓是标准件，所以螺栓与螺母的各参数不需要设计。强度计算的目的是校核所使用的螺栓强度是否合适或根据工作条件选择合适的螺栓。螺栓联接按承受工作载荷之前是否拧紧可分为松螺栓联接和紧螺栓联接。

8.3.1　松螺栓联接

松螺栓联接在装配时不对螺栓施加预紧力。图 8-15 所示吊钩尾部的连接就是松螺栓联接。当承受轴向工作载荷 F_a 时，强度条件为

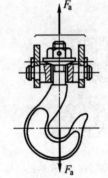

$$\sigma = \frac{F_a}{\dfrac{\pi d_1^2}{4}} \leqslant [\sigma] \tag{8-4}$$

式中：d_1 为螺纹小径，mm；$[\sigma]$ 为许用拉应力，MPa。

【例 8-1】　图 8-15 所示为吊钩，已知载荷 $F_a = 30\text{kN}$，吊钩材料为 35 钢，许用拉应力 $[\sigma] = 60\text{MPa}$，试设计吊钩尾部螺纹直径。

解：由式(8-4)得螺纹小径为

$$d_1 \geqslant \sqrt{\frac{4F_a}{\pi[\sigma]}} = \sqrt{\frac{4 \times 30 \times 10^3}{3.14 \times 60}} = 25.238(\text{mm})$$

图 8-15　起重吊钩

查阅机械设计手册可得，$d = 30\text{mm}$ 的普通粗牙螺纹，$d_1 = 26.21\text{mm}$，所以可选用 M30 的螺栓。

8.3.2　紧螺栓联接

若螺栓联接有预紧力，则称为紧螺栓联接。

1. 只受预紧力的紧螺栓联接

螺栓拧紧后，其螺纹部分不仅受因预紧力 F_0 的作用而产生的拉应力，还受因螺纹摩擦力矩 T_1 的作用而产生的扭转切应力，使螺栓螺纹部分处于拉伸与扭转的复合应力状态。

对于常用的单线、三角形螺纹的普通螺栓（一般为 M6～M68），经简化处理得 $\tau = 0.5\sigma$。根据第四强度理论，可求出当量应力 σ_e 为

$$\sigma_{e}=\sqrt{\sigma^{2}+3\tau^{2}}=\sqrt{\sigma^{2}+3\times(0.5\sigma)^{2}}\approx1.3\sigma$$

因此,螺栓螺纹部分的强度条件为

$$\sigma_{e}=1.3\sigma\leqslant[\sigma]$$

即

$$\sigma_{e}=\frac{1.3F_{0}}{\dfrac{\pi d_{1}^{2}}{4}}\leqslant[\sigma] \tag{8-5}$$

设计公式为

$$d_{1}\geqslant\sqrt{\frac{4\times1.3F_{0}}{\pi[\sigma]}} \tag{8-6}$$

式中:$[\sigma]$为紧螺栓联接的许用拉应力。

由此可见,紧螺栓联接的强度也可按纯拉伸计算,但考虑螺纹摩擦力矩的影响,需拉力增大 30%。

2. 承受轴向静载荷的紧螺栓联接

这种受力形式的紧螺栓联接应用最广,也是最重要的一种螺栓联接形式。图 8-16 所示为气缸端盖的螺栓组,每个螺栓承受的平均轴向工作载荷为

$$F=\frac{p\pi D^{2}}{4z}$$

式中:p 为缸内气压;D 为缸径;z 为连接螺栓数。

图 8-17 所示为气缸端盖螺栓组中一个螺栓联接的受力与变形情况。假定所有零件材料都服从胡克定律,零件中的应力没有超过弹性极限。图 8-17(a)所示为螺栓未被拧紧,螺栓与被连接件均不受力时的情况。图 8-17(b)所示为螺栓被拧紧后,螺栓受预紧力 F_{0},被连接件受预紧压力 F_{0} 的作用而产生压缩变形 δ_{1} 的情况。图 8-17(c)所示为螺栓受到轴向外载荷(由气缸内压力而引起的)F 作用时的情况,螺栓被拉伸,变形增量为 δ_{2},根据变形协调条件,δ_{2} 即等于被连接件压缩变形的减少量。此时被连接件受到的压缩力将减小为 F_{0}',称为残余预紧力。显然,为了保证被连接件间密封可靠,应使 $F_{0}'>0$,即 $\delta_{1}>\delta_{2}$。此时螺栓所

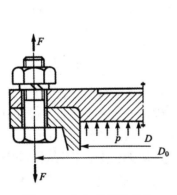

图 8-16　气缸盖螺栓联接

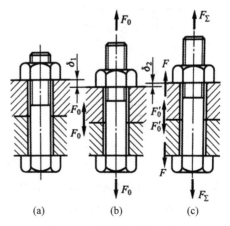

图 8-17　螺栓的受力与变形

螺栓的受力
与变形

受的轴向总拉力 F_Σ 应为其所受的工作载荷 F 与残余预紧力 F'_0 之和,即

$$F_\Sigma = F + F'_0 \tag{8-7}$$

不同的应用场合,对残余预紧力有不同的要求,一般可参考以下经验数据来确定:对于一般的连接,若工作载荷稳定,取 $F'_0 = (0.2 \sim 0.6)F$,若工作载荷不稳定,取 $F'_0 = (0.6 \sim 1.0)F$;对于气缸、压力容器等有紧密性要求的螺栓联接,取 $F'_0 = (1.5 \sim 1.8)F$。

当选定残余预紧力 F'_0 后,即可按式(8-7)求出螺栓所受的总拉力 F_Σ,同时考虑到可能需要补充拧紧及扭转切应力的作用,将 F_Σ 增加 30%,则螺栓危险截面的拉伸强度条件为

$$\sigma = \frac{1.3F_\Sigma}{\dfrac{\pi d_1^2}{4}} \leqslant [\sigma] \tag{8-8}$$

设计公式为

$$d_1 \geqslant \sqrt{\frac{4 \times 1.3F_\Sigma}{\pi[\sigma]}} \tag{8-9}$$

式中各符号的含义同前。

3. 承受横向外载荷的普通紧螺栓联接

图 8-18 所示为普通螺栓联接,被连接件承受垂直于螺栓轴线的横向载荷 F_R。由于处于拧紧状态,螺栓受预紧力 F_0 的作用,被连接件受到压力,在接合面之间就产生摩擦力 $F_0 f$(f 为接合面间的摩擦系数)。若满足不滑动条件:

$$F_0 f \geqslant F_R$$

则连接不发生滑动。若考虑连接的可靠性及接合面的数目,则上式可改成

$$F_0 fm \geqslant K_f F_R$$

$$F_0 \geqslant \frac{K_f F_R}{fm} \tag{8-10}$$

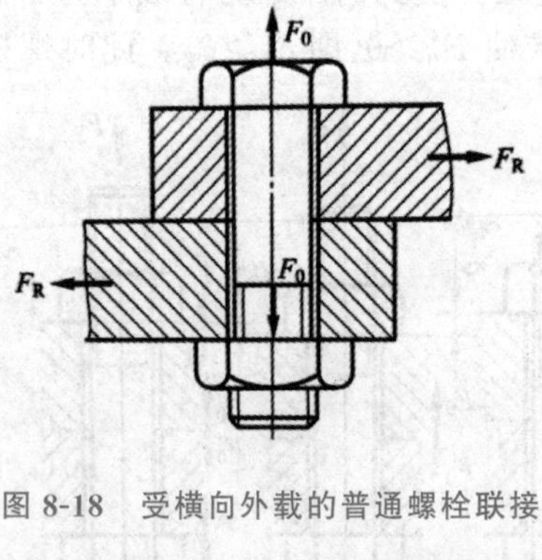

式中:F 为横向外载荷,N;f 为接合面间的摩擦系数,可查表 8-1;m 为接合面的数目;K_f 为可靠性系数,取 $K_f = 1.1 \sim 1.3$。

当 $f = 0.15$、$K_f = 1.1$、$m = 1$ 时,代入式(8-10)可得

$$F_0 = \frac{1.1F_R}{0.15 \times 1} \approx 7F_R$$

由上式可见,当承受横向外载荷 F_R 时,要使连接不发生滑动,螺栓上要承受 7 倍于横向外载荷的预紧力,这样设计出的螺栓结构笨重、尺寸大、不经

图 8-18 受横向外载的普通螺栓联接

济,尤其在冲击、振动载荷的作用下连接更为不可靠,因此应设法避免这种结构,采用减载结构,如采用键、套筒或销承担横向载荷,如图 8-19 所示。这些减载装置中的键、套筒或销按剪切和受挤压进行强度校核。

表 8-1　连接接合面间的摩擦系数 f

被连接件	表面状态	f
钢或铸铁零件	干燥的加工表面	0.10~0.16
	有油的加工表面	0.06~0.10
钢结构	喷砂处理	0.45~0.55
	涂富锌漆	0.35~0.40
	轧制表面、用钢丝刷清理浮锈	0.30~0.35
铸铁对榆杨木(或混凝土、砖)	干燥表面	0.40~0.50

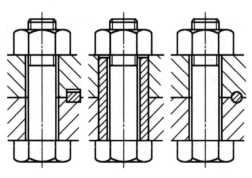

图 8-19　减载装置

4. 承受横向外载荷的铰制孔螺栓联接

如图 8-20 所示,这种连接在装配时螺栓杆与孔壁间采用过渡配合,螺母不必拧得很紧,只要求螺栓杆不会沿螺孔滑动即可。工作时螺栓联接承受横向载荷 F_R,螺栓在连接接合面处受剪切作用,螺栓杆与被连接件孔壁相互挤压,因此,应分别按挤压及剪切强度条件进行计算。螺栓杆与孔壁间的挤压强度条件为

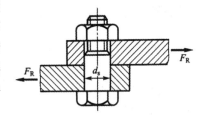

图 8-20　受横向外载荷的铰制孔螺栓联接

$$\sigma_p = \frac{F_R}{d_s l_{min}} \leqslant [\sigma_p] \qquad (8\text{-}11)$$

螺栓杆的剪切强度条件为

$$\tau = \frac{F_R}{\dfrac{m\pi d_s^2}{4}} \leqslant [\tau] \qquad (8\text{-}12)$$

式中:F_R 为横向载荷,N;d_s 为螺栓杆直径,mm;m 为螺栓受剪面的数目;l_{min} 为杆与孔壁接触面的最小长度,mm;$[\tau]$ 为螺栓材料的许用切应力;$[\sigma_p]$ 为螺栓与孔壁中较弱材料的许用挤压应力。

一般工作条件下,螺纹联接件的常用材料为低碳钢和中碳钢,其力学性能见表 8-2。螺纹联接件材料的许用应力 $[\sigma]$、$[\tau]$、$[\sigma_p]$ 可查表 8-3 和表 8-4。

表 8-2 螺纹联接件常用材料的力学性能

（摘自 GB/T 700—2006、GB/T 699—2015、GB/T 3077—2015）

钢　　号	Q215(A2)	Q235(A3)	35	45	40Cr
强度极限 σ_b/MPa	335～450	370～500	530	600	980
屈服极限 σ_s/MPa($d\leqslant16\sim100$mm)	185～215	215～235	315	355	785

注：螺栓直径 d 小时，取偏高值。

表 8-3 螺栓联接的许用应力和安全系数

连接情况	受载情况	许用应力$[\sigma]$和安全系数 S
松连接	轴向静载荷	$[\sigma]=\dfrac{\sigma_s}{S}$；$S=1.2\sim1.7$（未淬火钢取小值）
紧连接	轴向静载荷 横向静载荷	$[\sigma]=\dfrac{\sigma_s}{S}$；控制预紧力时，$S=1.2\sim1.5$ 不控制预紧力时，S 查表 8-8
铰制孔用 螺栓联接	横向静载荷	$[\tau]=\sigma_s/2.5$； 被连接件为钢时，$[\sigma_p]=\sigma_s/1.25$；被连接件为铸铁时，$[\sigma_p]=\sigma_b/2\sim2.5$
	横向变载荷	$[\tau]=\sigma_s/(3.5\sim5)$； $[\sigma_p]$按静载荷的$[\sigma_p]$值降低 20%～30%计算

表 8-4 紧螺栓联接的安全系数 S（不控制预紧力时）

材　料	静　载　荷			变　载　荷	
	M6～M16	M16～M30	M30～M60	M6～M16	M16～M30
碳素钢	4～3	3～2	2～1.3	10～6.5	6.5
合金钢	5～4	4～2.5	2.5	7.5～5	5

8.4 螺栓组连接

　　机器中多数螺纹联接件都是成组使用的，其中螺栓组连接最具有典型性。下面讨论螺栓组连接的设计问题，其基本结论也适用于双头螺柱组连接和螺钉组连接等。

　　设计螺栓组连接时，首先要确定螺栓组连接的结构，即设计被连接件接合面的结构、形状，选定螺栓的数目和布置形式，确定螺栓联接的结构尺寸等。在确定螺栓尺寸时，对于不重要的连接或有成熟实例的连接，可采用类比法。但对于重要的连接，则应根据连接的结构和受力情况，找出受力最大的螺栓及其所受的载荷，然后应用单个螺栓联接的强度计算方法进行螺栓的设计或校核。由于一组螺栓共同承担载荷，在螺栓组中每个螺栓所处的位置不同，其承受的载荷也各不相同。因此，失效的情况也较单个螺栓更为复杂。

8.4.1 螺栓组连接的结构设计

　　（1）连接接合面通常设计成轴对称的简单几何形状，如图 8-21 所示。这样便于对称布置螺栓，使螺栓组的对称中心和连接接合面的形心重合，保证接合面的受力比较均匀，同时也便于加工制造。

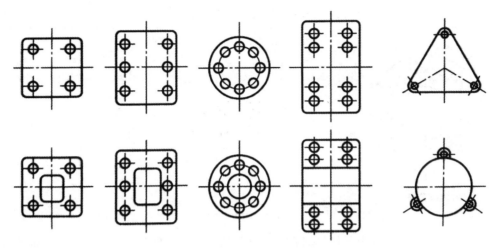

图 8-21　螺栓组连接接合面的形状

（2）螺栓的布置应使螺栓的受力合理。当螺栓组连接承受弯矩或扭矩时，应使螺栓的位置适当靠近接合面的边缘，以减小螺栓的受力，如图 8-22 所示。若承受剪切力时，不要在平行于工作载荷的方向上成排地布置 8 个以上的螺栓，以避免螺栓受力不均。若螺栓组同时承受较大的横向、轴向载荷，应采用销、套筒、键等零件来承受横向载荷，以减小螺栓的结构尺寸。

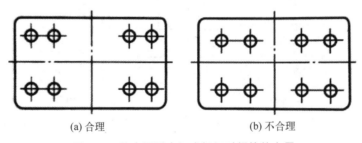

(a) 合理　　　　　　　　　　　　(b) 不合理

图 8-22　接合面受弯矩或扭矩时螺栓的布置

（3）螺栓的排列应有合理的间距和边距。应根据扳手空间尺寸确定各螺栓中心的间距及螺栓轴线到机体壁面间的最小距离。图 8-23 所示的扳手空间尺寸可查阅有关标准。对

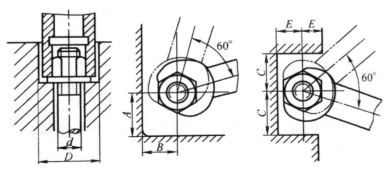

图 8-23　扳手空间尺寸

于压力容器等紧密性要求较高的连接,螺栓间距 t 不得大于表 8-5 所推荐的数值。

表 8-5 紧密连接的螺栓间距

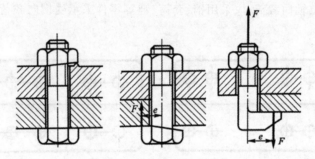

	容器工作压力 p/MPa					
	$\leqslant 1.6$	$1.6 \sim 4$	$4 \sim 10$	$10 \sim 16$	$16 \sim 20$	$20 \sim 30$
	t					
	$7d$	$4.5d$	$4.5d$	$4d$	$3.5d$	$3d$

d 为螺纹公称直径

(4) 同一螺栓组连接中各螺栓的直径和材料均应相同。分布在同一圆周上的螺栓数目应取 4、6、8 等偶数,以便于分度与画线。

(5) 要避免螺栓承受偏心载荷(图 8-24),应减小载荷相对于螺栓轴心线的偏距,为保证螺母或螺栓头部支承面平整并与螺栓轴线相垂直,可在被连接件上设置凸台、沉头座或采用斜面垫圈(图 8-25 和图 8-26)。

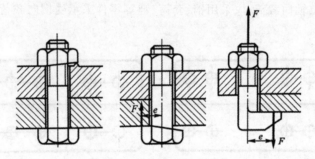

图 8-24 螺栓承受偏心载荷

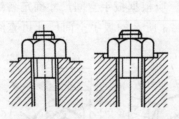

图 8-25 凸台与沉头座的应用

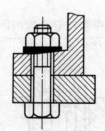

图 8-26 斜面垫圈的应用

进行螺栓组的结构设计时,在综合考虑上述各项的同时,还要根据螺栓联接的工作条件合理地选择防松装置。

8.4.2　螺栓组连接受力分析

为了简化受力分析时的计算,通常做如下假设:①螺栓组内各螺栓的材料、结构、尺寸和所受的预紧力均相同;②螺栓组的对称中心与连接接合面的形心重合;③受载后连接接合面仍保持为平面;④被连接件为刚体;⑤螺栓的变形在弹性范围内等。

下面介绍几种常见螺栓组的受力情况。

1. 受横向载荷的螺栓组

如图 8-27 所示为一受横向载荷的螺栓组连接,图 8-27(a)为普通螺栓联接,图 8-27(b)为铰制孔用螺栓联接。

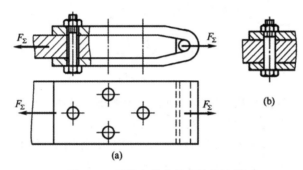

图 8-27　受横向载荷的螺栓组连接

(1) 普通螺栓联接:靠连接预紧后产生的摩擦力来承受横向载荷,每个螺栓所需的预紧力 F 为

$$F_0 \geqslant \frac{K_f F_\Sigma}{fzm} \tag{8-13}$$

式中:z 为螺栓数目;m 为螺栓受剪面的数目,其他符号与前相同。

(2) 铰制孔用螺栓联接:靠螺杆受剪切和挤压来抵抗横向载荷,各螺栓所受的横向载荷为

$$F = \frac{F_\Sigma}{z} \tag{8-14}$$

求得 F 后按式(8-11)和式(8-12)校核螺栓联接的挤压强度和剪切强度。

2. 受旋转力矩的螺栓组连接

图 8-28 所示为机座底板螺栓组连接。在转矩 T 的作用下,底板有绕螺栓组几何中心轴线 $O\text{-}O$ 旋转的趋势。每个螺栓联接都受到横向力的作用,其有两种连接方式。

(1) 普通螺栓联接如图 8-28(a)所示,可得力矩平衡条件:

$$fF_0 r_1 + fF_0 r_2 + \cdots + fF_0 r_n = fF_0 \sum_{i=1}^{n} r_i \geqslant K_f T$$

即

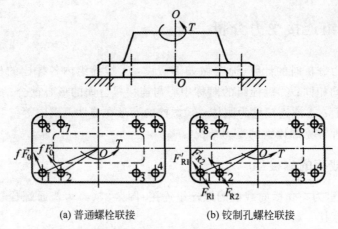

(a) 普通螺栓联接   (b) 铰制孔螺栓联接

图 8-28 受旋转力矩的螺栓组连接

$$F_0 \geqslant \frac{K_f T}{f \sum\limits_{i=1}^{n} r_i} \tag{8-15}$$

式中：f 为接合面间的摩擦系数，可查表 8-1；r_i 为各螺栓轴线与底板旋转中心 O 的距离；F_0 为螺栓预紧力；K_f 为可靠性系数，取 $K_f = 1.1 \sim 1.3$。

(2) 铰制孔用螺栓联接如图 8-28(b)所示，在转矩 T 作用下，各螺栓受到剪切和挤压作用，剪切力和挤压力的方向与旋转轴线 O—O 垂直。所以有

$$\frac{F_{Rmax}}{r_{max}} = \frac{F_{Ri}}{r_i}$$

即

$$T = F_{R1} r_1 + F_{R2} r_2 + \cdots + F_{Rn} r_n$$

可得

$$F_{Rmax} = \frac{T r_{max}}{\sum\limits_{i=1}^{n} r_i^2} \tag{8-16}$$

求得 F_{Rmax} 后，接式(8-11)和式(8-12)校核螺栓联接的挤压强度和剪切强度。

3. 受轴向载荷的螺栓组连接

图 8-29 所示为气缸盖螺栓组连接，其载荷 F_Q 的作用线平行于螺栓轴线并通过螺栓组的对称中心。假定各螺栓平均受载，则每个螺栓所受的轴向工作载荷为

$$F = \frac{F_Q}{z} \tag{8-17}$$

式中：z 为连接螺栓的个数。

求得 F 后，根据式(8-7)就可确定每个螺栓所受

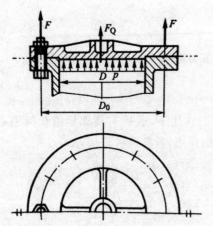

图 8-29 受轴向载荷的螺栓组

的总拉力,即

$$F_\Sigma = F + F_0'$$

根据气缸盖螺栓联接的紧密性要求,取残余预紧力 $F_0' = 1.8F$,然后按单个螺栓联接的强度计算方法进行螺栓的计算。

4. 受翻转力矩的螺栓组连接

图 8-30 所示为受翻转力矩 M 的螺栓组连接。设力矩 M 作用在过 $x-x$ 轴并垂直于底板接合面的对称面内,假定底板为刚体,则在 M 作用下,有绕接合面对称轴 $O-O$ 向右翻转的趋势,使 $O-O$ 轴左侧螺栓受拉伸,右侧螺栓被放松,以致预紧力 F_0 减小。

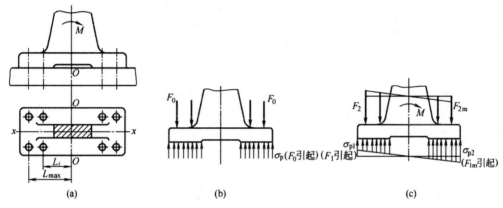

图 8-30　受翻转力矩的螺栓组

根据底板的力矩平衡条件,经计算,可得出距翻转轴线最远的螺栓所受的最大工作拉力 F_{max} 为

$$F_{max} = \frac{Ml_{max}}{l_1^2 + l_2^2 + \cdots + l_n^2} \tag{8-18}$$

求出 F_{max} 后,就可确定螺栓上受的总拉力 F,即

$$F_\Sigma = F_0 + K_c F_{max}$$

式中: K_c 为相对刚性系数,与螺栓和被连接件的材料、尺寸、结构及连接中垫片的性质等有关。当被连接件为钢铁零件时,可根据垫片材料的不同采用下列数据:金属垫片或无垫片 $0.2 \sim 0.3$;皮革垫片 0.7;铜皮石棉垫片 0.8;橡胶垫片 0.9。

对于图 8-30 所示的受翻转力矩作用的机座类螺栓组连接,除螺栓要满足其强度条件外,还应保证左侧接合面处不出现间隙,右侧接合面处不发生压溃破坏。接合面最小受压处不出现间隙的条件为

$$\sigma_{pmin} = \frac{zF_0}{A} - \frac{M}{W} > 0 \tag{8-19}$$

接合面最大受压处不发生压溃的条件为

$$\sigma_{pmax} = \frac{zF_0}{A} + \frac{M}{W} \leqslant [\sigma_p] \tag{8-20}$$

式中: F_0 为每个螺栓的预紧力,N;A 为底座与支承面的接触面积,mm²;W 为底座与支承

面间接合面的抗弯截面模量,mm^3;z 为螺栓总数目;$[\sigma_p]$ 为连接接合面较弱材料的许用挤压应力,MPa,可查表 8-6。

表 8-6　连接接合面材料的许用挤压应力

材料	钢	铸铁	混凝土	砖(水泥浆缝)	木　材
$[\sigma_p]$	$0.8\sigma_s$	$(0.4\sim0.5)\sigma_b$	$2.0\sim3.0$MPa	$1.5\sim2.0$MPa	$2.0\sim4.0$MPa

8.5　螺纹联接件的材料、机械性能等级和许用应力

8.5.1　螺纹联接件的材料及机械性能等级

　　一般条件下工作的螺纹联接件的常用材料为低碳钢和中碳钢,如 Q215、Q235、15、35 和 45 等钢;受冲击、振动和变载荷作用的螺纹联接件可采用合金钢,如 15Cr、40Cr、30CrMnSi 和 15CrVB 等;有防腐、防磁、导电、耐高温等特殊要求时,采用 1Cr13、2Cr13、CrNi2、1Cr18Ni9Ti 和黄铜 H62、H62$_{防磁}$、HPb62、HPb62$_{防磁}$ 及铝合金 2B11(原 LY8)、2A10(原 LY10)等。螺纹联接件常用材料的力学性能见表 8-2。

　　按材料的力学性能的不同,国家标准规定螺纹联接件的材料分成若干强度等级,即机械性能等级,可查表 8-7 和表 8-8。在一般情况下,只需根据类型、尺寸去外购螺纹联接件,不必提及其所用的材料和性能等级。

表 8-7　螺栓的机械性能等级(摘自 GB/T 3098.1—2010)

性能等级(标记)	4.6	4.8	5.6	5.8	6.8	8.8	9.8	10.9	12.9
抗拉强度极限 σ_b/MPa	400	420	500	520	600	800	900	1040	1200
屈服极限 σ_s/MPa	240	300	340	420	480	640	720	940	1100
硬度最小值/HBW	114	124	147	152	181	245	286	316	380
推荐材料	低碳钢或中碳钢					中碳钢,淬火并回火		中碳钢,低、中碳合金钢,淬火并回火,合金钢	合金钢

注:对于规定性能等级的螺栓、螺母在图纸中只标出其性能等级,不应标出其材料牌号。

表 8-8　螺母材料与螺母相配件的机械性能等级(摘自 GB/T 3098.2—2015)

性能等级(标记)	4	5	6	8	9	10	12
推荐材料	易切削钢		低碳钢或中碳钢	中碳钢		中碳、低碳合金钢,淬火并回火	
相配螺栓的性能等级	3.6,4.6,4.8 ($d\geqslant$M16)	3.6,4.6,4.8 ($d\leqslant$M16); 5.6,5.8 ($d\leqslant$M39)	6.8 ($d\leqslant$M39)	8.8 ($d\leqslant$M39)	9.8 ($d\leqslant$M16)	10.9 ($d\leqslant$M39)	12.9 ($d\leqslant$M39)

8.5.2　螺栓联接的许用应力

螺栓联接的许用应力[σ]和安全系数 S 见表 8-3 和表 8-4。

8.5.3　设计与选用时应注意的问题

确定螺纹小径 d_1 后,一定要选定标准值,即为螺纹大径 d,如为普通螺纹、粗牙,则标记为 Md。现对试算法的应用具体讨论如下。

因为螺栓联接时若不知道螺栓的直径,则无法查取安全系数 S,故需用试算法。可根据工作经验和载荷大小,先假设螺栓直径的范围,然后查取安全系数 S,确定许用应力,计算出螺栓的直径。若螺栓的直径在假设的螺栓直径范围内,则所选螺栓合适;若螺栓的直径不在假设的螺栓直径范围内,则必须重新假设螺栓直径范围,再进行选择。

【例 8-2】　如图 8-29 所示气缸与气缸盖的螺栓联接,已知气缸内径 $D=200$mm,气缸内气体的工作压力 $p=1.2$MPa,缸盖与缸体之间采用橡胶垫圈密封。若螺栓数目 $z=10$,螺栓分布圆直径 $D_0=260$mm,试确定螺栓直径,并检查螺栓间距 t 及扳手空间是否符合要求。

由题意可知,这是一个普通螺栓联接。由于缸体内压力的合力作用于螺栓组的对称中心上,故属于受轴向载荷的螺栓联接,可求出每个螺栓所受的轴向工作载荷,然后根据单个螺栓所受的轴向总拉力公式(8-7)求出 F_Σ,代入式(8-9)得出 d_1 值。确定螺栓直径,再检查螺栓间距 t 及扳手空间是否符合要求。

解:(1)确定每个螺栓所受的轴向工作载荷 F

$$F = \frac{p\pi D^2}{4z} = \frac{1.2 \times \pi \times 200^2}{4 \times 10} = 3770(\text{N})$$

(2)计算每个螺栓的总拉力 F_Σ

根据气缸盖螺栓联接的紧密性要求,取残余预紧力 $F_0' = 1.8F$,由式(8-7)计算螺栓的总拉力:

$$F_\Sigma = F + F_0' = F + 1.8F = 2.8F = 2.8 \times 3770 = 10556(\text{N})$$

(3)确定螺栓的公称直径 d

① 螺栓材料选用 35 钢,由表 8-2 查得,$\sigma_s = 315$MPa,若装配时不控制预紧力,则螺栓的许用应力与其直径有关,故应采用试算法。假定螺栓直径 $d=16$mm,由表 8-4 查得安全系数 $S=3$,则许用应力:

$$[\sigma] = \frac{\sigma_s}{S} = \frac{315}{3} = 105(\text{MPa})$$

② 由式(8-9)计算螺栓的小径 d_1

$$d_1 \geqslant \sqrt{\frac{4 \times 1.3F_\Sigma}{\pi[\sigma]}} = \sqrt{\frac{4 \times 1.3 \times 10556}{\pi \times 105}} = 12.90(\text{mm})$$

根据 d_1 的计算值,查手册得螺纹外径 $d=16$mm,与假定值相符,故能适用。

其标记为:螺栓 GB/T 5782 M16×L。

（4）检查螺栓间距 t

螺栓间距：

$$t = \frac{\pi D_0}{z} = \frac{\pi \times 260}{10} = 81.68(\text{mm})$$

查表 8-5，当 $p \leqslant 1.6\text{MPa}$ 时，压力容器螺栓间距 $t < 7d = 7 \times 16 = 112\text{mm}$，故上述螺栓间距的计算结果能满足紧密性要求。

查有关设计手册 M16 的扳手空间 $A = 48\text{mm}$，故本题中 $t > A$，能满足扳手空间要求。

若螺栓间距 t 或扳手空间不符合要求，则应重新选取螺栓数目 z，再按上述步骤重新计算计算，直到满足要求为止。

8.6　提高螺栓联接强度的措施

螺栓联接强度主要取决于螺栓的强度。影响螺栓强度的因素较多，如螺栓结构、材料和应力特性、制造和装配质量等。下面分析这些因素，以受拉螺栓为例，提出相应的改善措施。

1. 改善螺牙间载荷分布不均现象

在螺纹联接中，旋合螺纹处各圈的受力是不均匀的。螺杆受到自下而上递减的拉力而伸长，螺距随之增大；螺母受到自下而上递减的压力而缩短，螺距随之减小。但二者的变形相互制约，其螺距的变化差要靠螺纹的变形来补偿。

在传力大的第一圈螺纹上，因螺杆与螺母的螺距相差最大，螺牙的变形和受力也最大，以后各圈牙的受力将由下向上依次递减，到第 8～10 圈以后螺牙几乎不受力。所以采用厚螺母，增加旋合圈数，对提高连接强度作用不大，如图 8-31(a)所示。

为使螺牙受力比较均匀，可采用图 8-31(b)悬置螺母、图 8-31(c)环槽螺母。从结构上使螺栓螺母的旋合段均受拉，以减小螺距变形差异，使牙间载荷趋于均匀。也可以采用内斜螺母，把螺母下端（螺栓旋入端）受力大的几圈螺纹处制成 10°～15° 的斜角，将力转移到原受力小的螺牙上，如图 8-31(d)所示。

采用这些结构可提高疲劳强度 20%～40%，但因螺母的结构特殊，加工复杂，只有重要连接或有充分必要时才采用。

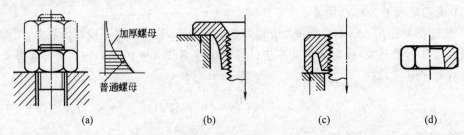

图 8-31　改善螺牙上载荷分布不均的措施

2. 减小螺栓的应力变化幅度

受轴向变载荷的紧螺栓联接，应力幅越小，螺栓越不易发生疲劳破坏。减小应力幅主要有两种基本方法,一个是降低螺栓的刚度,另一个是提高被连接件的刚度。当然也可以考虑同时采用这两种方法。

降低螺栓刚度的方法有:适当增大螺栓长度、减小螺栓光杆部分的直径,也可以在螺母下安装弹性元件,如图 8-32 所示。增大被连接件刚度,可以不用垫片或采用刚度较大的垫片。对于需要保持密闭性的连接,应采用刚度较大的金属垫片或采用如图 8-33 所示的结构。

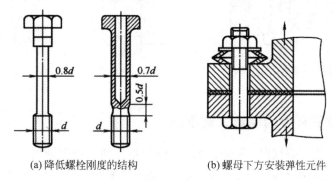

(a) 降低螺栓刚度的结构　　　　　(b) 螺母下方安装弹性元件

图 8-32　降低螺栓刚度的措施

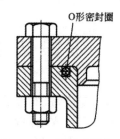

图 8-33　O 形密封圈结构

3. 减小应力集中

在螺栓杆与头部过渡部分、螺牙根及螺纹收尾处都有应力集中现象存在,是易发生断裂的危险部位。为了减小应力集中的程度,可以增大过渡圆角半径、切制卸载槽、在螺纹收尾处留退刀槽等结构,以减小应力集中并提高螺栓的疲劳强度,如图 8-34 所示。

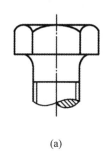
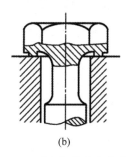
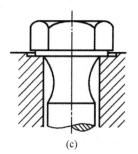

(a)　　　　　　　　(b)　　　　　　　　(c)

图 8-34　减小螺栓应力集中的方法

4. 避免附加弯曲应力

当支承面不平整或倾斜时(图 8-35),会使螺栓承受附加弯曲应力,降低螺栓的强度,因此支承面须加工平整。为减少机加工面,常采用凸台、沉孔结构(图 8-36),也可以采用球面垫圈、斜垫圈等。

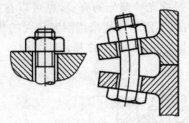
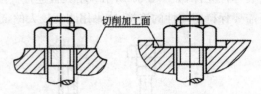

图 8-35   引起附加弯曲应力原因   图 8-36   避免附加弯曲应力结构

5. 改进螺纹联接件的制造工艺措施

采用碾压工艺加工螺纹时,螺纹是通过材料的塑性变形而形成的。金属纤维不像车削时那样被切断,只是沿着牙型发生了变形,经滚压的金属材质比较致密,耐磨性有较大提高,螺纹强度比车削的高。螺纹联接件经过渗氮、碳氮共渗、喷丸处理都能提高其疲劳强度。

8.7   轴 毂 连 接

轴毂连接主要是用来实现轴和轮毂(如齿轮、带轮等)之间的周向固定,并用来传递运动和转矩,有些还可以实现轴上零件的轴向固定或轴向移动。固定方式的选择主要是根据零件所传递转矩的大小和性质、轮毂与轴的对中精度要求、加工的难易程度等因素来进行。常见的轴毂连接有键联接、花键联接、过盈连接等。

键联接在机器中应用最为广泛,根据键联接装配时的松紧程度,键联接可以分为松键联接和紧键联接。松键联接分为平键联接和半圆键联接两种,紧键联接分为楔键和切向键两种,其中以平键最为常用。

键已标准化。设计时首先根据工作条件和各类键的应用特点选择键的类型,再根据轴径和轮毂的长度确定键的尺寸,必要时还应对键联接进行强度校核。以下对松键联接、紧键联接和花键联接进行一一介绍。

8.7.1   松键联接

松键联接分为平键联接和半圆键联接两种。

1. 平键联接

如图 8-37 所示,平键的两侧面为工作面,零件工作时靠键与键槽侧面的挤压传递运动和转矩。键的上表面为非工作面,与轮毂键槽的底面间留有间隙。因此,这种连接只能用作轴上零件的周向固定。平键联接结构简单、装拆方便、对中较好,故应用很广泛。按用途的不同,平键可分为普通平键、导向平键和滑键等。

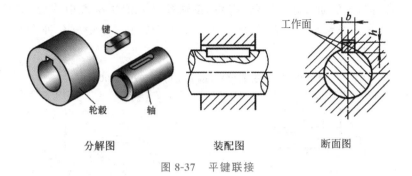

图 8-37　平键联接

1) 普通平键

普通平键用于静连接。按其端部形状的不同可分为圆头（A 型）、方头（B 型）、半圆头（C 型）普通平键（图 8-38）。采用 A 型和 C 型键时，轴上键槽一般用指状铣刀铣出，因此键在槽中的轴向固定较好，但键槽两端会产生较大的应力集中；采用 B 型键时，键槽用盘铣刀铣出，因此轴的应力集中较小。A 型键应用最广，C 型键一般用于轴端。

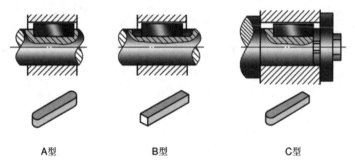

图 8-38　普通平键类型

2) 导向平键和滑键

导向平键和滑键用于动连接。当轮毂需在轴上沿轴向移动时可采用这种键联接。如图 8-39 所示，通常螺钉将导向平键固定在轴上的键槽中，轮毂可沿着键表面做轴向滑动，如变速箱中滑移齿轮与轴的连接。当被连接零件滑移的距离较大时，宜采用滑键（图 8-40），滑键固定在轮毂上，与轮毂同时在轴上的键槽中做轴向滑移。

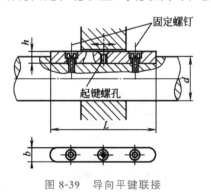

图 8-39　导向平键联接

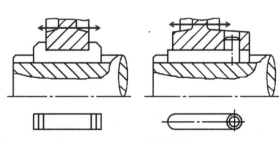

图 8-40　滑键联接

导向平键
联接

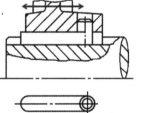

滑键联接

平键是标准件,其剖面尺寸(键宽×键高)按轴径 d 从有关标准中选定,键长 L 应略小于轮毂长度并符合标准系列。键的主要尺寸列于表 8-9 中。平键配合种类及应用范围如表 8-10 所示。

表 8-9　键的主要尺寸(摘自 GB/T 1096—2003)

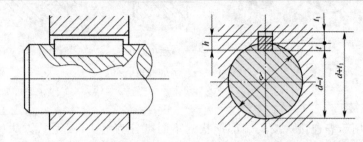

轴	键	键　槽										
		宽度 b					深度				半径 r	
		公称尺寸 b	偏差				轴 t		毂 t_1			
轴径 d	公称尺寸 $b×h$		较松连接		一般连接		较紧连接					
			轴 H9	毂 D10	轴 N9	毂 JS9	轴和毂 P9	公称尺寸	偏差	公称尺寸	偏差	最小	最大
6~8	2×2	2	+0.025 0	+0.060 +0.020	−0.004 −0.029	±0.0125	−0.006 −0.031	1.2	+0.10 0	1	+0.10 0	0.08	0.16
>8~10	3×3	3						1.8		1.4			
>10~12	4×4	4	+0.030 0	+0.078 +0.030	0 −0.030	±0.015	−0.012 −0.042	2.5		1.8		0.16	0.25
>12~17	5×5	5						3.0		2.3			
>18~22	6×6	6						3.5		2.8			
>22~30	8×7	8	+0.036 0	+0.098 +0.040	0 −0.036	±0.018	−0.015 −0.051	4.0		3.3			
>30~38	10×8	10						5.0		3.3			
>38~44	12×8	12	+0.043 0	+0.120 +0.050	0 −0.043	±0.0215	−0.018 −0.061	5.0	+0.20 0	3.3	+0.20 0		
>44~50	14×9	14						5.5		3.8		0.25	0.40
>50~58	16×10	16						6.0		4.3			
>58~65	18×11	18						7.0		4.4			
>65~75	20×12	20	+0.052 0	+0.149 +0.065	0 −0.052	±0.026	−0.022 −0.074	7.5		4.9			
>75~85	22×14	22						9.0		5.4		0.40	0.60
>85~95	25×14	25						9.0		5.4			
>95~110	28×16	28						10.0		6.4			

键长度系列:8,10,12,14,16,18,20,22,25,28,32,36,40,45,50,56,63,70,80,90,100,110,125,140,160,180,200,220,250,280,320,360

表 8-10　平键配合种类及应用范围

平键联接配合种类	尺寸 b 的公差带			应用范围
	键宽	轴槽宽	轮毂槽宽	
较松键联接	h9	H9	D10	主要用于导向平键
一般键联接		N9	JS9	用于传递载荷不大的场合,在一般机械制造中应用广泛
较紧键联接		P9		用于传递重载荷、冲击载荷及双向传递转矩的场合

2. 半圆键联接

如图 8-41 所示，半圆键也是以两侧面作为工作面，因此与平键一样有较好的对中性。由于键在轴上的键槽中能绕槽底圆弧的曲率中心摆动，因而能自动适应轮毂键槽底面的倾斜。半圆键的加工工艺性好，安装方便，尤其适用于锥形轴与轮毂的连接。但键槽较深，对轴的强度削弱较大，一般用于轻载场合的连接。当需装两个半圆键时，两键槽应布置在轴的同一母线上。

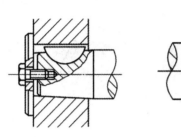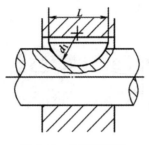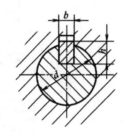

图 8-41　半圆键联接

8.7.2　紧键联接

紧键联接有楔键联接和切向键联接两种。

1. 楔键联接

如图 8-42 所示，楔键的上、下面是工作面，键的上表面和轮毂键槽的底面均有 1∶100 的斜度。装配时需将楔键打入轴和轮毂的键槽内，产生很大的挤紧力，工作时依靠键与轴及轮毂的槽底之间、轴与孔之间的摩擦力传递转矩，并能轴向固定零件和传递单向轴向力。缺点是轴与毂孔容易产生偏心和偏斜，又由于是靠摩擦力工作，在冲击振动或变载荷作用下键易松动，所以楔键联接仅用于对中要求不高、载荷平稳和低速的场合。

楔键多用于轴端，以便零件装拆。如果楔键用于轴的中段时，轴上键槽的长度应为键长的两倍以上。按楔键端部形状的不同可将其分为普通楔键和钩头楔键，后者拆卸较方便。

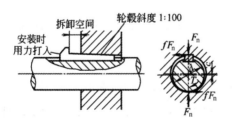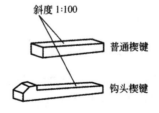

图 8-42　楔键联接

2. 切向键

切向键是由一对具有 1∶100 斜度的普通楔键组成，如图 8-43 所示。装配时，两键的斜面相互贴合,共同楔紧在轴毂之间。切向键的工作面是上下两个相互平行的窄面。工作时靠上、下两面与轴毂之间的挤压力传递扭矩。其中一个工作面在通过轴心线的平面内,使工作面上的压力沿轴的切向作用,因而能传递很大的转矩。

一个切向键只能传递单向转矩,若要传递双向转矩则须用两个切向键,并使两键互成120°~135°。切向键的优点是承载能力很大;缺点是装配后轴和毂的对中性差,键槽对轴的削弱较大。切向键主要用于轴径大于 100mm、对中性要求不高而载荷很大的重型机械中。

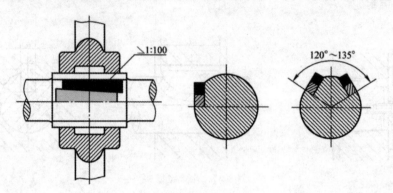

图 8-43 切向键联接

8.7.3 平键联接的类型选择与强度计算

1. 选择平键的类型

选择键联接的类型时,主要考虑连接的用途要求;载荷的性质、大小;轴、毂对中性的要求;键在轴上的位置(在轴的端部还是中部)等。

2. 确定键的截面尺寸

平键的主要尺寸为键宽 b、键高 h 与键长度 L。设计时,键的剖面尺寸根据轴的直径 d 按标准选取。

3. 确定键的长度

按照轴结构设计的结果,键的长度一般略小于轮毂长度并圆整到键的标准长度。

4. 平键联接的强度验算

平键联接工作时,其受力情况如图 8-44 所示。平键联接工作时的主要失效形式为组成连接的键、轴和轮毂中强度较弱的材料表面的压溃,极个别情况下也会出现键被剪断的现象。通常只需按工作面上的挤压强度进行计算。

假设载荷沿键的长度方向是均布的,平键联接的挤压强度条件为

$$\sigma_{jy} = \frac{4T}{dhl} \leqslant [\sigma_{jy}] \tag{8-21}$$

导向平键联接的主要失效形式为组成键联接的轴或轮毂工作面部分的磨损,须按工作

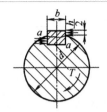 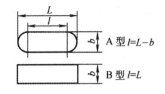

图 8-44　平键联接的受力情况

面上的压强进行强度计算,强度条件为

$$p = \frac{4T}{dhl} \leqslant [p] \tag{8-22}$$

以上两式中:T 为被固定零件传递的转矩,N·mm;d 为轴径,mm;h 为键的高度,mm;l 为键的工作长度,mm,A 型键 $l=L-b$,B 型键 $l=L$,C 型键 $l=L-0.5b$,并且 $L \leqslant (1.6\sim1.8)d$,以免因键过长而增大压力沿键长分布的不均匀性,而对于导向平键,则为键与轮毂的接触长度;$[\sigma_{jy}]$、$[p]$ 分别为键联接中最弱材料的许用挤压应力、许用压强,MPa,按表 8-11 选取。

表 8-11　键联接的许用应力　　　　　　　　　　　单位:MPa

应力种类	连接方式	零件材料	载荷性质		
			静　载	轻微冲击	冲　击
许用挤压应力$[\sigma_{jy}]$	静连接	钢	125~150	100~120	60~90
		铸铁	70~80	50~60	30~45
许用压强$[p]$	动连接	钢	50	40	30

若设计的键强度不够时可以增加键的长度,但不能使键长超过 $2.5d$。若加大键长后强度仍不够或设计条件不允许加大键长时,可采用双键,并使双键相隔 180° 布置。考虑到双键受载荷不均匀,故在强度计算时只能按 1.5 个键计算。

【**例 8-3**】　减速器的输出轴与齿轮的连接为键联接,已知传递的扭矩 $T=600$N·m,轴径为 75mm,齿轮材料为铸钢,轴和键的材料为 45 钢,有轻微冲击,试选择键联接。

解:(1) 现场设计法

选择键联接的类型,不必进行强度校核计算。

此类型为平键联接,根据轴径 $d=75$mm,查表 8-9 得出平键为 20×70(GB/T 1096—2003)。这是现场中常用的方法,不必进行挤压强度校核,在生产中出现的问题主要是由于工艺(键槽对称度、配合尺寸等)不合要求而造成。

(2) 设计计算法

键类型和尺寸确定后,进行挤压强度校核,一般情况下不必进行键的剪切强度校核计算。

① 键联接的类型选择为键 20×70(GB/T 1096—2003)。

② 验算挤压强度。将 $h=12$mm,$d=75$mm,$T=600$N·m,$l=L-b=70-20=50$(mm),代入公式(8-21)得出

$$\sigma_{jy} = \frac{4T}{dhl} = \frac{4000 \times 600}{75 \times 12 \times 50} = 53.3(\text{MPa})$$

由表 8-11 查得轻微冲击载荷下的许用挤压应力$[\sigma_{jy}]=100$MPa,则

$$\sigma_{jy} \leqslant [\sigma_{jy}], \quad 即 \quad 53.3\text{MPa} < 100\text{MPa}$$

由此可知,挤压强度足够。

8.7.4　花键联接

花键联接是由带多个纵向键齿的花键轴和花键孔所组成,如图 8-45 所示。由于是多齿传递载荷,花键联接比平键联接的承载能力大,且定心性和导向性较好。又因为键齿浅、应力集中小,所以对轴的削弱少,适用于载荷较大、定心精度要求较高的静连接和动连接中,例如在飞机、汽车、机床中广泛应用。花键联接的加工需专用设备,因而成本较高。

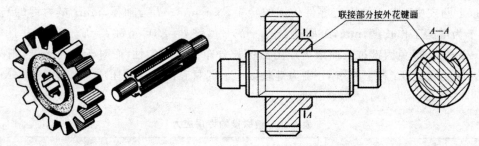

图 8-45　花键联接

花键已标准化。按齿形的不同,花键可分为矩形花键、渐开线花键,具体应用和特点如表 8-12 所示。

表 8-12　花键类型、特点及应用

类型	简图	特点	应用
矩形花键		加工方便,可用磨削方法获得较高的精度。按齿数和齿高的不同规定有轻、中两个系列,轻系列多用于轻载连接或固定连接,中系列多用于中等载荷连接或空载下移动的动连接	应用很广泛,如飞机、汽车、拖拉机、机床制造业、农业机械及一般机械传动装置等中等载荷连接
渐开线花键		齿廓为渐开线。受载时齿上有径向分力,能起自动定心作用,使各齿载荷作用均匀,强度高,寿命长。加工工艺与齿轮加工相同,刀具比较经济,易获得较高的精度和互换性。齿根有平齿根和圆齿根。渐开线标准压力角有30°、37.5°及45°三种	用于载荷较大,定心精度要求较高,以及尺寸较大的连接

矩形花键加工方便,因而应用最为广泛。矩形花键采用小径定心,渐开线花键常用齿侧定心,花键的选用方法和强度验算方法与平键联接相类似,可参见有关的机械设计资料。

矩形花键的规格为 N(键数)$\times d$(小径)$\times D$(大径)$\times B$(键槽宽),标记示例为

$$6\times 23\frac{\text{H7}}{\text{f7}}\times 26\frac{\text{H10}}{\text{a11}}\times 6\frac{\text{H11}}{\text{d10}} \quad (\text{GB/T } 1144\text{—}2001)$$

8.8 销 联 接

1. 根据销联接的功能分类

销是标准件,根据销联接的功能,销可分为定位销、连接销和安全销等。

销起定位作用时,一般不承受载荷或只能承受很小的载荷,用于固定两个零件之间的相对位置(图 8-46(a))。定位销一般成对使用,并安装在两个零件接合面的对角处,以加大两销之间的距离,增加定位的精度。

销起连接作用时,只能承受不大的载荷,可用于轴与轮毂的连接(图 8-46(b))或其他零件的连接,适用于轻载和不很重要的场合。

销也可用作过载保护装置中的安全销(图 8-46(c))。

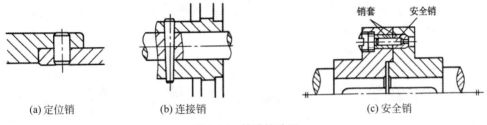

| (a)定位销 | (b)连接销 | (c)安全销 |

图 8-46　销联接功用

2. 根据销联接的形状分类

按照销的形状,销可分为圆柱销、圆锥销和开口销等。

(1)圆柱销利用微量的过盈装配在光孔中,因经常装拆故易松动,影响定位精度和连接的紧固性,如图 8-47(a)所示。

(2)圆锥销及孔均带有 1∶50 的锥度,装配在铰制孔中,定位精度高,可多次装拆而不影响定位的精确性;受横向力时可以自锁,如图 8-47(b)所示。

(3)带螺纹圆锥销主要用于不能开通孔或拆卸困难的场合。图 8-46(c)是大端有外螺纹的圆锥销,可用于盲孔;图 8-47(d)是小端带有外螺纹的圆锥销,可用螺母锁紧,适用于有冲击的场合。

(4)图 8-47(e)是带槽的圆柱销,在销上加工有 3 条纵向沟槽,将带槽的圆柱销打入销孔之后,沟槽产生收缩变形,使销与孔壁压紧,不容易松脱。因此,能够承受振动和变载荷。在放大的俯视图中,细实线表示圆柱销在安装之前的形状,粗实线表示变形结果。在使用这种销联接时,销孔不需要铰制,且可以多次拆卸。

(5)开尾圆锥销(图 8-47(f))主要用于承受冲击或振动载荷的情况下,可以防止松脱。

(6)开口销(图 8-47(g))是一种防松元件,常和槽形螺母配用,多用低碳钢丝制造。

用销定位时,通常销不受载荷或承受很小的载荷。其尺寸根据经验从标准中选取。承受载荷的销(如承受剪切和挤压等),一般先根据使用和结构要求选择其类型和尺寸,然后校核其强度。

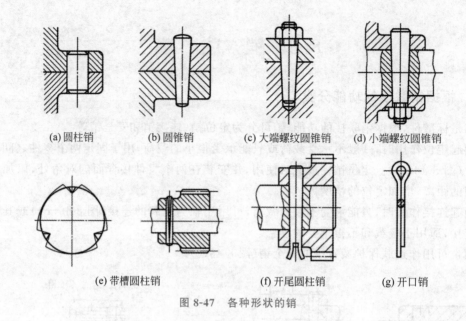

(a) 圆柱销 (b) 圆锥销 (c) 大端螺纹圆锥销 (d) 小端螺纹圆锥销

(e) 带槽圆柱销 (f) 开尾圆柱销 (g) 开口销

图 8-47　各种形状的销

8.9　本章实训——齿轮减速器螺纹联接件的选择

1. 实训目的

螺纹联接是机械设备中应用最多的一种固定连接。通过本实训,要求学生学会选用螺纹联接类型、螺纹联接件的选用和定位销的选用。

2. 实训内容

以课程设计的齿轮减速器箱体为对象,确定各零件之间的连接类型、连接件和定位销钉的型号规格。

3. 实训过程

根据第 5 章实训得到的技术数据,参考图 7-23、表 7-3 及相关标准,完成下列内容。

(1) 确定齿轮减速器上下箱体螺纹联接的类型和螺纹联接件的型号规格。

(2) 确定齿轮减速器各端盖螺纹联接的类型和螺纹联接件的型号规格。

(3) 确定齿轮减速器观察孔螺纹联接的类型和螺纹联接件的型号规格。

(4) 确定齿轮减速器起盖螺钉的型号规格。

(5) 确定齿轮减速器地脚螺栓联接件的型号规格。

(6) 确定齿轮减速器上下箱体间定位销的型号规格。

4. 实训总结

在机械、电子、化工、航空、航天等各种行业中,螺纹联接是应用最多的一种可拆连接。

所以通过本实训,要求学生能够学会常用螺栓联接类型、螺纹联接件和定位销的选用。螺纹联接的类型应根据被连接件的具体情况而定,而螺纹联接件规格通常是据经验公式或机械结构而定,一般不进行强度校核,但对重要的螺纹联接应进行强度校核计算。

拓展阅读

奋斗者号载人深潜器

可上九天揽月,可下五洋捉鳖,谈笑凯歌还;世上无难事,只要肯登攀!

2020 年 11 月 19 日,中国载人深潜再创新纪录,奋斗者号潜水器(图 8-48)在马里亚纳海沟成功坐底,深度达 10909m。马里亚纳海沟位于即菲律宾东北、马里亚纳群岛附近的太平洋底,北起硫磺岛、西南至雅浦岛附近。被称为“地球第四极”,水压高、完全黑暗、温度低,是地球上环境最恶劣的区域之一,其最深处接近 11000m。

深潜器的最大的技术难度就在于水压,深潜器的外壳材料需要极强的抗压能力,同时还要有比航天级更高的焊接工艺。在海底的深潜器必须把压力平均到每一平方厘米上,哪怕是焊接中的一点气泡,或者一颗螺丝的外表不平,都会直接引发应力集中效应,奋斗者号下潜的一万米深处,水压高达每平方米 1 万吨,或者用更形象的说法相当于 2000 头大象同时踩背的感觉。这种强大的压强足以把人类的血肉之躯压缩到二维世界,而专用的深潜器,不但可以有效抵抗如此巨大的压强,还能保障内部人员的安全。目前全球有记录的,成功下潜到马里亚纳海沟的载人深潜器只有两部:一部是瑞典人皮卡德父子研制的“的里雅斯特 2 号”深潜器,在 1960 年 1 月 20 日创造了潜入马里亚纳海沟 10916m 的纪录。我国的奋斗者号是目前全球第二的深潜器,其深潜纪录为 10909m。

中国的深潜历程无比艰险,当我们起步时另外几个国家早已入水,但就像航天和军工的历程一样,我们最终将完成弯道超车。一百年前我们错过了大海,一百年后的今天我们没有错过深海和太空。

图 8-48　奋斗者号潜水器

练 习 题

1. 简答题

(1) 按用途螺旋副分为哪两大类?

（2）圆柱螺纹的公称直径是指哪个直径？

（3）为什么螺纹联接大多数要预紧？

（4）为什么螺纹预紧时要控制预紧力？

（5）相同直径的普通粗牙螺纹与细牙螺纹相比，哪个自锁性能好？

（6）普通平键的强度条件是什么？

2. 综合计算题

如图 8-49 所示为钢制液压油缸，油压 $P=3$MPa，油缸内径 $D=160$mm。为保证气密性要求，螺柱间距不得小于 $4.5d$（d 为螺柱大径），试计算此油缸的螺柱联接和螺柱分布圆直径 D_0。

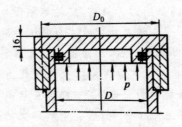

图 8-49　液压油缸

第9章

轴

第9章
微课视频

 学习目标

轴的主要功用是支承做回转或摆动的构件,同时也可以用于传递运动和动力,是机器最重要的零件之一。本章主要讨论轴的功用和类型、轴的材料和结构设计、轴的受力分析及其强度计算等。通过本章的学习,要求掌握轴的结构设计、受力分析、弯矩图和扭矩图的绘制及其强度计算,了解轴的刚度计算方法。

重点与难点

◇ 轴的结构设计;

◇ 提高轴疲劳强度的措施;

◇ 轴的结构工艺性;

◇ 按轴的许用扭转切应力计算;

◇ 按第三强度理论进行轴的强度计算。

 案例导入

减速器输入轴

任何机械中,只要有旋转或摆动的零部件,必然有支承其旋转的轴,如数控机床的主轴、减速器中的齿轮轴、汽车的前后桥与变速器之间的传动轴、内燃机中的凸轮轴等,所以轴的应用十分广泛。

图9-1所示为某减速器中的输入轴。轴的中间安装有齿轮,轴的左端安装有带轮。

在该结构中,齿轮和带轮做回转运动,轴的作用是支承齿轮及带轮,将带轮的扭矩及转动传递给齿轮。为了满足这种传动的需要,应将轴设计成既要有一定强度、刚度和稳定性,又要具有一定的定位精度和加工工艺性的结构和尺寸。

轴的设计主要是根据轴的工作要求、制造工艺及轴上零件的安装、调整等要求,选用适宜的材料,进行结构设计和强度计算,合理地定出轴的结构形状和尺寸,必要时还应验算轴的刚度,高转速的轴还应考虑振动问题。

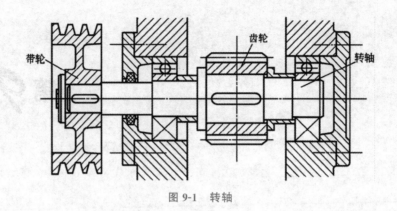

图 9-1 转轴

9.1 轴的分类

轴的类型较多,一般多按轴的承载情况和形状对轴进行分类。

1. 按轴的承载情况分类

1)心轴

只承受弯矩而不承受扭矩的轴称为心轴,心轴又可分为转动心轴和固定心轴。

(1)转动心轴在工作时随传动件一起转动,轴上承受的弯曲应力是按对称循环的规律变化的,如图 9-2(a)所示的铁路机车的轮轴。

(2)固定心轴在工作时不转动,轴上承受的弯曲应力是不变的,为静应力状态,如图 9-2(b)所示的自行车前轮轴。

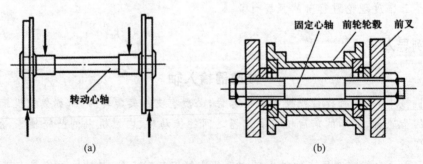

(a)   (b)

图 9-2 心轴

2)传动轴

只承受扭矩不承受弯矩或承受较小弯矩的轴称为传动轴,图 9-3 是汽车的传动轴。

3)转轴

工作中既承受弯矩又承受扭矩的轴称为转轴,如图 9-4 所示为普通减速器中的齿轮轴,转轴在各类机械中最为常见。

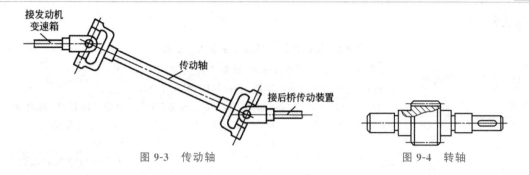

图 9-3 传动轴 图 9-4 转轴

2. 按轴线形状分类

1）直轴

直轴按其外形不同分为光轴(图 9-5(a))和阶梯轴(图 9-5(b))两种：①光轴形状简单、加工容易、应力集中少,但轴上零件的装拆和固定不便,主要用作传动轴；②阶梯轴各轴段截面的直径不同,中间直径大,两端小。这样既便于装拆轴上零件,又能使各轴段的强度相近,在机器中应用最为广泛,本章以阶梯轴为对象进行讨论。

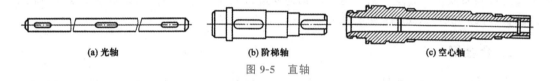

(a) 光轴 (b) 阶梯轴 (c) 空心轴

图 9-5 直轴

直轴一般都制成实心轴,但是为了减轻重量或满足特殊的需要,也可将轴制成空心的,如图 9-5(c)所示。

2）曲轴

曲轴是往复式机械中的专用零件,如图 9-6 所示为多缸内燃机中的曲轴,曲轴上用于起支承作用的轴颈处的轴线是重合的。

3）挠性钢丝轴

挠性钢丝轴可以把旋转运动和扭矩传到空间的任何位置,其结构如图 9-7 所示,例如,机动车中的里程表所用的软轴和管道疏通机所用的软轴等。

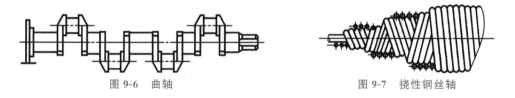

图 9-6 曲轴 图 9-7 挠性钢丝轴

9.2 轴材料的选择

由于轴所受的载荷情况较为复杂,其截面上的应力多为交变应力,所以要求材料具有良好的综合力学性能。轴的材料常采用优质碳素钢和合金钢。轴的常用材料及其主要力学性能见表 9-1。

表 9-1 轴的常用材料及其主要力学性能

材料牌号	热处理	毛坯直径/mm	硬度/HBW	抗拉强度 σ_b/MPa	屈服强度 σ_s/MPa	弯曲疲劳极限 σ_{-1}/MPa	备注
35	正火	≤100	143~187	≥520	≥270	≥210	可作一般转轴、曲轴等
45	正火	≤100	170~217	≥600	≥300	≥240	用于较重要的轴,应用较广泛
45	调质	≤200	217~255	≥650	≥360	≥270	
40Cr	调质	≤100	241~286	≥750	≥550	≥350	用于载荷较大而无很大冲击的轴
40MnB	调质	≤200	241~286	≥750	≥500	≥335	性能接近于 40Cr,用于重要的轴

1. 碳素钢

碳素钢比合金钢价格低廉,其强度也低一些,但优质碳素钢对应力集中的敏感性低。常用的优质碳素钢有 35、40、45 和 50 等,其中以 45 钢最为常用。为保证材料的力学性能,通常要进行调质或正火处理。对于重要的轴还要进行表面强化处理。对于不重要或受力较小的轴,也可以用 Q235、Q275 等普通碳素钢。

2. 合金钢

当对轴的强度和耐磨性要求较高,或高温,或腐蚀性介质等条件下工作的轴,须采用合金钢。对于耐磨性和韧性要求较高的轴,可选用 20Cr、20CrMnTi 等低碳合金钢,轴颈部位还要进行渗碳淬火处理。对于在高速和重载下工作的轴,可选用 40CrNi 等合金钢。对中碳合金结构钢,一般采用调质处理,以提高其综合力学性能。

3. 铸铁

轴也可以采用合金铸铁或球墨铸铁制造,毛坯是铸造成形的,所以易于得到更合理的形状。合金铸铁和球墨铸铁的吸振性高,可用热处理方法提高材料的耐磨性,材料对应力集中的敏感性也较低。但是铸造轴的质量不易控制,可靠性较差。

轴的毛坯一般用热轧圆钢或锻件。锻件的组织均匀,可以得到分布合理的纤维组织,强度较好,故重要的轴及大尺寸或径向尺寸变化大的阶梯轴都采用锻造毛坯。当轴的刚度不足时,应调整轴的结构或轴上零件的位置,以使轴达到规定的刚度,而不能采用更换材料的方法提高轴的刚度。因为在常温下各种碳钢和合金钢的弹性模量几乎相等,且热处理对它的影响也很小。

9.3 轴的结构设计

设计时应使轴的结构满足轴的功能要求,即轴的工作精度、强度和刚度要求,还要综合考虑轴与轴上零件的关系;轴与其支承之间的关系;轴与密封的关系,使轴上零件定位准确、固定可靠,保证轴和轴上零件能正常工作,并使轴具有良好的制造和装配工艺性。

9.3.1 轴的外形和结构要求

1. 对轴的结构要求

轴结构设计的目的就是确定轴合理的外形和结构尺寸,一般应满足如下要求。

(1) 为节省材料、减轻质量,应尽量采用等强度外形和高刚度的剖面形状。

(2) 要便于轴上零件的定位、固定、装配、拆卸和位置调整。

(3) 轴上安装有标准零件(如轴承、联轴器、密封圈等)时,轴的直径要符合相应的标准或规范。

(4) 轴的结构要有利于减小应力集中以提高疲劳强度。

(5) 应具有良好的加工工艺性。

轴的结构多数情况下采用阶梯轴,因为它既接近于等强度外形,加工也不复杂,且有利于轴上零件的装拆、定位和固定。

2. 阶梯轴结构分析

图 9-8 所示为圆柱齿轮减速器中的低速轴。轴通常由轴头、轴颈、轴肩、轴环、轴端等部分组成。轴与轴承配合处的轴段称为轴颈,根据轴颈所在的位置又可分为端轴颈(位于轴的两端,只承受弯矩)和中轴颈(位于轴的中间,同时承受弯矩和转矩)。轴上安装工作零件部分的轴段称为轴头,连接轴头和轴颈部分的轴段称为轴身。

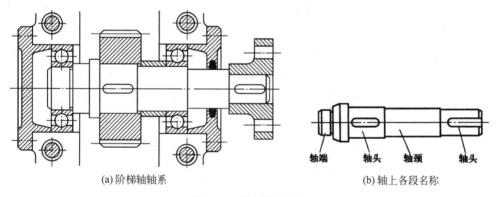

(a) 阶梯轴轴系　　　　　　　　　　(b) 轴上各段名称

图 9-8　减速器低速轴

结构分析主要是看轴上零件的定位和固定方式。图 9-8 所示的阶梯轴中,联轴器和齿轮靠轴肩来定位;左端轴承是靠轴肩定位,右端轴承则是靠套筒定位;齿轮和联轴器靠键与轴连接实现圆周方向的固定。

9.3.2 轴上零件的定位与固定

按轴上零件定位和固定的方向不同,可分为周向定位与固定、轴向定位与固定。

1. 轴上零件的周向定位与固定

周向定位与固定的目的是将轴上零件准确定位并固定于轴的圆周方向,使轴与轴上零件同步转动,以满足机器传递扭矩和运动的要求。例如,内燃机中凸轮轴上的凸轮与齿轮的相位必须保证准确,否则内燃机无法正常工作。常用的周向定位方法有销、键、花键(见本书的第 8 章)、过盈配合和成形联接等,其中以普通平键和花键联接形式应用最广。

2. 轴上零件的轴向定位与固定

通常采用表 9-2 中所列的结构形式来实现轴上零件的轴向定位和固定,包括轴肩、轴环、圆螺母、弹性挡圈、轴端挡圈、紧定螺钉、圆锥面和轴端挡圈及套筒等,其特点及应用均列于表 9-2 中。

零件在轴上的轴向固定形式

表 9-2　零件在轴上的轴向固定形式

零件名称	轴向固定形式	特　点
轴肩	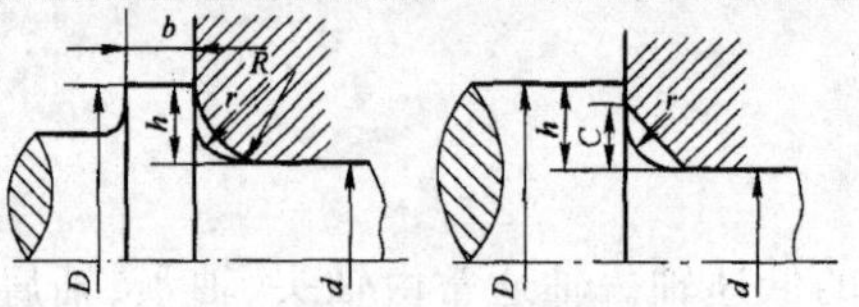	结构简单可靠,应用广泛。为了使零件端面与轴贴合,应使轴上圆角半径 r 小于轴上零件的孔端的圆角半径 R 或倒角 c,能承受较大轴向力
轴环	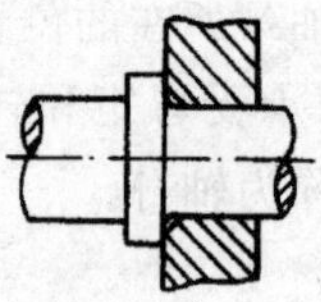	结构简单可靠。常用于齿轮、轴承等的轴向定位,能承受较大的轴向力
圆螺母	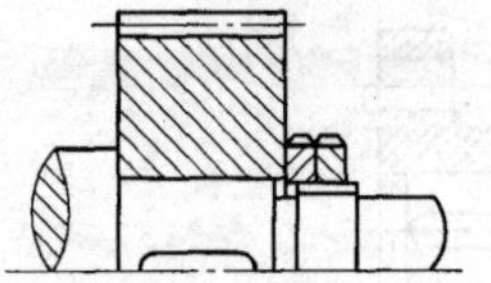	固定可靠,但轴上须有螺纹和纵向槽。一般用细牙螺纹,以减少对轴的削弱。常用于固定轴端零件,也可用于固定轴中部的零件,以避免采用过长的套筒,还可承受较大的轴向力
弹性挡圈	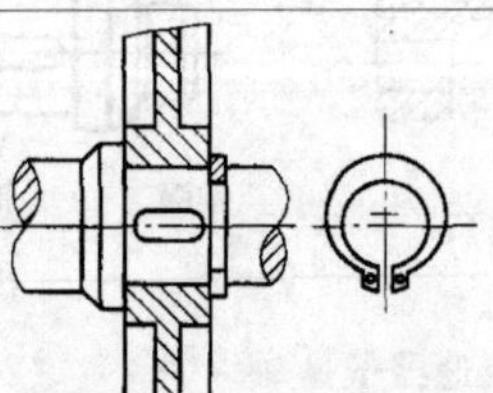	结构简单紧,常用于深沟球轴承的轴向固定,承受的轴向力较小
轴端挡圈	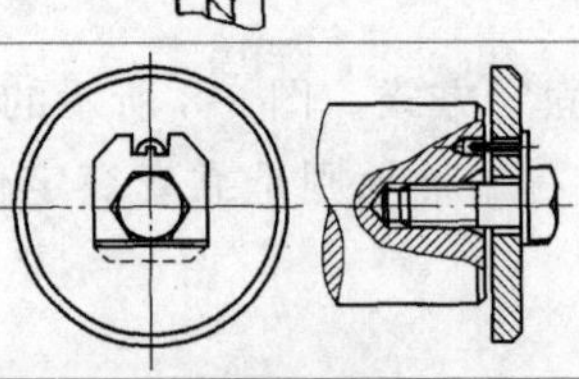	用于轴端零件的固定
紧定螺钉	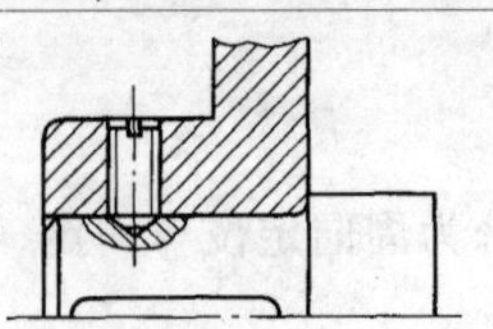	结构简单,调整灵活,能承受的轴向力较小

续表

零件名称	轴向固定形式	特　　点
圆锥面和轴端挡圈		有消除间隙的作用,能承受冲击载荷,定心精度也较高。但加工锥形表面比圆柱面复杂。可用于有振动和冲击载荷、转速较高、定心要求较高或要求经常拆卸的场合
套筒		结构简单、灵活,可减少轴的阶梯数,并避免因螺纹(用圆螺母时)而削弱轴的强度。一般用于轴上零件间距离较短的场合

9.3.3　提高轴疲劳强度的措施

　　轴表面的应力集中部位易产生疲劳破坏,表面粗糙度数值大,也易发生疲劳破坏。在轴的结构设计和制造工艺等方面应尽量避免和减少应力集中,以提高轴的疲劳强度。

1. 采用合理的结构

　　一般情况下,轴的直径尺寸变化太大的部位都会存在应力集中。对于阶梯轴,为了减少应力集中,应使相邻两轴段的直径不宜相差太大,在截面尺寸变化处应采用圆角过渡,且尽量使圆角半径大些;当圆角半径受结构限制难以增大时,可改用减载槽、过渡肩环或凹切圆角等结构形式;要尽量避免在轴上应力较大的部位打横孔、切口或开槽。各种措施的结构如图 9-9 所示。

(a) 中间环　　　　　　(b) 减载槽　　　　　　(c) 凹切圆角

图 9-9　减小应力集中的各种措施

2. 采用适当的制造工艺

　　轴的最大弯曲应力和最大扭转应力都位于轴的表层,因此,轴的疲劳裂纹最易从轴表层处开始产生并扩展。设计时应降低轴表面粗糙度的数值,或采用辗压、喷丸、表面渗碳、渗氮、高频淬火等表面改性处理工艺,改善轴的表面质量,以提高轴的抗疲劳强度。由于高强度合金钢对应力集中比较敏感,在结构设计时,应采取特别措施降低应力集中的程度。

9.3.4　轴的加工和装配工艺性

轴的结构工艺性指能够降低生产成本,利用可以使用的设备和方法,加工出符合图样和技术要求规定的轴,轴的结构形状和尺寸还应尽量满足装配和维修的要求。轴的结构中常采用以下工艺结构。

(1) 当某一轴段需车制螺纹或磨削加工时,应留有退刀槽(图 9-10(a))或留有砂轮越程槽(图 9-10(b)),以便于退刀、保护刀具和保证零件加工质量。

(2) 轴上所有键槽应沿同一母线布置,如图 9-11 所示,以方便加工,降低加工成本。

(3) 为了便于轴上零件的装配和去除毛刺,轴及轴肩端部一般均应制出 45°的倒角。过盈配合轴段的装入端应加工出半锥角为 30°的导向锥面,如图 9-11 所示。

(4) 为便于加工,轴上直径相近的圆角、倒角、键槽、退刀槽和越程槽等尺寸应一致。

(5) 装有轴上零件的轴段长度应小于轴上零件尺寸,使零件能够可靠定位和固定。

上述措施是轴结构设计中应考虑的一般问题。由于在各种机器中,轴的功用和具体情况不尽相同,故在设计时不但要采用常用的工艺措施,还应对不同情况加以分析,采取有针对性的工艺措施。

退刀槽和越程槽

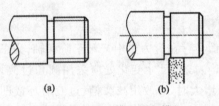

(a)　　　　(b)

图 9-10　退刀槽和越程槽

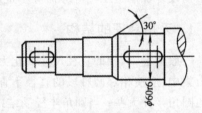

图 9-11　键槽的布置

9.4　轴的强度计算

9.4.1　轴的扭转强度设计

由于在轴的结构设计之前,轴上零件具体尺寸还未确定,所以无法建立轴的力学模型,也无法计算转轴上各截面的弯矩。对于转轴,要先按其承受的扭矩和许用扭转剪切应力,初步估算轴的直径,以此作为轴的最小直径。

普通机械的传动轴通常为中间直径大、两端直径小的阶梯轴。一般阶梯轴两端的弯矩为零,因此用上述方法计算出的轴的直径作为转轴最小直径是可行的。若两端的弯矩不为零,则用降低许用扭转剪切应力的方法来考虑弯矩对轴强度的影响。

根据材料力学的理论,圆轴的扭转强度条件为

$$\tau = \frac{T}{W_{\mathrm{T}}} = \frac{9.55 \times 10^{6} P}{0.2 d^{3} n} \leqslant [\tau] \tag{9-1}$$

由上式可得到轴的直径计算公式为

$$d \geqslant \sqrt[3]{\frac{9.55 \times 10^6 P}{0.2[\tau]n}} = C\sqrt[3]{\frac{P}{n}} \tag{9-2}$$

式中：τ 为轴的扭转切应力，MPa；T 为轴传递的扭矩，N·mm；W_T 为轴的抗扭截面系数，mm^3；P 为轴传递的功率，kW；n 为轴的转速，r/min；d 为轴的直径，mm；$[\tau]$ 为许用扭转切应力，MPa，可按表 9-3 确定；C 为计算常数，其值与轴的材料有关，可按表 9-3 确定。

表 9-3 轴常用的几种材料的[τ] 及 C 值

参数	轴 的 材 料			
	Q235A、20	35	45	40Cr、35SiMn
[τ]/MPa	12～20	20～30	30～40	40～52
C	160～135	135～118	118～107	107～98

当弯矩相对转矩很小或只受转矩时，$[\tau]$取较大值，C 取小值，反之，$[\tau]$取小值，C 取较大值。

若所计算的轴径有一个键槽，则应将轴径适当增大，通常增大 3%～5%，对有两个键槽的轴径，应增大 7%～10%。

9.4.2　轴的弯扭合成强度计算

当轴的结构设计初步完成之后，作用在轴上的载荷的大小、方向、作用点以及支承跨距均为已知，此时可按第三强度理论对转轴进行弯扭合成强度的校核。

进行强度计算时通常把轴当作置于铰链支座上的梁，作用于轴上零件的力作为集中力，其作用点取为零件轮毂宽度的中点。支点反力的作用点一般可近似地取在轴承宽度的中点上。具体的计算步骤如下。

（1）画出轴的空间力系图。将轴上作用力分解为水平面分力和垂直面分力，并求出水平面和垂直面上的支点反力。

（2）分别作出水平面上的弯矩（M_H）图和垂直面上的弯矩（M_V）图。

（3）计算出合成弯矩 $M = \sqrt{M_H^2 + M_V^2}$，绘出合成弯矩图。

（4）作出转矩（T）图。

（5）计算当量弯矩 $M_e = \sqrt{M^2 + (\alpha T)^2}$，绘出当量弯矩图。

式中 α 为考虑弯曲应力与扭转切应力循环特性的不同而引入的修正系数。通常弯曲应力为对称循环变化应力，而扭转切应力随工作情况的变化而变化。对于不变的扭矩，$\alpha = \dfrac{[\sigma_{-1b}]}{[\sigma_{+1b}]} \approx 0.3$；对于脉动循环扭矩，$\alpha = \dfrac{[\sigma_{-1b}]}{[\sigma_{0b}]} \approx 0.6$；对于对称循环扭矩取 $\alpha = 1$。对于频繁正反转的轴，可视为对称循环扭矩，此时取 $\alpha = 1$，若扭矩变化规律不清，一般按脉动循环处理。$[\sigma_{-1b}]$、$[\sigma_{0b}]$、$[\sigma_{+1b}]$ 分别为对称循环、脉动循环及静应力状态下材料的许用弯曲应力，见表 9-4。

（6）校核危险截面的强度。

根据当量弯矩图找出危险截面，进行轴的强度校核，其公式如下：

$$\sigma_e = \frac{M_e}{W} = \frac{\sqrt{M^2 + (\alpha T)^2}}{0.1d^3} \leqslant [\sigma_{-1b}] \tag{9-3}$$

式中：W 为抗弯截面系数，mm^3；$[\sigma_{-1b}]$ 为对称循环下轴材料的许用弯曲应力，MPa。

表 9-4   轴的许用弯曲应力   单位：MPa

材料	σ_b	$[\sigma_{+1b}]$	$[\sigma_{0b}]$	$[\sigma_{-1b}]$
碳钢	400	130	70	40
	500	170	75	45
	600	200	95	55
	700	230	110	65
合金钢	800	270	130	75
	900	300	140	80
	1000	330	150	90
	1200	400	180	110
铸钢	400	100	50	30
	500	120	70	40

9.4.3   轴的刚度计算

轴受到载荷的作用后会发生弯曲、扭转变形，如变形过大会影响轴上零件的正常工作，例如装有齿轮的轴，如果变形过大会使啮合状态恶化。因此对于有刚度要求的轴必须进行轴的刚度校核计算。轴的刚度有弯曲刚度和扭转刚度两种，下面分别讨论这两种刚度的计算方法。

1. 轴的弯曲刚度校核计算

应用材料力学的计算公式和方法算出轴的挠度 y 或转角 θ，并使其满足下式：

$$y \leqslant [y] \tag{9-4}$$

$$\theta \leqslant [\theta] \tag{9-5}$$

式中：$[y]$、$[\theta]$ 分别为许用挠度和许用转角，其值列于表 9-5 中。

2. 轴的扭转刚度校核计算

应用材料力学的计算公式和方法算出轴每米长的扭转角 φ，并使其满足下式：

$$\varphi \leqslant [\varphi] \tag{9-6}$$

式中：$[\varphi]$ 为轴每米长的许用扭转角。一般传动的 $[\varphi]$ 值列于表 9-5 中。

表 9-5 轴的许用变形量

变形种类		应 用 场 合	许 用 值	变形种类		应 用 场 合	许 用 值
弯曲变形	许用挠度 $[y]$	一般用途的转轴	$(0.0003\sim0.0005)l$	弯曲变形	许用转角 $[\theta]$	滑动轴承	$0.001\,\mathrm{rad}$
		刚度要求较高的轴	$\leqslant0.0002l$			深沟球轴承	$0.005\,\mathrm{rad}$
		安装齿轮的轴	$(0.01\sim0.03)m_n$			调心球轴承	$0.05\,\mathrm{rad}$
		安装蜗轮的轴	$(0.02\sim0.05)m_t$			圆柱滚子轴承	$0.0025\,\mathrm{rad}$
		感应电动机轴	$\leqslant0.01\Delta$			圆锥滚子轴承	$0.0016\,\mathrm{rad}$
						安装齿轮处轴的截面	$0.001\,\mathrm{rad}$
	l——支承间跨距; m_n——齿轮法向模数; m_t——蜗轮端面模数; Δ——电动机定子与转子间的间隙			扭转变形	许用扭转角 $[\varphi]$	一般传动	$(0.5°\sim1°)/\mathrm{m}$
						较精密的传动	$(0.25°\sim0.5°)/\mathrm{m}$
						重要传动	$0.25°/\mathrm{m}$

9.5 轴的设计与实例

通常工程实践中对于一般轴的设计方法有类比法和设计计算法两种。

1. 类比法

这种方法是根据轴的工作条件,选择与其相似的轴进行类比及结构设计,画出轴的零件图。用类比法设计轴一般不进行强度计算。由于完全依靠现有资料及设计者的经验进行轴的设计,设计结果比较可靠,同时又可加快设计进程,因此类比法较为常用,但有时这种方法也会带有一定的盲目性。

2. 设计计算法

用设计计算法设计轴的一般步骤如下。

(1) 根据轴的工作条件选择材料,确定许用应力。

(2) 按扭转强度估算出轴的最小直径。

(3) 设计轴的结构,绘制出轴的结构草图。具体内容包括:①根据工作要求确定轴上零件的位置和固定方式,参考图 9-12;②确定各轴段直径,参考表 9-6;③确定各轴段长度,参考表 9-7;④根据有关设计手册确定轴的结构细节,如圆角、倒角、退刀槽等的尺寸。

(4) 按弯扭合成进行轴的强度校核。一般在轴上选取 2~3 个危险截面进行强度校核。若危险截面强度不够或强度裕度太大,则必须重新修改轴的结构。

(5) 修改轴的结构后再进行校核计算。这样反复交替地进行校核和修改,直至设计出较为合理的轴的结构。

(6) 绘制轴的零件图。需要指出的是:①一般情况下设计轴时不必进行轴的刚度、振动、稳定性等校核,如需进行轴的刚度校核时,也只做轴的弯曲刚度校核;②对用于重要场合的轴、高速转动的轴应采用疲劳强度校核计算方法进行轴的强度校核,具体内容可查阅机械设计方面的有关资料。

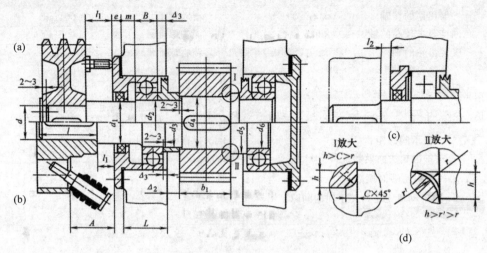

图 9-12　阶梯轴各段直径与长度的确定

表 9-6　各轴段直径的确定

轴号	确定方法及说明
d	初估直径,取值应和联轴器的孔径一致
d_1	$d_1=d+2h$,h 为定位轴肩高度,用于轴上零件的定位和固定,故 h 值应稍大于毂孔的圆角半径或倒角值,通常取 $h \geqslant (0.07 \sim 0.1)d$
d_2	$d_2=d_1+(1 \sim 5)\text{mm}$,图 9-12 中,$d_2$ 与 d_1 的直径差是为了安装轴承方便,为非定位轴肩,不宜取得过大,但 d_2 安装轴承,故 d_2 应符合轴承标准
d_3	$d_3=d_2+(1 \sim 5)\text{mm}$,直径变化仅为区分加工面,根据润滑情况也可不设 d_3
d_4	$d_4=d_3+(1 \sim 5)\text{mm}$,直径变化是为了安装齿轮方便及区分加工面,$d_4$ 与齿轮相匹配,应圆整为标准直径(一般以 0、2、5、8 为尾数)
d_5	$d_5=d_4+2h$,h 为定位轴肩高度,通常取 $h \geqslant (0.07 \sim 0.1)d_4$
d_6	一般 $d_6=d_2$,同一轴上的滚动轴承最好选用同一型号,以便于轴承座孔的镗削和减少轴承类型,轴承左端的轴肩是定位轴肩,为便于轴承的拆卸,该处的轴肩应符合轴承的规范,如 d_5 尺寸和该处定位轴肩的尺寸不一致,应将该处设计为阶梯轴或锥形轴段

表 9-7　各轴段长度的确定

符号	名　称	确定方法及说明
b	齿轮宽度	b 为齿轮宽度,由齿轮设计确定,轴上该轴段长度应比轮毂短 $2 \sim 3\text{mm}$
Δ_2	小齿轮端面至箱体内壁距离	$\Delta_2=10 \sim 15\text{mm}$,对重型减速器应取大值
Δ_3	轴承至箱体内壁的距离	当轴承为脂润滑时应设挡油环,取 $\Delta_3=8 \sim 12\text{mm}$,当轴承为油润滑时,取 $\Delta_3=3 \sim 5\text{mm}$
B	轴承宽度	按轴颈直径初选(建议选择中窄系列)

续表

符号	名　称	确定方法及说明
L	轴承座孔长度	L 由轴承座旁联接螺栓的扳手空间位置确定,即 $L=\delta+c_1+c_2+(5-10)\text{mm}$ 或 $L=B+m+\Delta_3$,取两者较大值
m、e	轴承端盖长度尺寸	凸缘式轴承端盖 m 尺寸不宜过小,以免拧紧固定螺钉时轴承盖歪斜,一般 $m=(0.1\sim0.15)D$,D 为轴承外径;e 值可根据轴承外径查表 7-3,应使 $m\geqslant e$(见图 9-12)
l_1	外伸轴上旋转零件的内壁面与轴承端盖外端面的距离	l_1 与外接零件及轴承盖的结构有关,在图 9-12(a)中,l_1 应保证轴承盖固定螺钉的装拆要求;在图 9-12(b)中,l_1 应保证联轴器柱销的装拆要求。采用凸缘式轴承盖,$l_1=15\sim20\text{mm}$
l	外伸轴上安装旋转零件的轴段长度	按轴上旋转零件的轮毂孔宽度和固定方式确定。为使轴端不发生干涉,应使该段轴的长度比轮毂孔宽度短 $2\sim3\text{mm}$

【例】　图 9-13 所示为单级直齿圆柱齿轮减速器的传动简图。已知从动轴传递功率为 $P=12\text{kW}$,转速 $n_2=240\text{r/min}$,轮的齿宽 $b=70\text{mm}$,齿数 $z=40$,$m=5\text{mm}$,轴的外伸端安装联轴器,试设计此从动轴。

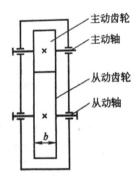

图 9-13　单级齿轮减速器

解:1) 选择轴的材料

该轴对材料无特殊要求,选 45 钢,正火处理。

2) 初估轴外伸端直径 d

查表 9-2,45 钢的 $C=118\sim107$,得

$$d\geqslant C\sqrt[3]{\frac{P}{n}}=(118\sim107)\sqrt[3]{\frac{12}{240}}=43.47\sim39.42(\text{mm})$$

考虑该轴段上有一个键槽,故应将直径增大 4%,即 $d=(43.47\sim39.42)\times1.04=45.21\sim41.00\text{mm}$;轴端安装联轴器,应取对应的标准直径系列值,取 $d=42\text{mm}$。

3) 轴的结构设计及草图绘制

(1) 轴的结构分析:要确定轴的结构形状,必须先确定轴上零件的装拆顺序和固定方式,因为不同的装拆顺序和固定方式对应着不同的轴的形状。本题考虑从轴的右端装入齿轮,齿轮的左端用轴肩或轴环定位和固定,右端用套筒固定。因单级传动,一般将齿轮安装在箱体中间,轴承安装在箱体的轴承孔内,相对于齿轮左右对称,并取相同的内径。最后确定轴的形状如图 9-14 所示。

(2) 确定各轴段的直径:轴段①直径为最小直径,确定为 $d_1=42\text{mm}$;轴段②要考虑联轴器的定位和安装密封圈的需要,取 $d_2=50\text{mm}$,取定位轴肩高 $h=(0.07\sim0.1)d_1$;轴段③安装轴承,为便于装拆,应取 $d_3>d_2$,且与轴承的内径标准系列相符,故 $d_3=55\text{mm}$,轴承型号为 6311;轴段④安装齿轮,轴径尽可能采用推荐的标准系列值,但轴的尺寸不宜过大,故取 $d_4=56\text{mm}$,轴段⑤为轴环,考虑左面轴承的拆卸以及右面齿轮的定位和固定,取轴径 $d_5=65\text{mm}$;轴段⑥取与轴段③相等的直径,即 $d_3=55\text{mm}$。

(3) 确定各轴段的长度:为保证齿轮固定可靠,轴段④的长度应略短于齿轮轮毂的长度,设齿轮轮毂长与齿宽 b 相等为 70mm,取 $L_4=68\text{mm}$;为保证齿轮端面与箱体内壁不相碰,应留一定间隙,取两者间距为 15mm,为保证轴承安装在箱体轴承孔内,并考虑轴承的润

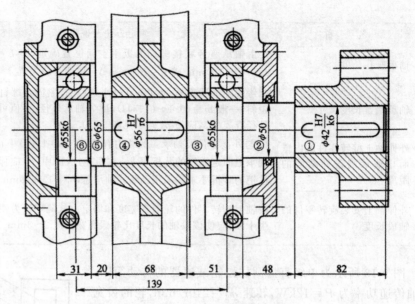

图 9-14　轴系部件结构图

滑,取轴承右端面与箱体内壁间距为 5mm,考虑采用油润滑,如为脂润滑应取更大些,故轴段⑤长度为 $L_5=15+5=20$mm;根据轴承内圈宽度 $B=29$mm,故取轴段⑥长度为 $L_6=31$mm;因两轴承相对齿轮对称布置,故取轴段③长度为 $L_3=2+20+29=51$mm;为保证联轴器不与轴承端盖联接螺钉相碰,并使轴承盖拆卸方便,联轴器左端面与端盖间应留适当的间隙,再考虑箱体和轴承端盖的尺寸,从而确定轴段②的长度,经查《机械零件设计手册》,取 $L_2=48$mm;根据联轴器轴孔长度 $L'_1=84$mm,见《机械零件设计手册》,本题选用弹性套柱销联轴器,型号为 LT7,J 型轴孔,取 $L_1=82$mm。

因此,全轴长 $L=82+48+51+68+20+31=300$mm。

（4）两轴承之间的跨距:因深沟球轴承的支反力作用点在轴承宽度的中点,故两轴承之间的跨距 $l=70+20\times2+14.5\times2=139$mm。

4）按弯扭组合进行强度校核

（1）绘制轴的计算简图:如图 9-15(a)所示,对轴系部件结构图进行简化,再对载荷进行简化,轴承一端视为活动铰链,另一端视为固定铰链,从动轴受力简图如图 9-15(b)所示。

（2）计算轴上的作用力如下。

从动轴上的转矩:

$$T=9.55\times10^6\frac{P}{n}=9.55\times10^6\times\frac{12}{240}=477500(\text{N·mm})$$

齿轮分度圆直径:

$$d=mz=5\times40=200(\text{mm})$$

齿轮的圆周力:

$$F_t=\frac{2T}{d}=2\times\frac{477500}{200}=4775(\text{N})$$

齿轮的径向力:

$$F_r=F_t\tan\alpha=4775\times\tan20°=1738(\text{N})$$

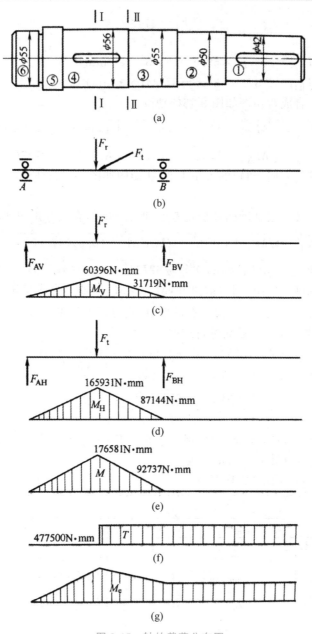

图 9-15　轴的载荷分布图

（3）垂直面的支反力和弯矩。垂直面的受力分析，如图 9-15(c)所示。
支点反力，对称布置，故

$$F_{AV} = F_{BV} = \frac{F_r}{2} = \frac{1738}{2} = 869(N)$$

Ⅰ—Ⅰ 截面：$M_{IV} = 869 \times 69.5 = 60396(N \cdot mm)$

Ⅱ—Ⅱ 截面：$M_{ⅡV} = 869 \times 36.5 = 31719(N \cdot mm)$

（4）水平面的支反力和弯矩。水平面的受力分析，如图 9-15(d)所示。
支点反力，对称布置，故

$$F_{AH} = F_{BH} = \frac{F_t}{2} = \frac{4775}{2} = 2387.5(\text{N})$$

I—I 截面：$M_{\text{I}H} = 2387.5 \times 69.5 = 165931(\text{N} \cdot \text{mm})$

II—II 截面：$M_{\text{II}H} = 2387.5 \times 36.5 = 87144(\text{N} \cdot \text{mm})$

（5）合成弯矩。合成弯矩图如图 9-15(e)所示。

I—I 截面：$M_{\text{I}} = \sqrt{M_{\text{I}V}^2 + M_{\text{I}H}^2} = \sqrt{60396^2 + 165931^2} = 176581(\text{N} \cdot \text{mm})$

II—II 截面：$M_{\text{II}} = \sqrt{M_{\text{II}V}^2 + M_{\text{II}H}^2} = \sqrt{31719^2 + 87144^2} = 92737(\text{N} \cdot \text{mm})$

（6）扭矩。在轴线方向，扭矩的大小不变，扭矩图如图 9-15(f)所示。

$$T = 477500\text{N} \cdot \text{mm}$$

（7）当量弯矩。转矩按脉动循环变化考虑，取 $\alpha = 0.6$，合成弯矩图如图 9-14(g)所示。

I—I 截面：$M_{\text{I}e} = \sqrt{M_{\text{I}}^2 + (\alpha T)^2} = \sqrt{176581^2 + (0.6 \times 47500)^2} = 336546(\text{N} \cdot \text{mm})$

II—II 截面：$M_{\text{II}e} = \sqrt{M_{\text{II}}^2 + (\alpha T)^2} = \sqrt{92737^2 + (0.6 \times 47500)^2} = 301135(\text{N} \cdot \text{mm})$

（8）校核轴的强度。由图 9-15(g)可知，$M_{\text{I}e} > M_{\text{II}e}$，轴上合成弯矩最大的截面在位于齿轮轮缘中点 I—I 截面处，此截面上有键槽，但仍可近似用 $W \approx 0.1d^3$ 计算；此外，由于轴径 $d_4 < d_3$，故也应对 II—II 截面进行校核。

$$\sigma_{\text{I}e} = \frac{M_{\text{I}e}}{W} = \frac{336546}{0.1 \times 56^3} = 19.2(\text{MPa})$$

$$\sigma_{\text{II}e} = \frac{M_{\text{II}e}}{W} = \frac{301135}{0.1 \times 55^3} = 18.1(\text{MPa})$$

由表 9-1 和表 9-4 查出，45 钢正火，当 $\sigma_b = 600\text{MPa}$ 时，$[\sigma_{-1b}] = 55\text{MPa}$，所以两个截面均满足 $\sigma_e < [\sigma_{-1b}]$，故设计的轴满足强度要求。

5）绘制轴的零件图，如图 9-16 所示。

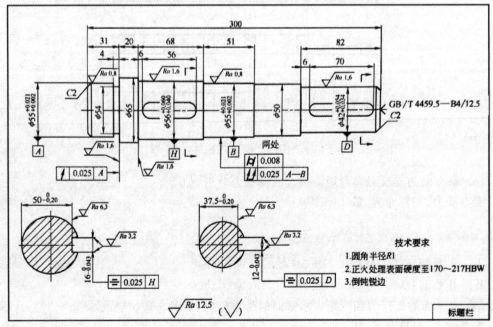

图 9-16 轴的零件图

9.6　本章实训——转轴的结构设计及强度校核

1. 实训目的

学会根据轴的功能、轴上零件及载荷情况进行轴的结构设计,校核轴的强度,并了解轴的其他应用。

2. 实训内容

根据第 5 章实训所得到的主要参数,包括齿轮所传递的扭矩、径向力、切向力或轴向力、转速、齿轮宽度,设计轴的结构及尺寸,校核危险截面的强度。

3. 实训过程

将第 5 章实训所得的主要结果作为本实训的已知参数,按表 9-8 的过程,设计轴的结构及尺寸,再对轴进行强度校核。

表 9-8　实训过程

步骤	目　　的	公　　式	备　　注
1	确定轴的材料		根据轴所受载荷的大小和性质、轴的重要性选择轴的材料
2	根据轴传递的功率 P、轴的转速 n、许用扭转切应力 $[\tau]$ 或计算常数 C 计算轴的直径 d	$d \geqslant \sqrt[3]{\dfrac{9.55 \times 10^6 P}{0.2[\tau]n}} = C\sqrt[3]{\dfrac{P}{n}}$	
3	根据轴在传动系统中的位置、轴上零件的数量和作用及相关尺寸,设计轴的结构和尺寸		设计轴的结构时,要确定轴上零件轴向、周向定位和固定方式,还要注意轴的结构工艺性
4	绘制轴的受力简图、进行受力分析、绘制轴的扭矩图和弯矩图、判断危险截面的位置		在没有确定轴承类型和型号时,可先估算支承处受力点的位置或由教师指定轴承类型,再查轴承标准,确定受力点位置
5	根据弯矩图、危险截面尺寸、载荷性质和材料许用弯曲应力,校核轴的弯曲疲劳强度	$\sigma_e = \dfrac{M_e}{W} = \dfrac{\sqrt{M^2 + (\alpha T)^2}}{0.1d^3} \leqslant [\sigma_{-1b}]$	根据弯矩图和轴的结构,确定一到两个危险截面进行计算

4. 实训总结

通过本章的实训,应学会根据轴上零件的载荷大小、载荷性质、零件在轴上的位置、零件的尺寸,设计轴的结构和尺寸,对轴进行强度校核。轴结构的设计过程是一个综合运用所学知识的比较复杂的学习过程,需要反复实践,不断完善。

嫦娥五号探月

嫦娥五号由国家航天局组织实施研制,是中国首个实施无人月面取样返回的月球探测器,为中国探月工程的收官之战。2020 年 12 月 17 日凌晨 1 时 59 分,嫦娥五号返回器携带月球样品成功着陆,任务获得圆满成功。嫦娥五号任务作为我国复杂度最高、技术跨度最大的航天系统工程,创造了五项中国首次,一是在地外天体的采样与封装,二是地外天体上的点火起飞、精准入轨,三是月球轨道无人交会对接和样品转移,四是携带月球样品以近第二宇宙速度再入返回,五是建立我国月球样品的存储、分析和研究系统。

想要采集到月球样品并送回地球,嫦娥五号全程需要完成两次发射、两次着陆、一次月轨交会对接,进行"绕月""落月""返回"全部工作,所以环绕器、着陆器、上升器、返回器四件套一个都不能少(图 9-17)。东西多,操作复杂,需要的燃料多,质量也就重。嫦娥五号四件套,总重直接飙升到了 8.2t,需要更大运力的长征五号火箭才能发射。

此次任务的成功实施,是我国航天事业发展中里程碑式的新跨越,标志着我国具备了地月往返能力,实现了"绕、落、回"三步走规划完美收官,为我国未来月球与行星探测奠定了坚实基础。

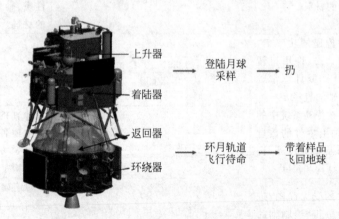

图 9-17　嫦娥五号探测器采样安排

练　习　题

1. 简答题

(1) 举例说明心轴、传动轴和转轴的受力特点。

(2) 轴上零件有哪几种轴向定位方式？应用特点是什么？

(3) 轴上零件有哪几种周向定位方式？应用特点是什么？

（4）简述轴上易出现应力集中的部位。

（5）简述提高轴的疲劳强度的方法。

2. 综合计算题

（1）传动轴材料为 45 钢，调质处理。轴传递的功率 $P=2\text{kW}$，转速 $n=450\text{r/min}$，试按纯扭转估算该轴的直径。

（2）如图 9-18 所示，已知滑轮直径 $D=500\text{mm}$，起吊重量 $Q=10\text{kN}$，轴的支点跨距 $l=250\text{mm}$，材料为 45 钢，调质处理。试求滑轮轴的直径，并画出轴的结构图。

（3）如图 9-19 所示，绘出单级斜齿圆柱齿轮减速器高速轴的弯矩图和扭矩图，并按许用弯曲应力校核轴的强度。已知高速轴上齿轮所受圆周力 $F_t=4480\text{N}$，径向力 $F_r=1699\text{N}$，轴向力 $F_a=1307\text{N}$，节圆直径 $d=300\text{mm}$，齿宽 $b=70\text{mm}$，轴上齿轮处的直径 $d=30\text{mm}$，材料的许用应力 $[\sigma_{-1b}]=55\text{MPa}$，扭矩按脉动循环考虑，两轴的跨距为 200mm。

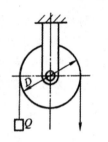 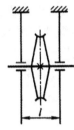 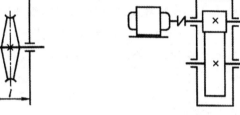

图 9-18　滑轮　　　　　　　图 9-19　单级直齿圆柱齿轮减速器

第**10**章

轴　承

学习目标

　　轴承是一种最常用的机器零件,用于支承做回转运动或摆动的构件。通过本章的学习,要求熟悉滚动轴承的类型和特点,滚动轴承的失效形式和设计准则;学会滚动轴承的寿命计算;学会根据实际情况选择滚动轴承类型和型号;了解滚动轴承的静载荷和极限转速;学会滚动轴承的组合设计;了解滚动轴承的固定、润滑和密封;了解滑动轴承的特点和应用。

重点与难点

　　◇ 滚动轴承的类型及应用特点;
　　◇ 滚动轴承的失效形式和设计准则;
　　◇ 滚动轴承的当量动载荷与寿命计算;
　　◇ 滚动轴承的组合类型及其应用特点;
　　◇ 滚动轴承的润滑与密封;
　　◇ 滑动摩擦的分类与特点。

案例导入

齿轮减速器中的滚动轴承

　　图 10-1 所示的轴系结构为带式输送机传动装置的减速器输出轴,轴的右端安装半联轴器用于连接卷筒轴,轴上安装有圆柱齿轮,齿轮两端有轴承。

　　轴承的功用是支承轴及轴上零件,保持轴的回转精度,减少转轴与支承之间的摩擦和磨损。轴承承受着轴作用于其上的力,轴承的各元件间还存在相对运动。在力和相对运动的作用下,轴承元件将产生疲劳破坏。因此,在设计轴系结构时,要对重要的轴承进行强度校核及其他必要的计算。

　　根据支承处相对运动表面的摩擦性质,轴承可分为两大类:滑动轴承与滚动轴承。本章主要介绍滚动轴承的类型、选择、强度计算和组合设计等,再简单介绍滑动轴承的类型、特点、结构和应用。

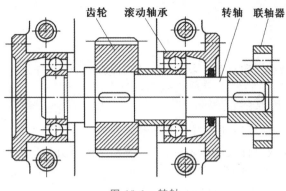

图 10-1 转轴

10.1 滚动轴承的构造、类型及代号

10.1.1 滚动轴承的构造

滚动轴承一般由内圈 1、外圈 2、滚动体 3 和保持架 4 组成,基本构造如图 10-2 所示。内圈装在轴颈上,内圈与轴的配合为基孔制。外圈安装在轴承座孔内,外圈与轴承座的配合为基轴制。多数情况下,外圈不转动,内圈与轴一起转动。内圈外表面和外圈内表面上均开有滚道。滚动体均匀分布在内圈与外圈之间的滚道内。保持架的作用是使各滚动体互不接触,且等距分布,以减少滚动体之间的摩擦和磨损。当轴转动时,内、外圈之间做相对回转运动,摩擦使滚动体沿滚道滚动。

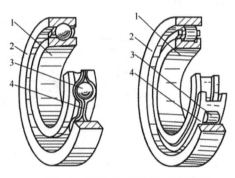

1—内圈;2—外圈;3—滚动体;4—保持架
图 10-2 滚动轴承的基本构造

滚动轴承的内、外圈和滚动体的材料,要求用耐磨性好、接触疲劳强度高的铬锰合金钢制造(如滚动轴承钢 GCr15、GCr15SiMn 等)。经热处理后,硬度一般为 60~65HRC,工作表面需经磨削、抛光。保持架一般用低碳钢冲压后经铆接或焊接而成,也有用有色金属或塑料制成的。

为适应某些特殊要求,对材料和结构的要求也不尽相同。有些滚动轴承还要附加其他特殊元件或采用特殊结构,如轴承无内圈或外圈、带有防尘密封结构或在外圈上加止动环等。

滚动轴承具有摩擦阻力小、启动灵敏、效率高、回转精度高、润滑简便和装拆方便等优点,广泛应用于各种机器和机构中。滚动轴承为标准零部件,由轴承厂批量生产,设计者可以根据需要直接选用。

10.1.2 滚动轴承的类型及特点

通常可按公称接触角、滚动体形状和调心性对滚动轴承进行分类。

1. 按公称接触角分类

公称接触角 α 是指轴承滚动体与套圈接触处的公法线与垂直于轴线的径向平面之间的夹角,按承受载荷方向或公称接触角 α 的不同,滚动轴承可分为向心轴承和推力轴承。

(1)向心轴承:主要承受径向载荷,按公称接触角 α 的大小不同,向心轴承又分为径向接触轴承和向心角接触轴承。①径向接触轴承 $\alpha=0°$,有的径向接触轴承只能承受径向载荷,有的同时还可以承受不大的轴向载荷(结构见表 10-1);②向心角接触轴承 $0°<\alpha\leqslant45°$,如图 10-3(a)所示,可同时承受径向载荷和轴向载荷,承受轴向载荷的能力取决于 α 的大小,α 越大,承受轴向载荷的能力越强。

(2)推力轴承:以承受轴向载荷为主,径向载荷为辅,按 α 的大小,推力轴承又可分为轴向接触轴承和推力角接触轴承。①轴向接触轴承 $\alpha=90°$,可承受轴向载荷(结构见表 10-1);②推力角接触轴承 $45°<\alpha<90°$,如图 10-3(b)所示,可同时承受轴向载荷和径向载荷,径向载荷的大小与 α 的大小有关。

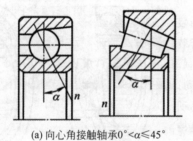

(a) 向心角接触轴承 $0°<\alpha\leqslant45°$ (b) 推力角接触轴承 $45°<\alpha<90°$

图 10-3 角接触轴承的公称接触角

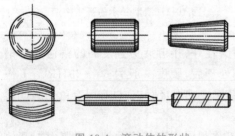

图 10-4 滚动体的形状

2. 按滚动体形状分类

按滚动体形状的不同(图 10-4),可将轴承分为球轴承和滚子轴承。球轴承滚动体的形状为球体;滚子轴承滚动体的形状为滚子,有圆柱滚子、圆锥滚子、球面滚子、螺旋滚子、针形滚子等。

3. 按调心性分类

按工作时是否能调心,滚动轴承可分为调心轴承和非调心轴承。调心轴承的内外圈轴线之间的允许偏斜角较大;非调心轴承的内外圈轴线之间的允许偏斜角很小或为零。

4. 综合分类

常用滚动轴承的基本类型见表 10-1。

表 10-1　滚动轴承的类型、性能和特点

轴承类型及简图符号		结构简图	示意简图与载荷方向	代号	基本额定动载荷比	极限转速比	内外圈轴线间允许的偏斜角	结构性能特点
调心球轴承				10000	0.6～0.9	中	2°～3°	主要承受径向载荷,也能承受较小的双向轴向载荷。内外圈之间在 2°～3°范围内可自动调心
调心滚子轴承				20000	1.8～4	低	0.5°～2°	其性能与调心球轴承类似,但承载能力和刚性比调心球轴承大
圆锥滚子轴承				30000	1.5～2.5	中	2′	可同时承受径向和单向轴向载荷,外圈可分离,安装时便于调整轴承间隙,一般成对使用
推力球轴承	单列			51000	1	低	0°	单列可承受单向轴向载荷,双列可承受双向轴向载荷。套圈可分离,极限转速低,不宜用于高速
	双列			52000				
深沟球轴承				60000	1	高	8′～16′	主要承受径向载荷,也能承受一定的双向轴向载荷。价格低廉,应用最广
角接触球轴承				70000C ($\alpha=15°$)	1.0～1.4	高	2′～10′	可同时承受径向载荷及单向轴向载荷。接触角 α 越大,则轴向承载能力越大,一般成对使用
				70000AC ($\alpha=25°$)	1.0～1.3			
				70000B ($\alpha=40°$)	1.0～1.2			
圆柱滚子轴承				N0000	1.5～3	高	2′～4′	有一个套圈可以分离,由于内外圈允许有一定的相对轴向移动,不能承受轴向载荷,能承受较大的径向载荷,刚性好
				NU0000				

　　注:① 基本额定动载荷比是指同一尺寸系列各类轴承的基本额定动载荷与深沟球轴承的基本额定动载荷之比,对于推力轴承,则与单向推力球轴承相比;

　　② 极限转速比是指同一系列各类轴承的极限转速与深沟球轴承的极限转速相比(脂润滑,0 级精度),比值介于 90%～100%为高,60%～90%为中,60%以下为低。

10.1.3　滚动轴承的代号

　　国标 GB/T 272—2017 规定了滚动轴承代号的表示方法。轴承代号由基本代号、前置代号和后置代号三部分构成,使用字母加数字来描述滚动轴承的类型、尺寸、公差等级和结构特点。轴承代号通常打印在轴承的端面上,具体表示方法见表 10-2。

表 10-2　滚动轴承代号

前置代号	基 本 代 号			后 置 代 号
	类 型 代 号	尺寸系列代号	内径代号	
字母	数字或字母	数字	数字	字母(或加数字)
成套轴承的分部件	×(或××) 类型代号	×　　× 宽/高度　直径 系列　　系列 代号　　代号	×× 内径代号	内部结构改变 密封、防尘与外部形状变化 保持架结构及材料改变、轴承材料改变 公差等级和游隙组别 其他

1. 基本代号

基本代号是核心部分,由类型代号、尺寸系列代号和内径代号组成。

(1) 类型代号:由一位(或两位)数字或英文字母表示,其相应的轴承类型见表10-1。

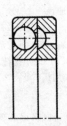 

(a) 宽度系列　(b) 直径系列

图 10-5　轴承的尺寸系列

(2) 尺寸系列代号:由两位数字组成。前一个数字表示向心轴承的宽度或推力轴承的高度;后一个数字表示轴承的外径。两者组合使用后,表示同一内径轴承具有不同的外径和宽度,如图 10-5 所示。如向心轴承的直径系列代号为 7 表示超特轻;8、9 表示超轻;0、1 表示特轻;2 表示轻;3 表示中;4 表示重;5 表示特重。宽度系列代号为 0 表示窄型,可以省略;1 表示正常;2 表示宽;3、4、5、6 表示特宽。组合代号可查有关手册和标准。

(3) 内径代号:由数字组成。当轴承的内径在 20 ~ 480mm 范围内(22mm、28mm、32mm 除外),用内径的毫米数除以 5 的商数表示;内径为 10mm、12mm、15mm 和 17mm 的轴承内径代号分别为 00、01、02 和 03;内径为 22mm、28mm 和 32mm 和尺寸等于或大于 500mm 的轴承,其内径代号直接用公称内径毫米数表示,但在与尺寸系列代号之间用"/"分开;内径小于 10mm 的轴承内径代号表示方法可查阅 GB/T 272—2017。

2. 前置代号和后置代号

前置代号和后置代号是轴承在结构形状、尺寸、公差、技术要求等有改变时,在其基本代号左右添加的补充代号。

(1) 前置代号:前置代号在基本代号的左面,用英文字母表示。

(2) 后置代号:后置代号在基本代号的右面,表示轴承内部结构、密封防尘与套圈变形、保持架及其材料、轴承材料、公差等级、游隙组别、配置安装代号等要求。

前置、后置代号的具体含义可参阅 GB/T 272—2017 或有关手册。

例如,轴承 62708/P5 中的各代号为:6—深沟球轴承;2—宽度系列(宽);7—直径系列(超特轻);08—内径为 40mm;P5—公差等级为 5 级。

轴承 21212 中的各代号为：2—调心滚子轴承；1—宽度系列（正常）；2—直径系列（轻）；12—内径为 60mm；公差等级未注，表示为 0 级。

10.2　滚动轴承类型的选择

10.2.1　影响轴承承载能力的参数

1. 游隙

内、外圈滚道与滚动体之间的间隙称为游隙，即为当一个座圈固定时，另一个座圈沿径向或轴向的最大移动量（通常用 u 表示），如图 10-6 所示。游隙可影响轴承的回转精度、寿命、噪声和承载能力等。

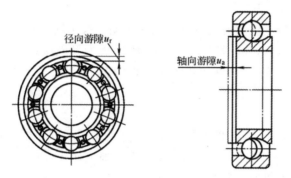

径向游隙u_r
轴向游隙u_a

轴承的游隙

图 10-6　轴承的游隙

2. 极限转速

滚动轴承在一定载荷和润滑条件下，允许的最高转速称为极限转速。滚动轴承转速过高会使摩擦面间产生高温，使润滑失效，从而导致滚动体退火或胶合而产生破坏。各类轴承极限转速数值可查轴承手册得出。

3. 偏斜角

安装误差或轴的变形等都会引起轴承内外圈中心线发生相对倾斜，其倾斜角 δ 称为偏斜角，如图 10-7 所示。各类轴承的允许偏斜角见表 10-1。

4. 接触角

由轴承结构类型决定的接触角称为公称接触角。当深沟球轴承（$\alpha = 0°$）只承受径向力时，其内外圈不会做轴向移动，故实际接触角保持不变。如果有轴向力 F_a 作用时（图 10-8），其实际接触角增大至 α_1，不再与公称接触角相同。对角接触轴承而言，α 值越大则轴承承受轴向载荷的能力也越大。

接触角的
变化

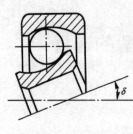

图 10-7　轴承的偏斜角

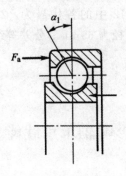

图 10-8　接触角的变化

10.2.2　滚动轴承类型的选择

各类轴承的基本特点已在表 10-1 中进行了说明。选用轴承时,首先是选择类型。选择轴承类型应考虑多种因素,如轴承所受载荷的大小、方向及性质;轴向的固定方式;转速与工作环境;调心性能要求;经济性和其他特殊要求等。滚动轴承的选型原则可概括如下。

1. 载荷条件

轴承承受载荷的大小、方向和性质是选择轴承类型的主要依据。载荷较大时应选用线接触的滚子轴承;承受纯轴向载荷时通常选用推力轴承;主要承受径向载荷时应选用深沟球轴承;同时承受径向和轴向载荷时应选用角接触轴承;当轴向载荷比径向载荷大很多时,常用推力轴承和深沟球轴承的组合结构;承受冲击载荷时宜选用滚子轴承。应该注意推力轴承不能承受径向载荷,圆柱滚子轴承不能承受轴向载荷。

2. 调心性条件

在轴的加工和装配过程中,会产生轴承座孔的平行度误差和同轴度误差;工作时,轴在径向和切向载荷作用下会产生弯曲变形,从而使两支点上的轴承内外圈轴线之间产生了一定的偏斜。图 10-9 所示为几种常见的偏斜情况。轴承内、外圈轴线间的偏斜角应控制在极限值之内,否则会增加轴承的附加载荷而降低其寿命。对于刚度差或安装精度较差的轴组件,宜选用调心轴承,如调心球轴承、调心滚子轴承。

3. 转速条件

选择轴承类型时应注意其允许的极限转速 $n_{\lim}$,当转速较高且回转精度要求较高时,应选用球轴承。当工作转速较高,而轴向载荷不大时,可选用角接触球轴承或深沟球轴承。对高速回转的轴承,为减小滚动体施加于外圈滚道的离心力,宜选用外径和滚动体直径较小的轴承。若工作转速超过轴承的极限转速,可通过提高轴承的公差等级、适当加大其径向游隙等措施来满足要求。一般情况下,推力轴承的极限转速较低。

4. 安装、调整条件

3 系列(圆锥滚子轴承)和 N 系列(圆柱滚子轴承)的内外圈可分离,便于装拆。为方便安装在长轴上轴承的装拆和紧固,可选用带内锥孔和紧定套的轴承,调整间隙比较方便,如图 10-10 所示。

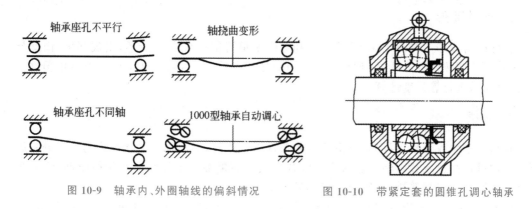

图 10-9 轴承内、外圈轴线的偏斜情况   图 10-10 带紧定套的圆锥孔调心轴承

5. 成本条件

一般情况下,球轴承比滚子轴承的价格便宜。同型号轴承,精度越高,价格越昂贵。因此在选择轴承的精度时,不可随意提高轴承的精度。各类轴承的价格比可参考有关生产厂家提供的样本及价格。同型号不同精度的轴承比价大约为 P0：P6：P5：P4≈1：1.5：1.8：6。

10.3 滚动轴承的失效形式和设计准则

10.3.1 滚动轴承的受载情况分析

以深沟球轴承为例进行分析,如图 10-11 所示。轴承承受径向载荷 F_r 时,各滚动体承受载荷的大小是不同的。处于最低位置的滚动体承受的载荷最大。随着轴承内圈相对于外圈的转动,滚动体也随着运动。轴承元件所受的载荷呈周期性变化,即各元件在交变接触应力下工作。

10.3.2 滚动轴承的失效形式

滚动轴承的失效形式主要有三种:疲劳点蚀、塑性变形和磨损。

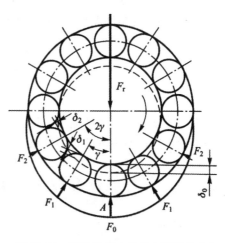

图 10-11 滚动轴承内部径向载荷的分布

1. 疲劳点蚀

滚动体和套圈滚道在交变接触应力的作用下会发生疲劳点蚀,是滚动轴承的主要失效形式。点蚀使轴承在运转中产生振动和噪声,回转精度降低且工作温度升高,使轴承丧失正常的工作能力。为防止点蚀需要进行疲劳寿命计算。

2. 塑性变形

在静载荷或冲击载荷作用下,滚动体和套圈滚道可能产生塑性变形,出现凹坑,由此导致摩擦增大、回转精度降低,使轴承产生剧烈的振动和噪声,不能正常工作。为防止塑性变形,需对轴承进行静强度计算。

3. 磨损

轴承在多尘或密封不可靠、润滑不良的条件下工作时,滚动体或套圈滚道易产生磨粒磨损。当轴承在高速重载运转时还会产生胶合失效。如果轴承工作转速小于极限转速,并采取良好的润滑和密封等措施,胶合一般不易发生。

此外,由于配合不当、拆装不合理等非正常原因,轴承的内、外圈可能会发生破裂,应在使用和装拆轴承时充分注意这一点。

10.3.3　滚动轴承的设计准则

在选择滚动轴承类型后要确定其型号和尺寸,为此需要针对轴承的主要失效形式进行计算,设计准则如下。

(1) 对于一般转速的轴承,即 $10r/min < n < n_{lim}$,如果轴承的制造、保管、安装、使用等条件均良好,轴承的主要失效形式为疲劳点蚀,因此应以疲劳强度计算为依据,进行轴承的寿命计算。

(2) 对于高速轴承,除疲劳点蚀外,工作表面过热而导致的磨损和烧伤也是重要的失效形式,因此除需进行寿命计算外,还应验算极限转速。

(3) 对于低速轴承,即 $n < 1r/min$,可近似地认为轴承各元件是在静应力作用下工作的,其失效形式为塑性变形,应进行以不发生塑性变形为准则的静强度计算。

10.4　滚动轴承的寿命计算

在一般条件下工作的轴承,只要轴承类型选择合适,能正确安装与维护,绝大多数轴承是因为疲劳点蚀而报废的。因此滚动轴承的型号选择主要取决于疲劳强度的要求。

10.4.1　基本额定寿命和基本额定动载荷

1. 寿命

滚动轴承的内、外圈或滚动体中的任一元件的材料首次出现疲劳点蚀扩展迹象之前,轴承所经历的总转数,或轴承在恒定转速下的总工作小时数称为轴承的寿命。

2. 可靠度

在同一工作条件下运转的一组近于相同的轴承能达到或超过某一规定寿命的百分率,称为轴承寿命的可靠度。

3. 基本额定寿命

一批相同型号的轴承,在同样的工作条件下其寿命并不相同,最低与最高寿命相差可达数十倍。基本额定寿命是指一批型号完全相同的轴承,在相同的条件下运转,90%的轴承未发生疲劳点蚀前运转的总转数,用 L_{10} 表示;或在恒定转速下运转的总工作小时数,用 L_{10h} 表示。按基本额定寿命选用轴承时,可能有 10%以内的轴承提前失效,也可能有 90%以上的轴承超过预期寿命。而对单个轴承而言,能达到或超过此预期寿命的可靠度为 90%。

4. 基本额定动载荷

轴承抵抗点蚀破坏的承载能力可由基本额定动载荷表示,基本额定寿命 10^6 r,即 $L_{10} = 1$(单位为 10^6 r)时轴承能承受的最大载荷称为基本额定动载荷,用符号 C 表示。换言之,轴承在基本额定动载荷的作用下,运转 10^6 r 而不发生点蚀失效的轴承寿命可靠度为 90%。如果轴承的基本额定动载荷大,则抗疲劳点蚀的能力强。基本额定动载荷对于向心轴承而言是指径向载荷,称为径向基本额定动载荷 C_r;对于推力轴承而言是指轴向载荷,称为轴向基本额定动载荷 C_a。各种类型、各种型号轴承的基本额定动载荷值可在轴承标准中查得。

5. 基本额定静载荷

轴承受载后,承受载荷最大的滚动体与滚道接触处产生的接触应力(该应力会使永久塑性变形量之和为滚动体直径的万分之一)为规定的最大允许值时,轴承所承受的载荷称为滚动轴承的基本额定静载荷,以 C_0 表示(对于向心轴承为径向额定静载荷 C_{0r};对于推力轴承为轴向额定静载荷 C_{0a})。

10.4.2 当量动载荷

当轴承受到径向载荷 F_r 和轴向载荷 F_a 的复合作用时,需将实际工作载荷转化为等效的当量动载荷 P。P 的含义是轴承在当量动载荷 P 作用下的寿命与在实际工作载荷条件下的寿命相等。当量动载荷的计算公式为

$$P = f_P(XF_r + YF_a) \tag{10-1}$$

式中:f_P 为载荷系数,是考虑机器工作时振动、冲击对轴承寿命影响的系数,见表 10-3;X、Y 为径向系数和轴向系数,见表 10-4。

在计算当量动载荷时,由于 X、Y 系数在轴承型号、尺寸确定之后才能选取,所以必须先初步估取某一型号、尺寸,然后才进行寿命计算,待计算结束选定型号、尺寸后,再与初估的型号、尺寸比较,修改计算。

对于只承受纯径向载荷的向心轴承,其当量动载荷为

$$P = f_P F_r \tag{10-2}$$

对于只承受纯轴向载荷的推力轴承，其当量动载荷为

$$P = f_P F_a \tag{10-3}$$

表 10-3 载荷系数 f_P

载荷性质	机器举例	f_P
无冲击或轻微冲击	电动机、水泵、通风机、空调机	1.0～1.2
中等冲击振动	车辆、机床、传动装置、起重机、内燃机、减速机、冶金机械	1.2～1.8
强大冲击振动	破碎机、轧钢机、石油钻机、振动筛	1.8～3.0

表 10-4 当量动载荷的 X、Y 系数

轴承类型 名 称	轴承类型 类型代号	$\dfrac{F_a}{C_{0r}}$	e	单列轴承 $F_a/F_r \leqslant e$ X	单列轴承 $F_a/F_r \leqslant e$ Y	单列轴承 $F_a/F_r > e$ X	单列轴承 $F_a/F_r > e$ Y	双列轴承（或成对安装单列轴承） $F_a/F_r \leqslant e$ X	双列轴承（或成对安装单列轴承） $F_a/F_r \leqslant e$ Y	双列轴承（或成对安装单列轴承） $F_a/F_r > e$ X	双列轴承（或成对安装单列轴承） $F_a/F_r > e$ Y
调心球轴承	1	—	$1.5\tan\alpha$	—	—	—	—	1	$0.42\cot\alpha$	0.65	$0.65\cot\alpha$
调心滚子轴承	2	—	$1.5\tan\alpha$	—	—	—	—	1	$0.45\cot\alpha$	0.67	$0.67\cot\alpha$
圆锥滚子轴承	3	—	$1.5\tan\alpha$	1	0	0.4	$0.4\cot\alpha$	1	$0.45\cot\alpha$	0.67	$0.67\cot\alpha$
深沟球轴承	6	0.014	0.19				2.30				2.3
		0.028	0.22				1.99				1.99
		0.056	0.26				1.71				1.71
		0.084	0.28				1.55				1.55
		0.11	0.30	1	0	0.56	1.45	1	0	0.56	1.45
		0.17	0.34				1.31				1.31
		0.28	0.38				1.15				1.15
		0.42	0.42				1.04				1.04
		0.56	0.44				1.00				1.00
角接触球轴承	7 $\alpha=15°$	0.015	0.38				1.47		1.65		2.39
		0.029	0.40				1.40		1.57		2.28
		0.058	0.43				1.30		1.46		2.11
		0.087	0.46				1.23		1.38		2.00
		0.12	0.47	1	0	0.44	1.19	1	1.34	0.72	1.93
		0.17	0.50				1.12		1.26		1.82
		0.29	0.55				1.02		1.14		1.66
		0.44	0.56				1.00		1.12		1.63
		0.58	0.56				1.00		1.12		1.63
	$\alpha=25°$	—	0.68	1	0	0.41	0.87	1	0.92	0.67	1.41

注：① C_{0r} 为径向基本额定静载荷，由产品目录中查出。

② α 的具体数值按不同型号轴承由产品目录或有关手册中查出。

③ e 为判别轴向载荷对当量动载荷影响程度的参数。

10.4.3 滚动轴承的寿命计算

轴承的载荷 P 与寿命 L 之间的关系曲线如图 10-12 所示，其公式为

$$P^{\varepsilon}L_{10} = 常数 \tag{10-4}$$

式中：P 为当量动载荷，N；L_{10} 为基本额定寿命，10^6 r；ε 为寿命系数，球轴承 $\varepsilon = 3$，滚子轴承 $\varepsilon = 10/3$。

由于轴承基本额定寿命为 100 万转（10^6 r）时的基本额定动载荷为 C，所以由式（10-4）得到

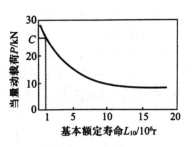

$$P^{\varepsilon}L_{10} = C^{\varepsilon} \cdot 1$$

所以寿命公式为

$$L_{10} = \left(\frac{C}{P}\right)^{\varepsilon} \tag{10-5}$$

图 10-12 滚动轴承的 P-L 曲线

由于滚动轴承的基本额定动载荷是在工作温度小于 100℃下确定的，所以当工作温度大于 100℃时，应引入温度系数 f_T，以考虑由于工作温度过大造成的滚动轴承的工作能力降低的影响。若同时以工作时数表示寿命，则由式（10-5）可得轴承寿命校核公式：

$$L_{10h} = \frac{10^6}{60n}\left(\frac{f_T C}{P}\right)^{\varepsilon} \geqslant [L_h] \tag{10-6}$$

式中：L_{10h} 为轴承的寿命，h；n 为轴承的工作转速，r/min；f_T 为温度系数，见表 10-5；$[L_h]$ 为轴承的预期寿命，h，应根据机械具体要求而定或参考表 10-6。

表 10-5　滚动轴承的温度系数

轴承的工作温度/℃	≤100	125	150	175	200	225	250	300
f_T	1.0	0.95	0.9	0.85	0.8	0.75	0.7	0.6

表 10-6　轴承预期寿命 $[L_h]$ 的推荐值

机 器 种 类		预期寿命/h
不经常使用的仪器及设备		500
航空发动机		500～2000
间断使用的机器	中断使用不会引起严重后果的手动机械、农业机械等	4000～8000
	中断使用会引起严重后果，如升降机、输送机、吊车等	8000～12000
每天工作 8h 的机器	利用率不高的齿轮传动、电机等	12000～20000
	利用率较高的通风设备、机床等	20000～30000
连续工作 24h 的机器	一般可靠性的空气压缩机、电机、水泵等	50000～60000
	高可靠性的电站设备、给排水装置等	>100000

式（10-6）还可以改写为以基本额定动载荷 C 表示：

$$C \geqslant \frac{P}{f_T}\left(\frac{60n[L_h]}{10^6}\right)^{\frac{1}{\varepsilon}} \tag{10-7}$$

式（10-7）是轴承设计公式，可以计算出在给定载荷及工作温度下，所选轴承的基本额定动载荷的最小值。然后通过查轴承手册，确定轴承型号和尺寸，使所选滚动轴承的基本额定动载荷大于由式（10-7）计算出的数值。

【例 10-1】　一水泵选用深沟球轴承,已知轴的直径 $d=35\text{mm}$,转速 $n=2900\text{r}/\text{min}$,轴承所受径向载荷 $F_r=2300\text{N}$,轴向载荷 $F_a=540\text{N}$,工作温度正常,要求轴承预期寿命 $[L_h]=5000\text{h}$,试选择轴承型号。

解：(1) 求当量动载荷 P

根据式(10-1)得　　　　　　　　$P=f_P(XF_r+YF_a)$

查表 10-3 得 $f_P=1.1$,式中径向载荷系数 X 和轴向载荷系数 Y 要根据 F_a/C_{0r} 值查取。C_{0r} 是轴承的径向额定静载荷,未选轴承型号前暂不知道,故用试算法计算,根据表 10-4,暂取 $F_a/C_{0r}=0.028$,则 $e=0.22$。由

$$\frac{F_a}{F_r}=\frac{540}{2300}=0.235 > e=0.22$$

查表 10-4 得 $X=0.56$,$Y=1.99$,则

$$P_1=f_P(XF_r+YF_a)=1.1\times(0.56\times2300+1.99\times540)=2600(\text{N})$$

(2) 计算所需的径向额定动载荷 C_r

由式(10-7)可得

$$C_r=\frac{P}{f_T}\left(\frac{60n[L_h]}{10^6}\right)^{\frac{1}{\varepsilon}}=\frac{2600}{1}\times\left(\frac{60\times2900\times5000}{10^6}\right)^{\frac{1}{3}}=24820(\text{N})$$

(3) 选择轴承型号

根据直径为 $d=35\text{mm}$,查附录 2,选择 6307 轴承,其额定动载荷 $C_r=33200\text{N} > 24820\text{N}$,满足寿命条件;查得 $C_{0r}=19200$,有 $F_a/C_{0r}=540/19200=0.0281$,与初定值相近,所以选用的深沟球轴承 6307 合适。

10.4.4　角接触轴承轴向力的计算 *

角接触轴承在承受纯径向载荷时会产生内部轴向力 F_s,轴向力的计算见表 10-7,力的大小与轴承的类型、接触角和径向载荷的大小有关,计算时不能忽略内部轴向力对轴承寿命的影响。角接触轴承所承受的轴向总载荷,可通过力的平衡关系求得。

表 10-7　角接触轴承的内部轴向力

轴承类型	角接触球轴承			圆锥滚子轴承 30000 型
	70000C 型	70000AC 型	70000B 型	
F_s	eF_r	$0.68F_r$	$1.14F_r$	$F_r/2Y$

注：e 查表 10-4；Y 为圆锥滚子轴承的轴向载荷系数。

角接触轴承与圆锥滚子轴承通常都是成对使用的,安装时,或面对面,或背对背。面对面安装时,轴承的内部轴向力的方向互相指向对方;背对背安装时,轴承的内部轴向力的方向互相背离。

图 10-13(a)是用面对面安装的一对向心角接触球轴承支承的斜齿圆柱齿轮轴。齿轮传动时,斜齿轮作用于轴上径向力为 F_R 和轴向力为 F_A,由径向力 F_R 在两轴承处产生的径向反力为 F_{r1} 和 F_{r2},相应的内部轴向力为 F_{s1} 和 F_{s2},轴及轴承的受力简图如图 10-13(b)所示。

为分析简单方便,将内部轴向力与轴向力 F_A 方向一致的轴承设为轴承 I,另一个设为

轴承Ⅱ,则各轴承所受的总的轴向载荷的计算公式有两种。

(1) 当 $F_{s1}+F_A \geqslant F_{s2}$ 时,此时轴有向右移动的趋势,如图 10-13(c)所示。轴承Ⅱ被"压紧",轴承Ⅰ被"放松",被"压紧"的轴承Ⅱ需承受轴向力 F_A 与内部轴向力 F_{s1} 合力,而被"放松"的轴承Ⅰ只需承受自己产生的内部轴向力 F_{s1}。

所以,作用于两轴承上的总轴向载荷分别为

$$F_{a1}=F_{s1} \qquad F_{a2}=F_{s1}+F_A \tag{10-8}$$

式中:F_{a1} 为轴承Ⅰ所受的总的轴向载荷,N;F_{a2} 为轴承Ⅱ所受的总的轴向载荷,N。

(2) 当 $F_{s1}+F_A < F_{s2}$ 时,此时轴有向左移动的趋势,轴承Ⅰ被"压紧",轴承Ⅱ被"放松",如图 10-13(d)所示。被"压紧"的轴承Ⅰ要承受内部轴向力 F_{s2} 与轴向力 F_A 之差。而被"放松"的轴承Ⅱ只需承受自己产生的内部轴向力 F_{s2}。

所以,作用于两轴承上的总轴向载荷分别为

$$F_{a1}=F_{s2}-F_A \qquad F_{a2}=F_{s2} \tag{10-9}$$

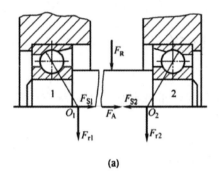

(a)

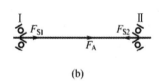

(b)

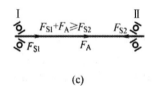

(c)

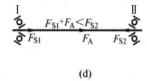

(d)

图 10-13　向心角接触轴承的轴向力

对于背靠背安装的角接触轴承,只要使内部轴向力与作用于轴上的轴向力 F_A 方向一致的轴承设为轴承Ⅰ,另一个设为轴承Ⅱ,则轴承所承受的总轴向载荷的计算式(10-8)与式(10-9)同样适用。

上面分析中的条件及公式同样适用于圆锥滚子轴承的总轴向载荷的计算。

综上所述,计算角接触轴承或圆锥滚子轴承的总轴向载荷时,根据轴系结构,画出受力简图,根据作用于轴的轴向力与轴承内部轴向力的方向和大小,判别轴承的"压紧"端和"放松"端。"压紧"端轴承总的轴向载荷等于所有外轴向力(包括外部轴向载荷和另一轴承的内部轴向力)的代数和,"放松"端轴承的轴向力等于其本身的内部轴向力。

【例 10-2】　如图 10-13(b)所示,面对面安装的一对角接触轴承,按下面两种已知条件:

(1) 轴向力 $F_A=5000$N,内部轴向力 $F_{s1}=4000$N,$F_{s2}=7000$N;

(2) 轴向力 $F_A=2000$N,内部轴向力 $F_{s1}=4000$N,$F_{s2}=7000$N。

分别求两轴承的轴向载荷 F_{a1} 和 F_{a2}。

解：（1）因为内部轴向力 F_{s1} 与轴向力 F_A 的方向一致，所以应该将轴承Ⅰ的内部轴向力 F_{s1} 与轴向力 F_A 之和与轴承Ⅱ的内部轴向力 F_{s2} 比较。因为

$$F_{s1} + F_A = 4000 + 5000 = 9000 > F_{s2} = 7000(\text{N})$$

所以轴承Ⅱ被"压紧"，轴承Ⅰ被"放松"。根据式(10-8)有

$$F_{a1} = F_{s1} = 4000\text{N}$$

$$F_{a2} = F_{s1} + F_A = 4000 + 5000 = 9000(\text{N})$$

（2）同理，应该将轴承Ⅰ的内部轴向力 F_{s1} 与轴向力 F_A 之和与轴承Ⅱ的内部轴向力 F_{s2} 比较。因为

$$F_{s1} + F_A = 4000 + 2000 = 6000 < F_{s2} = 7000(\text{N})$$

所以轴承Ⅰ被"压紧"，轴承Ⅱ被"放松"。根据式(10-9)有

$$F_{a1} = F_{s2} - F_A = 7000 - 2000 = 5000(\text{N})$$

$$F_{a2} = F_{s2} = 7000\text{N}$$

10.5　滚动轴承的静载荷计算与极限转速

为防止在过大的静载荷或冲击载荷作用下轴承产生的塑性变形，应对轴承作静载荷计算。

10.5.1　滚动轴承的静载荷

1. 当量静载荷

当轴承实际承受的载荷与确定额定静载荷时的性质、条件不同时，应将实际载荷折算成当量静载荷。当量静载荷为一假定的载荷，在当量载荷的作用下，滚动轴承和套圈接触处产生的塑性变形量之和与实际载荷作用下产生的塑性变形量相等（或在当量静载荷作用下，受载最大的滚动体与内外圈滚道的接触应力与实际接触应力相等）。当量静载荷以 P_0 表示，其计算公式为

$$P_0 = X_0 F_r + Y_0 F_a \tag{10-10}$$

式中：X_0、Y_0 为滚动轴承静载荷的径向系数和轴向系数，可查表 10-8。

表 10-8　静载荷的 X_0、Y_0 系数

轴承类型	代号	单列轴承		双列轴承（或成对使用）	
		X_0	Y_0	X_0	Y_0
深沟球轴承	60000	0.6	0.5	0.6	0.5
调心球轴承	10000	0.5	$0.22\cot\alpha$	1	$0.44\cot\alpha$
调心滚子轴承	20000	0.5	$0.22\cot\alpha$	1	$0.44\cot\alpha$
角接触球轴承	70000C	0.5	0.46	1	0.92
	7000AC	0.5	0.38	1	0.76
圆锥滚子轴承	30000	0.5	$0.22\cot\alpha$	1	$0.44\cot\alpha$

续表

轴承类型	代号	单列轴承		双列轴承(或成对使用)	
		X_0	Y_0	X_0	Y_0
推力轴承	50000	2.3tanα	1	2.3tanα	1
	80000				

注:α 值根据轴承型号由轴承手册查取。

2. 静载荷的计算

静载荷的计算公式为

$$S_0 P_0 \leqslant C_0 \tag{10-11}$$

式中:C_0 为轴承的基本额定静载荷,可查轴承手册;S_0 为许用安全系数,可查表 10-9。

表 10-9 静载荷的许用安全系数 S_0

工 作 条 件	S_0
旋转精度和平稳性要求高或受强大冲击载荷的轴承	1.2~2.5
一般情况下的轴承	0.8~1.2
旋转精度低,允许摩擦力矩大,没有冲击振动的轴承	0.5~0.8

10.5.2 滚动轴承的极限转速

轴承所允许的最高转速与轴承的类型、尺寸、结构、载荷、润滑及工作游隙等条件有关。对于运转速度较高的轴承,为防止摩擦面之间产生的高温破坏油膜,从而影响润滑剂的性能,并导致滚动体回火或胶合失效,需进行滚动轴承的极限转速验算。

极限转速是指滚动轴承在一定的载荷、润滑条件下所允许的最高转速,极限转速可根据轴承的型号、尺寸,从有关的轴承手册中查得。滚动轴承的转速条件为

$$n \leqslant n_{\lim} \tag{10-12}$$

式中:n 为轴承的转速,r/min;$n_{\lim}$ 为轴承的极限转速,r/min。

10.6 滚动轴承组合设计

为了保证轴及轴上零件的正常工作,除了合理地确定轴承的类型和尺寸外,轴承设计的主要任务之一就是轴承的组合设计。需要考虑的问题有:轴承与轴和轴承座的安装固定及调整,轴的热膨胀补偿,轴承游隙的调整,轴承的预紧、润滑和密封等。

10.6.1 滚动轴承的安装方式

对受纯径向载荷的轴,可取两个径向接触轴承对称配置;对于同时承受径向载荷与轴向载荷的轴,一般采用双支承结构,每个支承由 1~2 个轴承组成,轴向载荷可以由单个支承或两个支承共同承担。当选用角接触轴承时,由于每个轴承只能承受单向的轴向载荷,所以

两个支承一般选用同型号、同尺寸的轴承,每个轴承各自承担一个方向的载荷。角接触滚动轴承沿轴向的安装方式有以下两种形式。

1. 正安装(面对面安装)

两角接触滚动轴承外圈的窄端面相对安装时称为正安装,如图 10-14(a)所示。一般机器多采用正安装,因为轴承间隙靠外圈调节,正安装的装拆、调整比较方便。正安装时,轴的跨度减小,可以提高轴的刚度。但当轴受热膨胀时,两轴肩会分别带动轴承内圈向外移动,使轴承游隙减小,甚至卡死,所以角接触滚动轴承采用正安装方式时,要考虑轴承轴向游隙的调整和工作温度的高低。

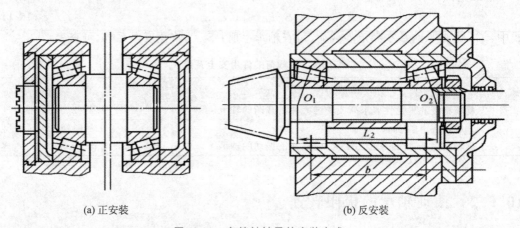

(a) 正安装　　　　　　　　　　　(b) 反安装

图 10-14　角接触轴承的安装方式

2. 反安装(背对背安装)

两角接触滚动轴承外圈的宽端面相对安装时称为反安装,如图 10-14(b)所示。反安装配置中,两轴承的压力中心 O_1O_2 之间的距离较大,即跨度增大,降低了轴的刚度。但轴的外伸端的长度减小,对轴的外伸端来说,提高了刚性。反安装时,轴承与轴承座、轴承与轴的安装、拆卸和调整较难,在轴受热伸长时,轴承的游隙会增大。为了提高轴承的运转精度,安装时应减小或消除轴承的轴向游隙。

10.6.2　滚动轴承支承的轴系结构

机器中的轴通常与轴上零件以及轴承的内圈同步转动,轴和轴上零件的轴向位置是靠轴承来定位和固定的。轴系工作时,轴和轴承相对于支座不允许有相对径向位移,也不应该产生相对轴向位移。但考虑到轴受热后的伸长,应使轴及轴上零件在适当的范围内有较小的轴向自由伸缩。普通机械中轴系的支承结构通常有以下几种基本类型。

1. 两端固定支承

两个支点处的轴承的内圈分别与轴接触,外圈分别与端盖接触,每个轴承限制了一个方向轴的轴向位移,适用于工作温度不高且长度较短的轴的支承。

图 10-15 是采用两个深沟球轴承的两端固定支承结构,分别靠两端轴承端盖的内侧端

面顶住轴承外圈的外端面。其中一个支承端的轴承外圈与轴承座采用较松的配合,外圈端面和轴承端盖间留有适当的空隙 c(一般取 $0.2 \sim 0.4 \mathrm{mm}$),以使轴受热伸长时,轴承不致被"顶死"。

　　图 10-16 是采用正安装的两个圆锥滚子轴承的支承,每个轴承对轴都起单向固定作用。安装时,可以通过改变调整垫片厚度的方法来调整轴承外圈的轴向位置,改变轴承的游隙,以满足设计要求。

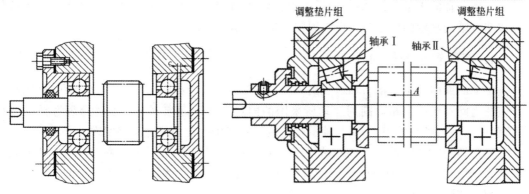

图 10-15　两端固定支承图　　　　图 10-16　两个圆锥滚子轴承两端单向固定支承

2.　固定-游动支承

　　一个支点轴承限制轴的双向轴向位移,称为固定支承;另一个支点轴承可以沿轴向移动,称为游动支承。固定-游动支承的运转精度高,对各种条件的适应性强,在各种机床主轴、工作温度较高的蜗杆轴及跨距较大的长轴支承中得到广泛的应用。

　　图 10-17 是采用两个深沟球轴承的单支点双向固定支承结构。左支承轴承为双向固定,右支承轴承可以沿轴向移动。为此,游动端轴承的外圈与轴承座孔应采用较松的配合,轴承外端面与轴承盖端面之间也应留有较大的间隙 c(一般为 $3 \sim 8 \mathrm{mm}$),以满足轴向游动的需要。

3.　双游动支承

　　若两个支承端的轴承外圈的两边都留有一定的间隙,或轴承的内、外圈可以做相对轴向位移,则属于双游动支承。图 10-18 所示支承采用两个外圈无挡圈的圆柱滚子轴承,轴上的

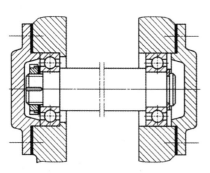

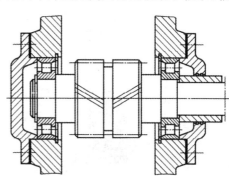

图 10-17　固定-游动支承　　　　　　图 10-18　双游动支承

零件为"人"字齿轮。两轴承的外圈双向固定于轴承孔中,轴承的内圈固定于轴上,轴承内圈及滚子可随轴做双向轴向移动,轴的轴向位置由与该"人"字齿轮相啮合的另一个"人"字齿轮的轴向位置确定。

10.6.3 滚动轴承的固定

为保证轴的正常工作,需使轴承的内圈与轴、轴承的外圈与轴承座孔的位置关系保持相对固定。滚动轴承的固定分为周向固定和轴向固定。

1. 滚动轴承的周向固定

轴承的周向固定是指当轴承受到圆周力的作用时,为保证轴承的内圈与轴颈、外圈与轴承座孔之间不致产生相对圆周运动所采用的固定方法。周向固定可通过合理选择配合种类,使轴承的内圈与轴颈、外圈与轴承座孔装配时产生一定的过盈量来实现。

通常轴是转动的,轴颈与轴承的配合为稍紧的过渡配合,轴承的外圈与轴承座孔之间的配合为较松的过渡配合。若轴是固定的,轴承座孔是转动的,则轴颈与轴承的配合为较松的过渡配合,轴承的外圈与轴承座孔之间的配合为较紧的过渡配合。

2. 滚动轴承的轴向固定

轴承的轴向固定是指当轴承受到轴向力的作用时,为保证轴承的内圈与轴颈、外圈与轴承座孔之间不致产生轴向相对位移所采用的固定方法。

轴承的轴向固定方法较多,轴承内圈的常用轴向固定方式见表 10-10,轴承外圈的常用轴向固定方式见表 10-11。

表 10-10　轴承内圈轴向固定方式

名　称	简　图	结　构　特　点
轴肩固定		用轴肩顶住轴承内圈端面,结构简单,装拆方便,占用空间小,可用于两端固定支承中
弹性挡圈固定		用轴肩和弹性挡圈实现轴承内圈的轴向双向固定,结构简单,装拆方便,占用空间小,可承受不大的双向轴向载荷,多用于向心轴承结构
轴端挡圈固定		用轴肩和轴端挡圈实现内圈双向固定,螺钉用弹性垫圈和铁丝防松,适用于轴端不宜切制螺纹或空间受限的场合

名　称	简　图	结 构 特 点
圆螺母固定		用圆螺母和止动垫圈实现轴承内圈固定,结构简单,装拆方便,止动垫圈防松,安全可靠,适用于高速、重载的轴承
紧定套固定		依靠紧定锥形套的径向压缩而夹紧在轴上,实现轴承内圈的轴向固定,可调整轴承的轴向位置和径向游隙,装拆方便,多用于调心球轴承的内圈紧固,适用于不便加工轴肩的多支点轴的轴承

表 10-11　轴承外圈轴向固定方式

名　称	简　图	结 构 特 点
端盖固定		利用端盖窄端面 A,顶住轴承外端面,结构简单,紧固可靠,调整方便
箱体挡肩固定		用箱体上的挡肩 A,固定轴承外圈的一个端面,结构简单,工作可靠,但箱体加工较为复杂
弹性挡圈固定		用弹性挡圈嵌在箱体槽中,以固定轴承外圈,结构简单,装拆方便,占用空间小,多用于向心轴承,能承受较小的轴向载荷
套筒挡肩固定		用套筒上的挡肩和轴承端盖双向轴向定位,结构简单,箱体可为通孔,易加工,用垫片可调整轴系的轴向位置,装配工艺性好,但增加了一个加工精度要求较高的套筒零件
调节杯固定		外圈用调节杯和螺钉轴向固定,便于调节轴承游隙,用于角接触轴承的轴向固定和调节

10.6.4　轴承组合的调整

在机械设计中,通常一些重要零部件需要留有调整空间,并设计相应结构,以使零件能够准确定位。对于轴承组合来说,可分为轴向间隙的调整和轴上零件位置的调整。

1. 轴向间隙的调整

在两端固定支承和固定-游动支承中,为补偿轴受热后的伸长,保证轴承不致卡死,在设计时,应使轴承端面和轴承端盖之间留有一定的间隙。这个间隙是在轴系零件装配以后形成的。为保证这个间隙的形成,而又不提高轴系零件轴向尺寸的加工精度,通常在设计时,考虑为装配工作采用以下一些调整措施。

(1)调整垫片如图 10-19(a)所示,增减轴承端盖与机座结合面之间的垫片厚度进行调整。

(2)调整环如图 10-19(b)所示,增减轴承端面和压盖间的调整环的厚度进行调整。

(3)调节压盖如图 10-19(c)所示,用螺钉调节可调压盖(调节杯)的轴向位置。

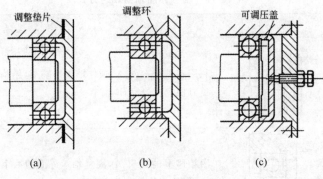

(a)　　　　　　　　(b)　　　　　　　　(c)

图 10-19　轴向间隙的调整

2. 轴上零件位置的调整

在某些机器部件中,轴上的零件需要准确的轴向位置,可以通过调整轴承的轴向位置而达到。如图 10-20(a)所示,蜗杆传动要求蜗轮的主平面通过蜗杆轴线,因此整个轴系需要做轴向调整。如图 10-20(b)所示,锥齿轮传动要求两锥齿轮的节锥顶点重合,其中一锥齿轮传动轴需要做轴向调整。如图 10-20(c)所示,整个锥齿轮轴系位置可以通过增减垫片 1 的厚度得以改变,垫片 2 则是用来调整轴承的轴向游隙的。

轴系位置的调整

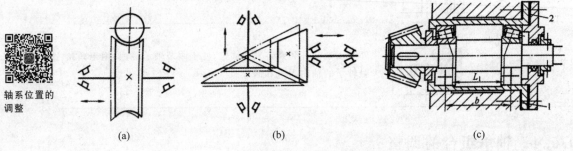

(a)　　　　　　　　(b)　　　　　　　　　　(c)

图 10-20　轴系位置的调整

3. 滚动轴承的游隙

滚动轴承的游隙可分为径向游隙 u_r 和轴向游隙 u_a，分别表示在无外载荷作用时，一个套圈固定，另一个套圈沿径向或轴向从一个极限位置到另一个极限位置的移动量，如图 10-6 所示。游隙过大，影响轴承的运转精度；游隙过小，轴承摩擦增大，工作温度上升，影响轴承的寿命。径向游隙标注在轴承后置代号中，共分 1、2、0、3、4、5 六组，以字母 C 和游隙组别数字表示，如 C3 表示游隙符合标准规定的 3 组(详见 GB/T 272—2017)。如无特殊说明，则表示选用的是游隙符合标准规定的 0 组(C0)。根据使用需要，也可选用游隙量放大或减小的不同组别。

4. 滚动轴承的预紧

滚动轴承的预紧是指在滚动轴承未工作时，对轴承采用某种措施，使其内、外圈和滚动体上保持一定的预加轴向或径向载荷，以消除轴承游隙，并使滚动体和内、外套圈之间产生预变形。目的是增加轴承刚度，减小轴承工作时的振动，提高轴的旋转精度。轴承预紧常用方式如图 10-21 所示。

图 10-21(a)为在轴承的内(或外)套圈之间加一金属垫片，图 10-21(b)为磨窄某一套圈的宽度，使轴承在受一定轴向力后产生预变形，从而得到顶紧。

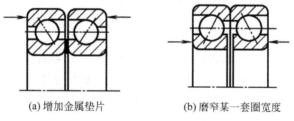

(a) 增加金属垫片   (b) 磨窄某一套圈宽度

图 10-21　轴承的定位预紧

10.6.5　滚动轴承的安装与拆卸

设计轴的结构时，需考虑滚动轴承的装拆问题。通常滚动轴承的装配可以采用铜锤轻打或压力机压入，也可以采用温差法将轴承加热，内径增大后立即安装到轴颈上。不论采用什么方法安装，都应使压力均匀地作用在套圈的端面上，不允许使滚动体受力。

滚动轴承的拆卸可用压力机或专用拆卸工具拆卸。拆卸器如图 10-22 所示。用拆卸器拆卸滚动轴承时，需使其钩头钩住轴承内圈端面，所以轴颈处的轴肩高度不能过大，拆卸轴承所需的轴肩高度可参阅《滚动轴承手册》。

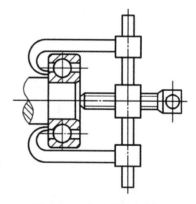

图 10-22　滚动轴承拆卸器

10.7　滚动轴承的润滑与密封

10.7.1　滚动轴承润滑方法及润滑剂的选择

为保证滚动轴承正常工作,减小滚动轴承因摩擦所造成的功率损失及磨损,需对轴承用的润滑剂和润滑方法进行合理选择。滚动轴承常用润滑剂有油润滑和脂润滑两大类。一般速度高的轴承都采用油润滑,脂润滑一般用于速度较低的滚动轴承。

1. 润滑方法的选择

滚动轴承常用油润滑方法有油浴(浸油)润滑、飞溅润滑、喷油(循环油)润滑和油雾润滑等。

(1)油浴润滑。也称浸油润滑,是把轴承局部浸入润滑油中,油面不应高于最低滚动体的中心。油浴润滑对润滑油的搅动阻力大,能量损失大,不适用于高速传动。

(2)飞溅润滑。这是一般闭式齿轮传动装置中常用的轴承润滑方式。靠齿轮的转动把箱体油池中的油甩到轴承内,或经过箱壁上的沟槽把油引入到轴承中去。

(3)喷油润滑。用油泵将润滑油增压,通过油管和机体中特制的油孔,经喷嘴将油喷入到轴承内。流过轴承的润滑油经过滤、冷却后再循环使用。适用于高速、重载、要求润滑可靠的轴承。

(4)油雾润滑。用经过过滤和脱水的压缩空气,经雾化器将油雾化并通入轴承。用于dn值大于6×10^{5} mm·r/min的滚动轴承,其中d为轴承内径,n为转速。这种方法的冷却作用较好,可节约润滑油,但油雾散逸在空气中,污染环境。需用油气分离器收集处理油雾或用通风措施排出废气。

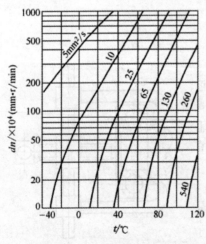

图 10-23　润滑油的黏度值

2. 润滑剂的选择

采用油润滑时,若速度高、温度低,则应选择黏度值低的润滑油。选择润滑油时可根据dn值和工作温度按图 10-23 选择润滑油应具有的黏度值,然后根据此黏度值从润滑油产品目录中选出相应的润滑油牌号。

采用脂润滑时,应根据工作温度、速度和工作环境进行选择。常用润滑脂及其特点见表 10-12。

滚动轴承使用的润滑剂和润滑方法的选用原则是使轴承工作时建立一定厚度和一定面积的油膜且尽量减小摩擦功率损失。在实际工程中,通常以轴承的内径d和转速n的乘积值(dn)作为选择润滑方式的参考依据。选择时可参考表 10-13。

表 10-12　滚动轴承常用润滑脂及其特点和应用

种　类	特　　点	适　用　场　合
钙基润滑脂	不溶于水、滴点低	温度较低（<70℃），环境潮湿的场合
钠基润滑脂	耐高温，易溶于水	温度较高（<120℃），环境干燥的场合
钙钠基润滑脂	滴点较高，略溶于水	温度较高（70~100℃），环境较潮湿的场合
锂基润滑脂	滴点高，抗水性高，低温使用性能好	重载，工作温度变化大（−20~120℃）环境的场合

注：滴点是指在规定的条件下，将润滑脂加热至从容器口中滴下第一滴时的温度。

表 10-13　适用于脂润滑和油润滑的 _dn_ 值界限　　单位：10^4 mm·r/min

轴承类型	脂润滑	油　润　滑			
		油浴	飞溅	喷油	油雾
深沟球轴承	16	25	40	60	>60
调心球轴承	16	25	40		
角接触球轴承	16	25	40	60	>60
圆柱滚子轴承	12	25	40	60	>60
圆锥滚子轴承	10	16	23	30	
调心滚子轴承	8	12		25	
推力球轴承	4	6	12	15	

3. 润滑装置

常用润滑装置如图 10-24 所示。

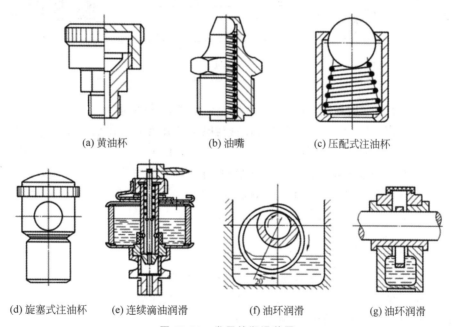

(a) 黄油杯　　　　(b) 油嘴　　　　(c) 压配式注油杯

(d) 旋塞式注油杯　(e) 连续滴油润滑　(f) 油环润滑　(g) 油环润滑

图 10-24　常用的润滑装置

喷油润滑和油雾润滑都需要油泵、油嘴、油循环和过滤系统。飞溅润滑则无须这些润滑设备。在开式传动中或难以采用上述润滑方法的闭式传动中，可以在轴承处开注油孔，并装上油嘴,定期地用油枪或油壶将润滑油注入油嘴中对轴承进行润滑。

采用脂润滑的滚动轴承可在装配时将润滑脂填入到轴承中的部分空间内。在轴承的适当部位设置油杯或油嘴,定期补充润滑脂。

10.7.2　轴承的密封

滚动轴承的密封阻断闭式传动中内部与外部的直接接触,防止外部灰尘、水及杂物侵入,并阻止润滑剂从轴承处流失。按密封件与轴接触与否,密封形式可分为接触式密封和非接触式密封两大类。接触式密封包括毡圈密封、密封圈密封等,主要用于速度不是很高的场合。非接触式密封包括油沟密封、甩油密封和迷宫式密封等,主要用于速度较高的场合。

1. 接触式密封

(1)毡圈密封。将矩形或梯形断面的毡圈填入轴承端盖中的梯形槽内,使毡圈直接接触轴,以封住轴与端盖之间的缝隙,达到密封的目的。毡圈密封结构简单,便于安装、加工,由于该种密封属于接触式密封且毡圈对轴的压紧力较小,故使用寿命较短,密封效果较差,轴的粗糙度高时,损坏较快。毡圈密封装置一般用于低速脂润滑或低速油润滑,常见结构如图10-25所示。

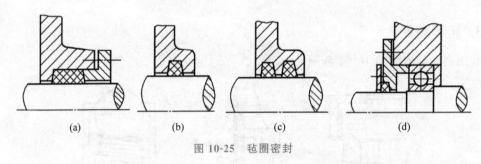

(a)　　　　　(b)　　　　　(c)　　　　　(d)

图 10-25　毡圈密封

(2)密封圈密封。密封圈是标准件,材料为耐油橡胶、塑料或皮革。使用时安装在机座端盖中的槽内,依靠材料本身的弹性或装在密封圈上的弹簧套紧在轴上起密封作用。

密封圈的断面可根据需要做成不同的形式,有O形、U形、J形等。O形密封圈结构简单,装拆方便。U形和J形密封圈具有唇形结构,有的具有金属外壳。若成对使用,则既可防止润滑剂外泄,又可防止外部的灰尘和水等杂质进入,具有较好的密封作用。密封圈可用于相对滑动速度较大时的轴承密封,其结构如图10-26所示。

2. 非接触式密封

(1)油沟密封。属于非接触式密封。油沟指轴承端盖孔壁上的环形沟槽,轴承端盖孔与轴表面之间一般留有0.1～0.3mm的间隙。在油沟及间隙内填满润滑脂,可以起到密封作用。该种密封方式一般用于脂润滑轴承,如图10-27(a)所示。

(2)甩油密封。如图10-27(b)、(c)所示。在轴上装一个环,把欲向外流失的油沿径向甩开,再经过轴承端盖上的油腔流回到轴承内。

(3)迷宫式密封。属于非接触式密封,利用离心作用和虹吸作用使润滑油通过静止件

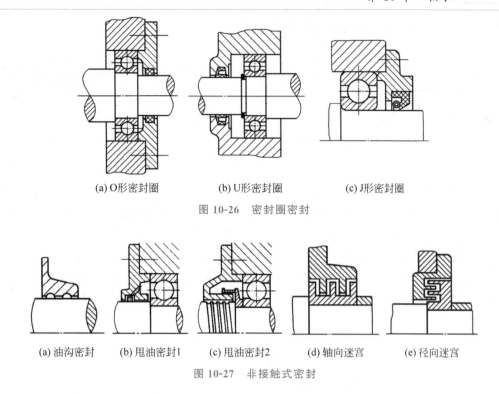

(a) O形密封圈　　　　(b) U形密封圈　　　　(c) J形密封圈

图 10-26　密封圈密封

(a) 油沟密封　(b) 甩油密封1　(c) 甩油密封2　(d) 轴向迷宫　(e) 径向迷宫

图 10-27　非接触式密封

与转动件之间的迷宫返回到箱体内,从而达到密封的目的。迷宫的静止件与转动件之间的间隙一般为 0.2～0.5mm,中间可以填充润滑脂。迷宫式密封具有很好的防潮和防尘效果,用于转速较高且箱体内压力不大的轴承润滑。构成迷宫的两个构件有时必须做成剖分式结构,否则无法安装,如图 10-27(d)、(e)所示。

若将不同的密封装置加以组合使用,则称为综合密封。将甩油密封与迷宫式密封组合,可以获得很好的密封效果。还有许多其他密封效果良好的方法,可以参阅有关资料。

10.8　滑动轴承

在高速、重载、高精度、轴承结构要求剖分、尺寸要求直径很大或很小的场合,以及在低速、有较大冲击的机械(如水泥搅拌机、破碎机等)中,不便使用滚动轴承,应使用滑动轴承。滑动轴承中的滑动摩擦,会使构件发热,能量损耗加大,传动效率降低。摩擦还会造成零件的磨损,缩短零件的使用寿命。因此在设计滑动轴承时,应设法减小滑动轴承接触表面的摩擦系数,选用减摩性、耐磨性好的轴承材料,采用合适的润滑剂和润滑方式,以减小滑动轴承的摩擦和磨损对轴的传动精度和传动效率的影响。

10.8.1　滑动摩擦、磨损与润滑

1. 摩擦与磨损

不同的滑动轴承工作时,轴与轴承之间接触面的摩擦状态也是不同的。滑动摩擦可分

为干摩擦、流体摩擦、边界摩擦和混合摩擦,如图 10-28 所示。

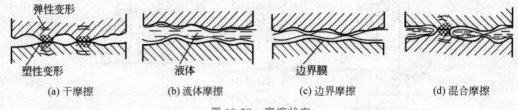

(a) 干摩擦　　　　(b) 流体摩擦　　　　(c) 边界摩擦　　　　(d) 混合摩擦

图 10-28　摩擦状态

干摩擦状态下的两摩擦表面直接接触,磨损严重、发热量大、零件寿命短,滑动轴承应避免处于纯干摩擦状态。流体摩擦状态下的两摩擦表面被一流体介质层完全隔开,是较为理想的状态,但流体摩擦需要在一定的条件下才能实现。边界摩擦状态下的两摩擦表面被吸附在表面上的流体边界膜隔开,可以有效地降低摩擦系数,从而减小两接触表面的磨损和发热量。混合摩擦状态是干摩擦、边界摩擦和流体摩擦的混合状态,摩擦性质主要取决于边界摩擦状态,与干摩擦相比,混合摩擦状态可以有效地降低摩擦表面间的摩擦系数,减小磨损和降低发热量。

通常机械设备中的运动副至少要处于混合摩擦或边界摩擦状态,以使滑动轴承能够达到一定的使用寿命。由于边界摩擦、流体摩擦和混合摩擦都是在一定的润滑条件下才得以实现的,故又可分别称为边界润滑、流体润滑和混合润滑。

运转部位接触表面间的摩擦将导致零件表面材料的逐渐损失,形成磨损。磨损会影响机器的使用寿命,降低工作的可靠性与效率,甚至会使机器提前报废。因此,在设计时应预先考虑如何避免或减轻磨损,以保证机器达到设计寿命。

2. 润滑

为减轻机械运转部位接触表面间的磨损,常在摩擦副间加入润滑剂将两表面分隔开,这种措施称为润滑。润滑的主要作用有:降低摩擦,减少磨损,防止腐蚀,提高效率,改善机器运转状况,延长机器的使用寿命。

工业生产实际中最常用的润滑剂有润滑油、润滑脂,此外,还有固体润滑剂(如二硫化铝、石墨等)、气体润滑剂(如空气等)。

1) 润滑油

润滑油是使用最广泛的润滑剂,可以分为三类:一类是有机油,通常是指动、植物油;二类是矿物油,主要是指石油产品;三类是化学合成油。因矿物油来源充足,成本低廉,稳定性好,实用范围广,故多采用矿物油作为润滑油。

衡量润滑油性能的一个重要指标是黏度。黏度不仅直接影响摩擦副的运动阻力,而且对润滑油膜的形成及其承载能力有决定性作用,是选择润滑油的主要依据。黏度可用动力黏度、运动黏度、条件黏度三项指标来表示,润滑油的牌号以运动黏度来划分。对于工业用润滑油,国家标准(GB/T 3141—1994)规定 40℃温度条件下的润滑油按运动黏度分为 5、7、10、15、22、32 等 20 个牌号。牌号的数值越大,油的黏度越高,即越稠。

选用润滑油主要是确定润滑油的种类与牌号。一般是根据机械设备的工作条件、载荷和运转速度,先确定合适的黏度范围,再选择适当的润滑油品种。选择的原则是:载荷较大或变载、冲击的场合,加工粗糙或未经磨合的表面,应选黏度较高的润滑油;转速较高,载荷较小,采用压力循环润滑、滴油润滑的场合,宜选用黏度低的润滑油。

2）润滑脂

在润滑油中加入增稠剂制成润滑脂。按增稠剂种类不同,可分为钙基、钠基、锂基润滑脂。用合成油为基础油制成的润滑脂称为合成脂。润滑脂的黏着性好,正常工作时不漏油,密封性能好,使用方便。但摩擦阻力大,不适用于相对运动速度较高的场合,可用于转速较低的轴承的润滑。

选用润滑脂的性能指标主要是锥入度和滴点。锥入度是衡量润滑脂黏稠程度的指标,数值越大,表明润滑脂的流动性越大。滴点是指在规定的条件下,将润滑脂加热至从容器口中滴下第一滴时的温度。

3）固态润滑剂

固态润滑剂的品种较多,主要有石墨、二硫化钼、动物蜡、聚四氟乙烯、聚氯氟乙烯、尼龙和某些软金属(如铅、锡、铟等)。固态润滑剂通常用于自润滑轴承,其可以用于汽车、家电、办公机械和视听产品中。

4）气态润滑剂

气态润滑剂包括空气、水蒸气、氢气、氮气、液态金属蒸汽和其他工业气体,常用的是普通空气。气体的摩擦阻力小,滑动表面的温升低,特别适用于高温条件。气体黏度低,黏度随温度变化小,能在极低或极高温度的环境中使用。但摩擦表面间的气膜厚度和承载能力较小,一般气态润滑剂用于轻载、高温或低温、高速等场合。

10.8.2　滑动轴承的主要类型和结构

与滚动轴承一样,滑动轴承也要根据载荷的方向和性质设计成不同的类型和结构,以满足各种工作要求,但滑动轴承不是标准件。

1. 向心滑动轴承

向心滑动轴承一般由轴承座、轴套或轴瓦、润滑装置和密封装置组成。轴承座可以做成独立结构(图 10-29),也可以利用机器箱体上的凸缘或机器的其他部分做成(图 10-30)。轴承座顶部一般留有安装油杯的螺纹孔,以便润滑轴承。轴承要安装在箱体上轴承座孔内。

按照结构拆装和调心的需要,向心滑动轴承分为整体式、剖分式、嵌入式和自动调心式等。

1）整体式结构

图 10-29(a)所示为整体式滑动轴承。轴承座通常采用铸铁材料,轴套采用减摩性好的材料,轴套镶入轴承座中,并开有油孔及油沟,以便将润滑油输入至摩擦面上。

整体式滑动轴承结构简单,价格较低,常用于轻载、低速工作的机器上,磨损后产生的间隙较大时,很难再调整间隙。装拆时,要使轴或轴承做较大的轴向移动,才能使轴承安装在轴或机座上。

2）剖分式结构

图 10-29(b)所示为剖分式滑动轴承。轴承座和轴瓦均采用剖分结构。轴承座分成轴承盖和轴承座两部分,用螺栓联接在一起,为定位方便和防止工作时的错动,接合面常做成阶梯形。安装剖分式轴承时,可以先将轴承盖打开,待装入轴后再将轴承盖装上,克服了整

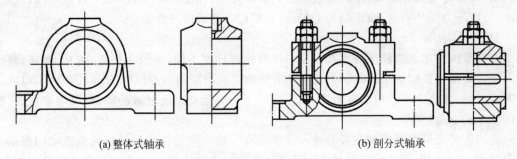

(a) 整体式轴承　　　　　　　　　　　　　　(b) 剖分式轴承

图 10-29　滑动轴承的基本结构

体式轴承装拆不便的缺点,轴承间隙可以在一定范围内调整,因此使用较普遍。

3) 嵌入式结构

如图 10-30 所示,直接将轴套嵌入到箱体上,常用于体积较小的机器上以及不宜独立设置轴承座的场合。

4) 自动调心式结构

如图 10-31 所示,轴套外表面做成球状,与轴承座内表面相配合。当轴有弯曲变形或轴线不对中时,轴瓦能自动调心。主要用于刚度较小的结构和轴承宽度 B 与轴颈直径 d 之比(宽径比 B/d)大于 1.5 的轴承。

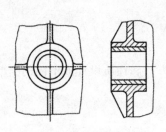

图 10-30　嵌入箱体的轴承

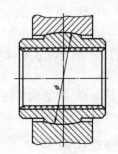

图 10-31　自动调心轴承

2. 推力滑动轴承

常用结构如图 10-32 所示,轴承的承载面和轴上的止推面都是平面。图 10-32(a) 所示为实心端面推力轴承,结构最简单,止推面外部磨损大,靠近轴心处的磨损小。为改善这种结构的缺点,常将轴颈设计为环形(图 10-32(b))或空心端面(图 10-32(c))。如轴承承受的载荷较大,可做成多环式轴颈(图 10-32(d))。

10.8.3　轴套结构和轴承材料

1. 轴套与油沟

1) 轴套(轴瓦)结构

当轴的转速较低、载荷较小且轴的重要性较低时,滑动轴承可不用轴套,直接在箱壁或

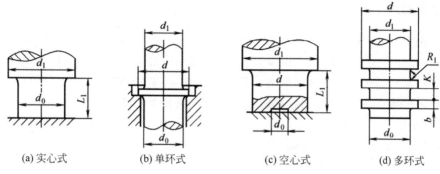

(a) 实心式　　　(b) 单环式　　　(c) 空心式　　　(d) 多环式

图 10-32　普通推力滑动轴承简图

机架上加工出轴承孔。当对摩擦表面有减摩性能要求时,滑动轴承应镶入用减摩材料做成的轴套,若采用剖分式结构,习惯称之为轴瓦。

　　轴套或轴瓦可用单一材料制成,也可用多层金属复合制成,以便节约贵重金属、改善材料表面摩擦性质。轴套或轴瓦内层称为轴承衬,外层称瓦背。图 10-33(a)是整体式轴套,用同一种材料制成;图 10-33(b)是用同一种材料制成的剖分式轴瓦。

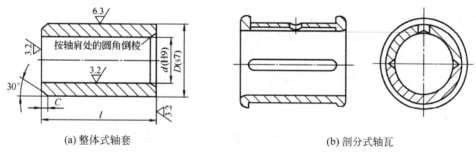

(a) 整体式轴套　　　　　　　　　　　(b) 剖分式轴瓦

图 10-33　轴套和轴瓦结构

2) 供油孔、油沟和油室

　　供油孔的作用是向滑动轴承摩擦表面供应润滑油。为使润滑油均匀地流到轴承工作表面,对宽径比较大的轴承,可在轴套或轴瓦内表面开设油沟和油室。

　　图 10-34 所示为常用油沟分布形式。轴瓦上的纵向油沟也可开在剖分面上(图 10-35)。油孔和油沟应开在非承载区,以免降低油膜承载能力。环状油沟成半环状,纵向油沟长度应小于轴瓦宽度,不允许穿透轴瓦两端,以免润滑油从油沟端部流失。

　　对于液体动压润滑轴承,在轴承的摩擦表面还要开有油室,用于贮油和稳定供油。

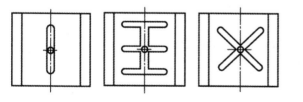

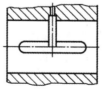

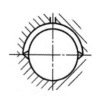

图 10-34　油沟的分布图　　　　　图 10-35　开在轴瓦剖分面上的纵向油

2. 轴承材料

轴瓦(轴套)和轴承衬的材料统称为轴承材料。非液体摩擦滑动轴承工作时,因轴瓦与轴颈直接接触并有相对运动,将产生摩擦并发热,故常见的失效形式是磨损、胶合和疲劳破坏。因此,轴承材料应具有足够的强度和良好的塑性、减摩性(对润滑油的吸附性强,摩擦系数小)、耐磨性、磨合性(指经短期轻载运转后能消除表面不平度,使轴颈与轴瓦表面相互吻合),以及易于加工等性能。

轴承材料有金属材料、粉末冶金材料、非金属材料三类。

1) 金属材料

(1) 轴承合金(又称巴氏合金、白合金)是由锡、铅、锑、铜等组成的合金,减摩性、耐磨性、顺应性、嵌藏性、跑合性都很好,但价格较高、强度较低,常用作轴承衬材料。

(2) 铜合金是传统的轴瓦材料,品种很多,可分为青铜和黄铜两类。常用的锡青铜强度高,减摩性和耐磨性都很好。铅青铜有较好的抗胶合能力且强度高,但顺应性、减摩性、嵌藏性稍差,一般用作轴承衬材料。铸造黄铜减摩性不及青铜,但易于铸造和加工,常用于低速轴承。

(3) 铸铁有普通灰铸铁、球墨铸铁等,铸铁轴瓦价格低廉,常用在轻载、低速场合。

2) 粉末冶金材料

粉末冶金材料是由铜、铁、石墨等粉末经压制、烧结而成的多孔隙轴瓦材料,常用于制作轴套。适用于轻载、低速和加油不方便的场合。

3) 非金属材料

可用作轴瓦的非金属材料有工程塑料、硬木、橡胶和石墨等,其中工程塑料用得最多。

常用轴承材料的牌号、性能和应用范围可查阅《机械设计手册》。

10.9 本章实训——齿轮减速器中滚动轴承的选择及寿命计算

1. 实训目的

学会滚动轴承的选择、寿命计算,滚动轴承的组合设计。

2. 实训内容

根据第 9 章实训主要参数(包括轴支承处的直径、各分力的大小和方向、轴转速、载荷性质和工作寿命等),确定轴承类别和型号,对所选轴承进行寿命校核,并进行轴承组合结构设计。

3. 实训过程

将第 9 章实训结果作为本实训的已知参数,选择轴承,进行寿命计算,具体计算过程可参考例 10-1;进行轴承组合结构设计,参考 10.6 节。

4. 实训总结

通过本章实训,应学会根据已知参数和实际结构,选择轴承的类别和型号,对轴承进行寿命计算,学会轴承的组合设计。设计过程可能遇到经过寿命校核计算后,不满足要求的情况。这就需要重新确定轴承的型号,再进行寿命校核计算。

通过实训,可以了解到:在工程实际中,轴承型号的选择,一般都是根据轴径处的实际结构和尺寸来确定。实际上在轴结构设计时,就已经考虑了滚动轴承的尺寸(内径和宽度)。

风 电 轴 承

随着碳达峰、碳中和目标的提出,风力发电等新能源规模不断扩大,我国已成为世界上风力发电机的生产大国和需求大国。风力发电机组都安装在野外风沙或者湿度比较大的地区,风电轴承的工况条件非常恶劣,需要承受的温度、湿度和载荷变化的范围很大。一台风力发电机组应用轴承多达32套,有偏航轴承、变桨轴承、主轴轴承、变速箱轴承和发电机轴承。根据轴承类型不同,技术要求也不同,偏航和变桨轴承需要承受较大的轴向力和倾覆力矩,变速箱轴承需要承受在启动和制动时巨大的冲击载荷,同时还要求风机变速箱轴承在低速启动时具备低摩擦力矩和高运转灵活性的特点(图 10-36)。

轴承属于风电设备的核心零部件,由于风电设备的恶劣工况和长寿命、高可靠性的使用要求,使得风电轴承具有较高的技术复杂度,是公认的国产化难度最大的两大部分(轴承和控制系统)之一,成为影响我国风电制造业发展的软肋。

近年来,中国企业不断加大对大功率风电轴承研发投入力度,也取得重大的突破,正在逐步缩小与国外企业的差距,加速国产化进程。2021 年 10 月瓦轴集团北京国际风能展览会展示了研制成功的我国首个陆上 4 兆瓦级风力发电机组的单列圆锥结构主轴轴承,标志着我国大功率风力发电装备技术取得关键性进展。与此同时,直径 11.5m 的整体式转盘轴承在洛轴下线,标志着我国超大型整体式轴承的制造能力达到国际先进水平。

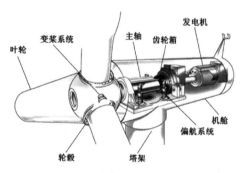

(a) 风力发电机结构简图

(b) 瓦轴集团主轴轴承

图 10-36 风力发电机

练 习 题

1. 填空题

(1) 按轴承元件摩擦表面的运动情况,轴承可分为_____轴承和_____

轴承。

(2) 按滚动体分类,滚动轴承可以分为_____轴承和_____轴承。

(3) 调心性最好的两种滚动轴承的类型分别是_____和_____。

(4) 应根据滚动轴承的_____几项条件来选择轴承类型。

(5) 针对滚动轴承的失效,对在润滑良好的闭式传动中做回转运动的滚动轴承,通常进行_____计算;对于做低速回转运动的轴承或摆动轴承,通常进行_____计算;对于做高速运转的轴承,除需要进行寿命计算外,还应验算其_____。

2. 简答题

(1) 简述滚动轴承的特点。

(2) 简述滚动轴承的寿命。

(3) 简述滚动轴承的基本额定寿命。

(4) 滚动轴承的主要失效形式有哪几种?

(5) 滚动轴承的当量动载荷指什么?

(6) 滚动轴承组合设计包括哪些内容?

(7) 滑动摩擦的状态有哪几种? 各有什么特点?

3. 综合计算题

(1) 一深沟球轴承所受的径向载荷 $F_r = 7000$N,载荷比较稳定,其转速 $n = 970$r/min,要求使用寿命 $L_h = 8000$h,计算此轴承所要求的额定动载荷。

(2) 某轴的两支承采用相同的深沟球轴承,已知轴颈均为 $d = 30$mm,转速 $n = 730$r/min,各轴承所承受的径向载荷分别为 $F_{r1} = 1500$N 及 $F_{r2} = 1200$N,载荷平稳,常温下工作,要求使用寿命 $L_h \geqslant 10000$h,试选出此轴承型号。

第11章

其他常用零部件

第 11 章
微课视频

通过本章的学习,要求理解联轴器、离合器、制动器和弹簧的工作原理及功能;了解它们的类型和结构;熟悉常用联轴器、离合器、制动器和弹簧的性能、应用特点,并能据此做出简单的选择。

重点与难点

◇ 联轴器、离合器和制动器的工作原理及功能;

◇ 联轴器、离合器和制动器的类型和结构;

◇ 常用联轴器、离合器、制动器的性能、应用特点,并能据此做出简单的选择;

◇ 弹簧的结构、类型和功用。

汽车传动系

机器由原动机、传动装置和工作机等几部分组成,彼此之间需要连接起来,才能实现运动和动力的传递。机器运行中,除了利用联轴器实现轴与轴相连,有的还用到离合器与制动器。联轴器和离合器用于联接主、从动轴,使它们一起回转,并传递转矩。联轴器与离合器的区别是:联轴器只有在机器停止运转后拆卸,才能使两轴分离;离合器则可以在机器运转过程中进行分离或接合。制动器主要用来降低机械的运转速度或迫使机械停止运转。

卷扬机、汽车等许多机器设备均需要利用联轴器、离合器或制动器才能保证正常工作。在汽车动力传递过程中,联轴器、离合器和制动器所处位置如图 11-1 所示。利用万向联轴器,通过传动轴,把从变速器输出的动力传递给差速器,再分配给两个驱动轮;驾驶手动变速器的汽车,在起动、换挡时,都要踩离合器踏板,这是为了中断动力传递,使汽车起步平稳,便于换挡;而踩刹车,则是安全驾驶和停车所必需的操作。那么常用的联轴器、离合器、制动器有哪些种类?各用于什么场合?如何进行选用呢?本章主要解决这些问题。

汽车动力传递

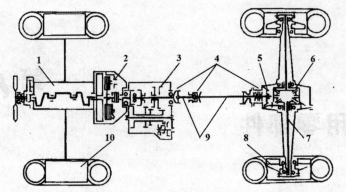

1—发动机；2—离合器.；3—变速器；4—万向联轴器；5—主减速器；6—差速器；
7—半轴；8—后轮制动器；9— 传动轴；10—前轮制动器

图 11-1　汽车动力传递流程示意图

11.1　联　轴　器

11.1.1　联轴器的功用

　　联轴器是机械传动中的常用部件，用来连接两传动轴，使其一起转动并传递转矩，有时也可作为安全装置。例如卷扬机传动系统中，如图 11-2 所示，联轴器将电动机轴与减速器连接起来并传递扭矩和运动。用联轴器连接的两传动轴在机器工作时不能分离，只有机器停止运转后，用拆卸的方法才能将它们分开。

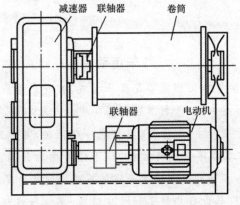

图 11-2　卷扬机

11.1.2　联轴器的分类

　　由于两轴在制造、安装以及机座结构刚性、定位安装面存在误差等原因，两轴的旋转中心线可能出现径向、轴向和角度偏移，如图 11-3 所示，为了不造成联轴器安装困难以及避免引起额外的载荷和振动,要求联轴器必须具有补偿轴线偏移的功能,还应有消除或减少轴线偏移引起的附加载荷和振动的功能。

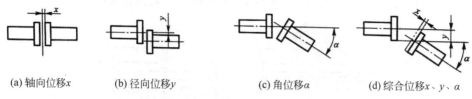

(a) 轴向位移x　　(b) 径向位移y　　(c) 角位移α　　(d) 综合位移x、y、α

图 11-3　两轴轴线的相对位移

根据是否包含弹性元件,联轴器可分为刚性联轴器和弹性联轴器两大类。

(1) 刚性联轴器可根据是否具有补偿位移的能力分为固定式和可移式两种。固定式刚性联轴器用于两轴能严格对中并在工作中不发生相对位移的场合;可移式刚性联轴器能够利用联轴器工作元件构成的动连接实现位移补偿。

(2) 弹性联轴器是利用联轴器中弹性元件的变形补偿位移,具有减轻振动和冲击的能力。按照弹性元件材料的不同,弹性联轴器可分为金属弹簧式和非金属弹性元件式两种。

具有位移补偿能力的联轴器又称为挠性联轴器,即指可移式刚性联轴器和弹性联轴器。此外还有一些具有特殊用途的联轴器,如安全联轴器。

11.1.3　联轴器的类型、结构及应用特点

1. 固定式刚性联轴器

常用的固定式刚性联轴器有套筒联轴器和凸缘联轴器等。

1) 套筒联轴器

如图 11-4 所示,套筒联轴器利用套筒及连接零件(键或销)将两轴连接起来,图 11-4(a) 中的螺钉用作轴向固定,当轴超载时,图 11-4(b)中的锥销会被剪断,可起到安全保护作用。

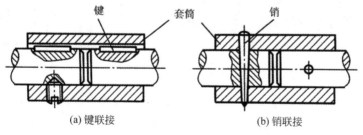

(a) 键联接　　　　　　　　　　　　　　(b) 销联接

图 11-4　套筒联轴器

套筒联轴器结构简单、径向尺寸小、容易制造,缺点是装拆时因被连接轴需做轴向移动而使用不太方便。适用于载荷不大、工作平稳、两轴严格对中并要求联轴器径向尺寸小的场合。此种联轴器目前尚未标准化。

2) 凸缘联轴器

如图 11-5 所示,凸缘联轴器由两个带凸缘的半联轴器和一组螺栓组成。这种联轴器有两种对中方式:一种是通过分别具有凸槽和凹槽的两个半联轴器的相互嵌合来对中,半联

轴器之间采用普通螺栓联接,靠半联轴器接合面间的摩擦来传递转矩,如图 11-5(a)所示;另一种是通过铰制孔用螺栓与孔配合来对中,靠螺栓杆承受载荷来传递转矩,如图 11-5(b)所示。当尺寸相同时,后者传递的转矩较大,且装拆时轴不必做轴向移动。

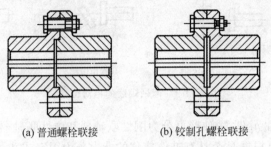

(a) 普通螺栓联接　　　　　　(b) 铰制孔螺栓联接

图 11-5　凸缘联轴器

凸缘联轴器的主要特点是结构简单、成本低、传递的转矩较大,但要求两轴的同轴度要好。适用于刚性大、振动冲击小和低速大转矩的连接场合,是应用最广的一种刚性联轴器,这种联轴器已标准化(GB/T 5843—2003)。

2. 可移式刚性联轴器

常用的可移式刚性联轴器有十字滑块联轴器、万向联轴器和齿式联轴器等。

1) 十字滑块联轴器

如图 11-6 所示,十字滑块联轴器由两个在端面上开有凹槽的半联轴器 1、3 和一个两端面均带有凸牙的中间盘 2 组成,中间盘两端面的凸牙位于互相垂直的两个直径方向上,并在安装时分别嵌入 1、3 的凹槽中。因为凸牙可在凹槽中滑动,故可补偿安装及运转时两轴间的相对位移和偏斜。

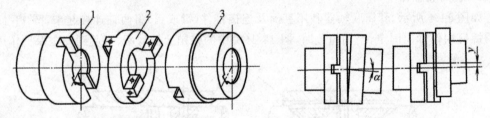

图 11-6　十字滑块联轴器

因为半联轴器与中间盘组成移动副,不能相对转动,故主动轴与从动轴的角速度应相等。但在两轴间有偏移的情况下工作时,中间盘会产生很大的离心力,故其工作转速不宜过大。这种联轴器一般用于转速较低、轴的刚性较大、无剧烈冲击的场合。

2) 万向联轴器

如图 11-7(a)所示,万向联轴器由分别装在两轴端的叉形接头 1、2 以及与叉头相连的十字形中间连接件 3 组成。万向联轴器允许两轴间有较大的夹角 α(最大可达 35°～45°),且机器工作时即使夹角发生改变仍可正常传动,但 α 过大会使传动效率明显降低。

缺点是当主动轴角速度 ω_1 为常数时,从动轴的角速度 ω_2 并不是常数,而是在一定范围内变化,在传动中会引起附加载荷。所以常将两个万向联轴器成对使用,如图 11-7(b)所示。但安装时应注意必须保证中间轴上两端的叉形接头在同一平面内,且应使主、从动轴与中间轴的夹角相等,这样才可保证 $\omega_1 = \omega_2$。

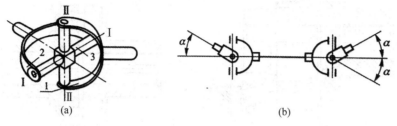

万向联轴器

图 11-7　万向联轴器

3）齿式联轴器

齿式联轴器是可移式刚性联轴器中应用较广泛的一种,利用内外齿啮合来实现两半联轴器的连接。如图 11-8(a)所示,它由两个内齿圈 2、3 和两个外齿轮轴套 1、4 组成。安装时两内齿圈用螺栓联接,两外齿轮轴套通过过盈配合(或键)与轴连接,并通过内、外齿轮的啮合传递转矩。

齿式联轴器结构紧凑、承载能力大、适用速度范围广,但制造困难,适用于高速重载的水平轴连接。为使联轴器具有良好的补偿两轴综合位移的能力,特将外齿齿顶制成球面,齿顶与齿侧均留有较大的间隙,还可将外齿轮轮齿做成鼓形齿(图 11-8(b))。齿式联轴器已标准化。

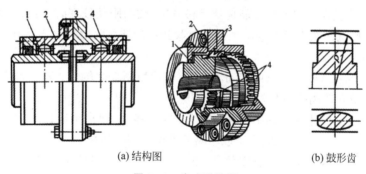

(a)结构图　　　　　　　　　　　　　　(b)鼓形齿

图 11-8　齿式联轴器

3. 弹性联轴器

常用的弹性联轴器有弹性套柱销联轴器、弹性柱销联轴器等。

1）弹性套柱销联轴器

如图 11-9 所示,弹性套柱销联轴器的构造与凸缘联轴器相似,只是用套有弹性套的柱销代替了连接螺栓,利用弹性套的弹性变形来补偿两轴的相对位移。这种联轴器重量轻、结构简单,但弹性套易磨损、寿命较短,用于冲击载荷小、启动频繁的中、小功率传动中。弹性套柱销联轴器已标准化。

2）弹性柱销联轴器

如图 11-10 所示,这种联轴器与弹性套柱销联轴器很相似,仅用弹性柱销(通常用尼龙制成)将两半联轴器连接起来。传递转矩的能力更大、结构更简单、耐用性好,适用于轴向窜动较大、正反转或启动频繁的场合。这种联轴器也已标准化。

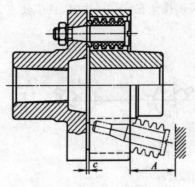

图 11-9　弹性套柱销联轴器

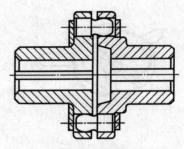

图 11-10　弹性柱销联轴器

11.1.4　联轴器的选择与实例分析

常用的联轴器都已标准化,不需要单独设计,一般可以依据使用要求先确定合适的种类,然后确定具体尺寸,必要时对易损零件进行强度校核。

1. 联轴器类型的选择

(1) 两轴对中情况:如果两轴能保证严格对中,轴的刚性较好时,可选用刚性固定式的凸缘联轴器,否则选用具有补偿能力的刚性可移式联轴器。两轴轴向要求有一定夹角的,可选用十字式万向联轴器。

(2) 载荷情况:当载荷平稳或变动不大时,可选用刚性联轴器;若经常启动、制动或载荷变化较大时,最好选用弹性联轴器。

(3) 速度情况:低速时可选用刚性联轴器;转速较高、要求消除冲击和吸收振动的,可选用弹性联轴器。工作转速不应大于联轴器标准中许用的转速。

(4) 环境情况:当工作环境温度较低(低于 $-20℃$)或温度较高($45\sim50℃$)时,一般不宜选用具有橡胶或锦纶做弹性元件的联轴器,有时还要考虑安装尺寸的限制。

由于联轴器的类型选择涉及因素较多,一般要参考以往使用联轴器的经验进行选择。

2. 联轴器型号、尺寸的选择

对于已标准化的联轴器,可根据被连接轴的直径、转速及计算转矩,从有关标准中选择合适的型号、尺寸。在重要的使用场合,对其中关键零件进行必要的强度校核计算。对非标准联轴器,则根据计算转矩,通过计算或类比法确定其结构尺寸。

1) 联轴器的计算转矩

$$T_c = KT$$

式中:T 为名义转矩,$N \cdot m$;T_c 为计算转矩,$N \cdot m$;K 为工作情况系数,由表 11-1 查取。

2) 选择的型号应满足的条件

(1) 计算转矩 T_c 应小于或等于所选型号的公称转矩 T_m,即

$$T_c \leqslant T_m$$

（2）转速 n 应小于或等于所选型号的许用转速 $[n]$，即

$$n \leqslant [n]$$

（3）协调轴孔直径，轴的直径 d 应在所选型号的孔径范围之内。

表 11-1　工作情况系数 K

原动机	工 作 机	K
电动机	皮带运输机、鼓风机、连续运转的金属切削机床	1.25～1.5
	链式运输机、刮板运输机、螺旋运输机、离心泵、木工机床	1.5～2.0
	往复运动的金属切削机床	1.5～2.5
	往复式泵、往复式压缩机、球磨机、破碎机、冲剪机	2.0～3.0
	锤、起重机、升降机、轧钢机	3.0～4.0
汽轮机	发电机、离心泵、鼓风机	1.2～1.5
往复式发动机	发电机	1.5～2.0
	离心泵	3～4
	往复式工作机（如压缩机、泵）	4～5

注：① 刚性联轴器选用较大的 K 值，弹性联轴器选用较小 K 值。

② 牙嵌式离合器 $K=2\sim3$；摩擦离合器 $K=1.2\sim1.5$。

③ 从动件的转动惯量小，载荷平稳时 K 取较小值。

【例】　在带式输送机传动装置中，其中齿轮减速器低速轴转速 $n=320\text{r/min}$，传递功率 $P=15\text{kW}$，试对低速轴与输送机滚筒轴间的联轴器进行选型设计。

解：1）联轴器的类型选择

皮带式输送机在货物落在输送带时有轻微振动，考虑补偿轴的可能位移，因此选用有缓冲和减振能力的弹性套柱销联轴器（Y 型）。

2）联轴器参数确定

（1）按扭转强度，初估轴的最小直径。轴材质选用 45 号钢，查表 9-3，$C=110$，则

$$d \geqslant C\sqrt[3]{\frac{P}{n}} = 110\sqrt[3]{\frac{15}{320}} = 39.66(\text{mm})$$

轴身安装联轴器，因开有键槽，轴的直径增大 5%，得

$$d \geqslant 39.66 \times 1.05 = 41.64(\text{mm})$$

（2）计算转矩。工况系数 K 值的选取：因原动机为电动机，工作机为皮带输送机，采用弹性联轴器，查表 11-1，取 $K=1.3$。

$$T_c = KT = 1.3 \times 9550 \times \frac{15}{320} = 581.9(\text{N} \cdot \text{m})$$

3）联轴器型号选定

查 GB/T 4323—2017，选用 LT8 弹性套柱销联轴器（Y 型），其公称转矩为

$$T_n = 710\text{N} \cdot \text{m} > 581.9\text{N} \cdot \text{m}$$

选轴孔直径 $d=45\text{mm}$，轴孔长度 $L=112\text{mm}$。由于弹性套柱销联轴器为标准件，与轴的配合为基孔制，因此轴的最小直径为 $d=45\text{mm}$。

其许用转速 $[n]=3000\text{r/min}>320\text{r/min}$

所选用联轴器为 LT8 联轴器 YC 45×112 GB/T 4323—2017。

11.2　离　合　器

离合器和联轴器功能相似,也是用于连接同一轴线的两轴,并传递转矩和运动,有时也可用作安全保护装置,离合器可在工作时随意接合或分离,联轴器只有停车后才能拆卸分离。

离合器按其工作原理可分为牙嵌式、摩擦式和电磁式三类;按控制方式可分为操纵式和自动式两类。操纵式离合器需要借助于人力或动力(如液压、电压、电磁等)进行操纵;自动式离合器不需要外来操纵,可在一定条件下实现自动分离和接合。

对于已标准化的离合器,选择步骤和计算方法与联轴器相同。对于非标准化或不按标准制造的离合器,可先根据工作情况选择类型,再进行具体的设计计算,具体的计算方法及计算内容可查阅有关资料。

11.2.1　牙嵌式离合器

如图 11-11(a)所示,牙嵌式离合器由两个端面带牙的半离合器 1、2 组成。从动半离合器 2 用导向平键 3 或花键与轴连接,主动半离合器 1 用平键与轴连接,对中环 5 用来使两轴对中,滑环 4 可操纵离合器的分离或接合。

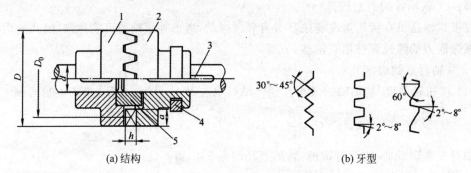

(a) 结构　　　　　　　　　　　　(b) 牙型

图 11-11　牙嵌式离合器

牙嵌式离合器的常用牙型有三角形、矩形、梯形和锯齿形等,如图 11-11(b)所示。矩形齿接合、分离困难,牙的强度低,磨损后无法补偿,仅用于静止状态的手动接合;梯形齿牙根强度高,接合容易,且能自动补偿牙的磨损与间隙,应用较广;锯齿形齿牙根强度高,可传递较大转矩,但只能单向工作。

牙嵌式离合器结构简单,外廓尺寸小,为减小齿间冲击、延长齿的寿命,牙嵌式离合器应在两轴静止或转速差很小时接合或分离。

11.2.2　摩擦式离合器

摩擦式离合器利用主、从动半离合器摩擦片接触面间的摩擦力传递转矩。

1. 单片式摩擦离合器

如图 11-12 所示,主动摩擦盘 1 安装在主动轴上,从动摩擦盘 2 可沿导向平键滑移。移动操纵环 3 施加轴向压力,使两摩擦盘压紧或松开,以实现两轴的接合与分离。在任何不同转速下,可平稳接合或分离,冲击振动小,过载打滑有保护作用,但单片式摩擦离合器因传载小,目前已很少使用。

2. 多片式摩擦离合器

为提高传递转矩的能力,通常采用多片摩擦片,能在不停车或两轴有较大转速差时进行平稳接合,而且可在过载时因摩擦片间打滑而起到过载保护的作用。

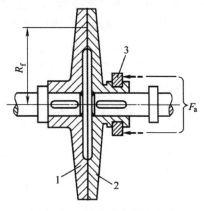

图 11-12　单片式摩擦离合器

图 11-13 所示为多片式摩擦离合器,有两组间隔排列的内、外摩擦片。外摩擦片 2 通过外圆周上的花键与鼓轮 1 相连(鼓轮与轴固连),内摩擦片 3 利用内圆周上的花键与套筒 5 相连(套筒与另一轴固连),移动滑环 6 可使杠杆 4 压紧或放松摩擦片,从而实现离合器的接合与分离。若把图 11-13(c)中的摩擦片改用图 11-13(d)的形状,则分离时能自行弹开。

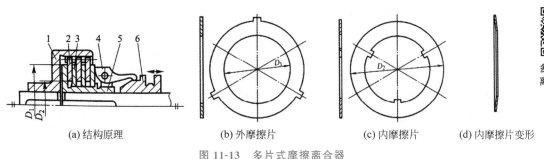

多片式摩擦离合器

(a) 结构原理　　　(b) 外摩擦片　　　(c) 内摩擦片　　　(d) 内摩擦片变形

图 11-13　多片式摩擦离合器

多片式摩擦离合器由于摩擦片增多,传递转矩更大,径向尺寸较小,冲击振动小,机构较复杂,应用最广泛。

11.2.3　特殊功用离合器

1. 安全离合器

安全离合器指当传递转矩超过一定数值后,主、从动轴可自动分离,从而保护机器中其他零件不被损坏的离合器。图 11-14 所示为牙嵌式安全离合器。它与牙嵌式离合器很相似,仅是牙的倾斜角 α 较大,没有操纵机构,过载时牙面产生的轴向分力大于弹簧压力,迫使离合器退出啮合,从而中断传动。可利用螺母调节弹簧压力大小来控制传递转矩的大小。

2. 超越离合器

超越离合器的特点是能根据两轴角速度的相对关系自动接合和分离。当主动轴转速大于从动轴时,离合器将使两轴接合起来,把动力从主动轴传给从动轴;而当主动轴转速小于从动轴时则使两轴脱离。因此这种离合器只能在一定的转向上传递转矩。

图 11-15 所示为应用最为广泛的滚柱式超越离合器。由星轮 1、外壳 2、滚柱 3 和弹簧 4 组成。滚柱被弹簧压向楔形槽的狭窄部分,与外壳和星轮接触。当星轮 1 为主动件并沿顺时针方向转动时,滚柱 3 在摩擦力的作用下被楔紧在槽内,星轮 1 借助摩擦力带动外壳 2 同步转动,离合器处于接合状态。当星轮 1 逆时针转动时,滚柱 3 被带到楔形槽的较宽部分,星轮无法带动外壳 2 一同转动,离合器处于分离状态。如果外壳 2 为主动件并沿逆时针方向转动时,滚柱 3 被楔紧,外壳 2 将带动星轮 1 同步转动,离合器接合;当外壳 2 顺时针转动时,离合器又处于分离状态。

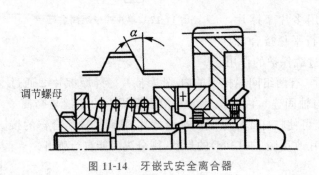

图 11-14　牙嵌式安全离合器

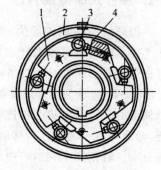

图 11-15　超越离合器

综上所述,超越离合器只能传递单向的转矩。若外圈和星轮分别做顺时针同向回转,当外圈转速高于星轮转速时,离合器为分离状态,外圈和星轮各以自己的转速旋转,互不相干。当外圈转速低于星轮转速时,则离合器接合。外圈和星轮均可作为主动件,但无论哪一个是主动件,当从动件转速超过主动件时,从动件均不可能反过来驱动主动件,这种特性称为超越作用。自行车后轮上的飞轮就是利用该原理做成的,使自行车下坡或脚不蹬踏时,链轮不转,轮毂由于惯性仍按原转向转动。

滚柱一般为 3～8 个,超越离合器尺寸小,接合和分离平稳,可用于高速传动。

11.3　制　动　器

常用的制动器有盘式制动器、带式制动器和块式制动器等结构形式,它们都是利用零件接触表面所产生的摩擦力来实现制动的。从原理上说,如果把摩擦离合器的从动部分固定起来,就构成了制动器。

1. 带式制动器

图 11-16 所示为带式制动器。在与轴连接的制动轮 1 的外缘绕一根制动带 2(一般为钢带),当制动力 F 施加于杠杆 3 的一端时,制动带便将制动轮抱紧,从而使轴制动。为了增大制动所需的摩擦力,制动带常衬有石棉、橡胶、帆布等。带式制动器结构简单,制动效果好,但制动轴上附加弯矩大,制动轮磨损不均匀,常用于起重设备中。

2. 内胀蹄式制动器

图 11-17 所示为内胀蹄式制动器。当压力油进入液压缸 3 后，两个弧形闸块 2 在左右两个活塞的推力作用下绕各自的销轴 1 向外摆动，从内部胀紧制动轮 4，实现轴的制动。当油路卸压时，制动器即松闸。这种制动器的制动力矩大，结构尺寸小，广泛用于车辆制动。

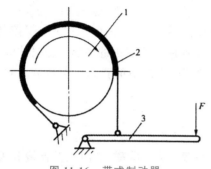

图 11-16　带式制动器

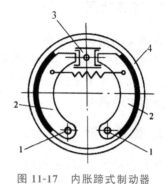

图 11-17　内胀蹄式制动器

汽车制动器

3. 外抱块式制动器

图 11-18 所示为外抱块式制动器，一般又称为块式制动器。主弹簧通过制动臂将闸瓦块压紧在制动轮上，使制动器处于闭合(制动)状态。当松闸器通入电流时，利用电磁作用把顶柱顶起，通过推杆推动制动臂，使闸瓦块与制动轮松脱。闸瓦块的材料可用铸铁，也可在铸铁上覆以皮革或石棉，闸瓦块磨损时可调节推杆的长度。上述通电松闸，断电制动的过程，称为常闭式制动器。常闭式制动器比较安全，因此在起重运输机械等设备中应用较广。松闸器也可设计成通电制动，断电松闸，则称为常开式制动器。常开式制动器适用于车辆的制动。

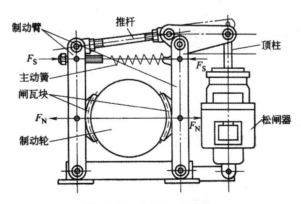

图 11-18　外抱块式制动器

电磁外抱块式制动器制动和开启迅速，尺寸小，重量轻，易于调整瓦块间隙，更换瓦块和电磁铁也很方便。但制动时冲击大，电能消耗也大，不宜用于制动力矩大和需要频繁制动的场合。电磁外抱块式制动器已有标准，可按标准规定的方法选用。

11.4 弹 簧

11.4.1 弹簧的类型及应用

1. 弹簧功用

弹簧是利用材料的弹性变形进行工作的一种弹性零件,它的主要功用有:①控制机构的运动或零件的位置,如凸轮机构、离合器、阀门以及各种调速器中的弹簧;②缓冲吸振,如车辆弹簧和各种缓冲器中的弹簧;③储存能量,如钟表、仪器中的弹簧;④测量力的大小,如弹簧秤中的弹簧。

2. 弹簧类型

弹簧的种类很多,从外形看,有螺旋弹簧、环形弹簧、碟形弹簧、平面涡卷弹簧和板弹簧等。按照所承受的载荷不同弹簧可分为拉伸弹簧、压缩弹簧、弯曲弹簧和扭转弹簧等。表 11-2 列出了弹簧的基本类型。

螺旋弹簧是用金属丝按螺旋线卷绕而成的,由于制造简便,所以应用最广。按形状可分为圆柱形、圆锥形等。按受载情况又可分为拉伸弹簧、压缩弹簧和扭转弹簧。

环形弹簧和碟形弹簧都是压缩弹簧,在工作过程中,一部分能量消耗在各圈之间的摩擦上,因此具有很高的缓冲吸振能力,多用于重型机械的缓冲装置。

平面涡卷弹簧(或称盘簧)的轴向尺寸很小,常用作仪器和钟表的储能装置。

板弹簧是由许多长度不同的钢板叠合而成的,主要用作各种车辆的减振装置。

表 11-2　弹簧的类型与应用

名　称		简　图	说　明
圆柱螺旋弹簧	圆截面压缩弹簧		承受压力 结构简单,制造方便,应用最广
	矩形截面压缩弹簧		承受压力 当空间尺寸相同时,矩形截面弹簧比圆形截面弹簧吸收能量大,刚度更接近于常数
	圆截面拉伸弹簧		承受拉力

续表

名　称	简　图	说　明
圆柱螺旋弹簧	圆截面扭转弹簧 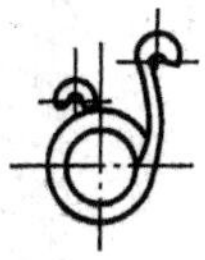	承受转矩 主要用于压紧和蓄力以及传动系统中的弹性环节
圆锥螺旋弹簧		承受压力 特性线为非线性的,可防止共振,稳定性好,结构紧凑。多用于承受较大载荷和减振
碟形弹簧	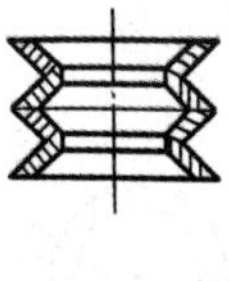	承受压力 缓冲、吸振能力强。采用不同的组合,可以得到不同的特性线,用于要求缓冲和减振能力强的重型机械。卸载时需先克服各接触面间的摩擦力,然后恢复到原形,故卸载线和加载线不重合
环形弹簧	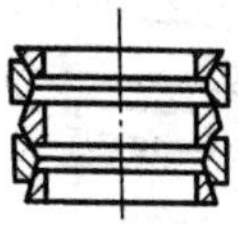	承受压力 圆锥面间具有较大的摩擦力,因而具有很高的减振能力,常用于重型设备的缓冲装置
盘簧	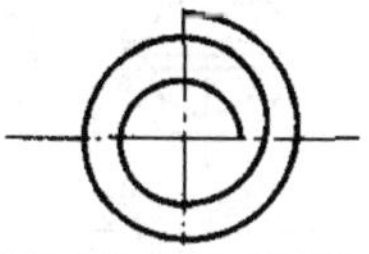	承受转矩 圈数多,变形角大,储存能量大。多用作压紧弹簧和仪器、钟表中的储能弹簧
板弹簧		承受弯矩 主要用于汽车、拖拉机和铁路车辆的车厢悬挂装置中,起缓冲和减振作用

3. 弹簧材料

弹簧的材料主要是热轧和冷拉弹簧钢。弹簧丝直径 $d<8\sim10\text{mm}$ 时,弹簧用经过热处理的优质碳素弹簧钢丝(如 65Mn 等)经冷卷成形制造,然后经低温回火处理以消除内应力。制造直径较大的强力弹簧时常用热卷法,热卷后须经淬火、回火处理。

11.4.2　圆柱螺旋弹簧的结构

图 11-19 所示为螺旋压缩弹簧和拉伸弹簧。压簧在自由状态下各圈间留有间隙 δ,经最大工作载荷的作用压缩后各圈间还应有一定的余留间隙 $\delta_1=0.1d>0.2\text{mm}$。为使载荷沿弹簧轴线传递,弹簧两端各有 3/4~5/4 圈并紧,称为死圈。死圈端部须磨平,如图 11-20 所示。拉簧在自由状态下各圈应并紧,端部制有挂钩,利于安装及加载,常用的端部结构如图 11-21 所示。圆柱形螺旋弹簧的主要参数和几何尺寸(图 11-19)有弹簧丝直径 d、弹簧圈外径 D、内径 D_1 和中径 D_2、节距 t、螺旋升角 α、弹簧工作圈数 n 和弹簧自由高度 H_0 等。螺旋弹簧各参数间的关系列于表 11-3 之中。

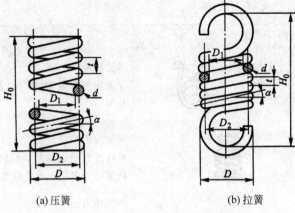

(a) 压簧   (b) 拉簧

图 11-19 弹簧的基本几何参数

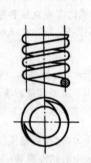

图 11-20 螺旋压簧端部结构

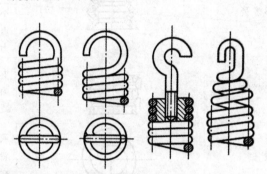

图 11-21 圆柱拉簧挂钩形式

表 11-3 螺旋弹簧基本几何参数的关系式

参数名称	压 缩 弹 簧	拉 伸 弹 簧
外径/mm	$D = D_2 + d$	
内径/mm	$D_1 = D_2 - d$	
螺旋角/(°)	$\alpha = \arctan \dfrac{t}{\pi D_2}$	
节距	$t = (0.28 \sim 0.5) D_2$	$t = d$
有效工作圈数	n	
死圈数	n_2	—
弹簧总圈数	$n_1 = n + n_2$	$n_1 = n$
弹簧自由高度	两端并紧、磨平 $H_0 = nt + (n_2 - 0.5)d$ 两端并紧、不磨平 $H_0 = nt + (n_2 + 1)d$	$H_0 = nd +$ 挂钩尺寸
簧丝展开长度	$L = \pi D_2 n / \cos\alpha$	$L = \pi D_2 n +$ 挂钩展开尺寸

11.5 本章实训——带式输送机联轴器的选用

1. 实训目的

了解联轴器的类型及各自的特点与应用,学会针对具体工作条件,选用联轴器。

2. 实训内容

根据前几章实训所得到的主要参数,确定连接减速器输出轴和滚筒轴的联轴器类型,根据传递的转矩和轴的具体设计进行选型。

3. 实训过程

将第 9 章实训所得到的结果作为本实训的已知参数。参照例 11-1 的计算过程,对联轴器进行选型。

4. 实训总结

通过本章的实训,应学会根据已知参数和实际结构,选择联轴器的类别和型号。

 拓展阅读

神舟五号飞天

神舟五号是中国载人航天工程发射的第五艘飞船,也是中华人民共和国发射的第一艘载人航天飞船。神舟五号飞船搭载航天员杨利伟于北京时间 2003 年 10 月 15 日 9 时整在酒泉卫星发射中心发射,在轨运行 14 圈,历时 21 小时 23 分,其返回舱于北京时间 2003 年 10 月 16 日 6 时 23 分返回内蒙古主着陆场,其轨道舱留轨运行半年。航天员杨利伟用三句话概括了他的太空旅行:“飞船运行正常,我自我感觉良好,我为祖国感到骄傲。”

神舟五号飞船由推进舱、轨道舱、返回舱和附加段组成(图 11-22),还留有与空间实验室对接的接口。神舟五号飞船搭载物品包括:一面具有特殊意义的中国国旗、一面北京 2008 年奥运会会旗、一面联合国旗帜、人民币主币票样、中国首次载人航天飞行纪念邮票、中国载人航天工程纪念封和来自祖国宝岛台湾的农作物种子等。

神舟五号载人航天飞行任务实现了中华民族千年飞天的愿望,是中华民族智慧和精神

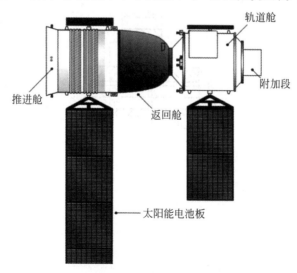

图 11-22　神舟飞船结构

的高度凝聚,是中国航天事业一座新的里程碑。神舟五号的成功发射标志着中国成为继苏联(俄罗斯)和美国之后,第三个独立掌握载人航天技术的国家。

练 习 题

1. 选择题

(1) _____制动器结构简单,制动力矩较大,制动可靠,所以在一般机器中常被采用。

    A. 锥形   B. 带状   C. 闸瓦

(2) 自行车后飞轮的内部结构为_____。

    A. 链转动   B. 制动器   C. 超越离合器   D. 齿式离合器

(3) 机器在运转中如要降低其运转速度或让其停止运动,常可以使用_____。

    A. 制动器   B. 联轴器   C. 离合器

(4) 对两轴交叉的运动,应采用_____。

    A. 十字滑块联轴器   B. 弹性圈柱销联轴器

    C. 万向联轴器   D. 凸缘联轴器

(5) _____具有自动调心作用,可用于互成一定角度的两轴联接。

    A. 十字滑块联轴器   B. 弹性圈柱销联轴器

    C. 万向联轴器   D. 凸缘联轴器

2. 综合计算题

图 11-23 为凸缘联轴器,允许传递的最大转矩 T 为 1500N·m,试为该联轴器选择平键并验算键联接的强度。

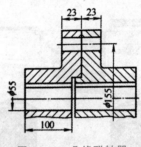

图 11-23　凸缘联轴器

第 **12** 章

平面连杆机构

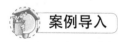

学习目标

本章主要介绍平面四杆机构的基本形式、特性及其运动设计的方法等。通过本章的学习,要求掌握四杆机构的基本形式;熟悉曲柄存在条件、压力角、传动角、死点位置、极限位置、极位夹角、行程速比系数等基本概念,并能绘图表示;了解四杆机构设计的基本问题,掌握设计平面四杆机构的基本方法。

重点与难点

◇ 平面四杆机构的基本形式、应用和演化;

◇ 平面四杆机构的传动特性;

◇ 曲柄存在条件;

◇ 平面四杆机构的设计。

案例导入

汽车前轮转向机构

图 12-1 所示为汽车前轮转向机构,当汽车直行时,两个前轮相互平行,机构呈等腰梯形 $ABCD$,两个摇杆 AB 和 CD 与两个前轮轴固联在一起。当汽车转弯时,两个前轮轴线转过的角度 β 和 δ 大小不等,从而相交于后轮轴延长线上某点 P,P 点即为汽车转弯时的瞬时转动中心,这使得汽车转弯时,四个车轮都能在地面上近似于纯滚动,保证了汽车转弯时的平稳性,减少了轮胎因滑动造成的磨损。该机构属于平面四杆机构,角度 β 和 δ 存在着一定的函数关系,保证角度 β 和 δ 的函数关系是设计平面四杆机构时的主要目标,而这种函数关系直接与该机构中各构件的相对长度有关。因此,必须掌握四杆机构的设计方法,才能设计出满足汽车行驶性能的转向机构。

平面连杆机构是由若干个构件通过低副连接组成的平面机构,又称为平面低副机构,能够实现多种运动轨迹曲线和运动规律。优点是构件之间是面接触,承载能力较大,耐磨损;构件形状简单,制造简便,易获得较高的制造精度,因此广泛地用于各种机械和仪器中。缺点是运动链较长,构件数和运动副数较多,在低副中存在间隙,会引起较大的运动积累误差,

汽车前轮转
向机构

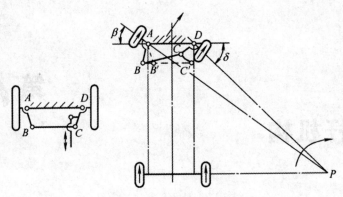

图 12-1　汽车前轮转向机构

从而影响运动精度;此外设计比较复杂,通常难以精确实现复杂运动规律与运动轨迹。

由四个构件通过低副连接组成的平面连杆机构,称为平面四杆机构,是平面连杆机构中最简单的形式,也是组成多杆机构的基础。本章主要讨论铰链四杆机构类型、工作特性、传力特性和设计方法。

12.1　铰链四杆机构的基本类型

当平面四杆机构中的运动副全部都是转动副时,称为铰链四杆机构(图 12-2),它是平面四杆机构最基本的形式。

在铰链四杆机构中,构件 4 固定不动,称为机架;与机架相连接的构件 1 和 3 称为连架杆,分别绕转动副 A 和 D 做整周转动或往复摆动;连接两个连架杆的构件 2 通常做平面运动,称为连杆。如果连架杆 1 或 3 能够做整周转动时,则称为曲柄;如果只能在小于 360°的某一角度范围内往复摆动,则称为摇杆。

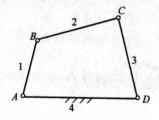

图 12-2　铰链四杆机构

12.1.1　铰链四杆机构的基本类型

根据铰链四杆机构两个连架杆是曲柄还是摇杆,可将其分为三种基本类型:曲柄摇杆机构、双曲柄机构和双摇杆机构。

1. 曲柄摇杆机构

若铰链四杆机构的两个连架杆,一个是曲柄,另一个是摇杆,则称为曲柄摇杆机构。通常曲柄 1 为原动件,做匀速转动;摇杆 3 为从动件,做往复变速摆动。图 12-3 所示为调整雷达天线俯仰角的曲柄摇杆机构,曲柄 1 缓慢地匀速转动,通过连杆 2,使摇杆 3 在一定角度范围内摆动,从而调整天线俯仰角的大小。

在曲柄摇杆机构中,摇杆也可以作为原动件。图 12-4 为缝纫机踏板机构运动简图,摇杆 1(脚踏板)是原动件。当摇杆往复摆动时,通过连杆 2 使曲柄 3 做整周回转,再经过带传动使机头主轴回转。

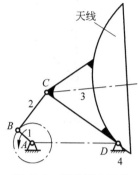

图 12-3　雷达调整机构

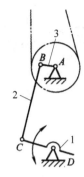

图 12-4　缝纫机踏板机构

2. 双曲柄机构

若铰链四杆机构的两个连架杆都是曲柄,则称为双曲柄机构。两个曲柄都可以做整周转动,一般一个曲柄做匀速转动,另一曲柄转动速度周期变化。利用这种特性,双曲柄机构可用于有周期性变速要求的机构中。图 12-5 所示的惯性筛正是利用这一特点,达到分选筛上原料的目的。

在双曲柄机构中,如果两个曲柄的长度相等,连杆和机架长度也相等,则称为平行四边形机构,两个连架杆的运动完全相同,因此连杆始终做平动。图 12-6 为天平中应用的平行四边形机构,可以使天平左右两托盘始终处于水平位置。

双曲柄机构
——惯性筛

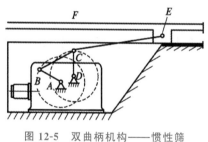

图 12-5　双曲柄机构——惯性筛

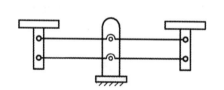

图 12-6　双曲柄机构——天平

3. 双摇杆机构

若铰链四杆机构的两连架杆都是摇杆,则称为双摇杆机构。图 12-7 所示的鹤式起重机,当摇杆 AB 摆动时,另一摇杆 CD 也随之摆动,连杆 CB 延长线上的 E 点近似沿水平线方向移动,使货物的装卸十分平稳,多用于港口、码头。图 12-8 是飞机起落架,实线表示起落架放下的位置,这时飞机可以着陆。双点画线表示起落架收起来的位置,飞机处于飞行状态。在双摇杆机构中,如果两个摇杆的长度相等,则称为等腰梯形机构,汽车前轮转向机构就是等腰梯形机构的应用实例。

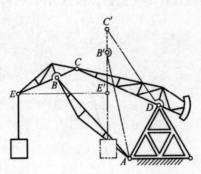

图 12-7　双摇杆机构——鹤式起重机

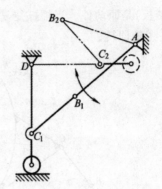

图 12-8　双摇杆机构——飞机起落架

12.1.2　曲柄存在条件及铰链四杆机构类型判别

1. 存在一个曲柄的条件

铰链四杆机构三种基本形式的区别在于连架杆是否为曲柄,下面以曲柄摇杆机构为例讨论连架杆成为曲柄的条件。

图 12-9(a)所示的铰链四杆机构 $ABCD$ 各杆的长度分别为 a、b、c、d。先假定构件 1 为曲柄,则在其回转过程中杆 1 和杆 4 一定可实现拉直共线和重叠共线两个特殊位置,即构成三角形 BCD,如图 12-9(b)、(c)所示。由三角形的边长关系可得

在图 12-9(b)中,$a+d<b+c$;

在图 12-9(c)中,$(d-a)+b>c$ 即 $a+c<b+d$;

$(d-a)+c>b$ 即 $a+b<c+d$。

当运动过程中四构件出现如图 12-10 所示的共线情况时,上述不等式就变成了等式。因此,以上三个不等式改写为

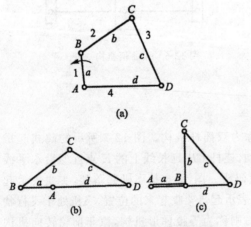

图 12-9　铰链四杆机构的运动过程

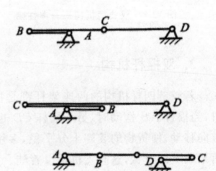

图 12-10　构件共线情况

$$a + d \leqslant b + c \tag{12-1}$$
$$a + c \leqslant b + d \tag{12-2}$$
$$a + b \leqslant c + d \tag{12-3}$$

将以上三式的任意两式相加,可得

$$a \leqslant b \tag{12-4}$$
$$a \leqslant c \tag{12-5}$$
$$a \leqslant d \tag{12-6}$$

由式(12-4)～式(12-6)可知,在曲柄摇杆机构中,曲柄 AB 必为最短杆,BC、CD、AD 杆中必有一个最长杆。可推出曲柄摇杆机构的必要条件如下。

(1) 曲柄为最短杆。

(2) 最长杆与最短杆的长度之和小于或等于其余两杆长度之和。

2. 铰链四杆机构的判别通则

上述分析得出了铰链四杆机构存在一个曲柄的条件,但铰链四杆机构三个基本类型的演化取决于"取不同的构件作为机架"。图 12-11(a)为曲柄摇杆机构,杆 1 和 2、1 和 4 之间相对运动为整周转动,杆 3 和 2、3 和 4 之间为相对摆动。由于杆长条件不变的四个杆件构成铰链四杆机构,不论取哪个杆件作为机架,彼此之间的相对运动范围就已确定,因此若以杆 2 为机架,可得到曲柄摇杆机构(图 12-11(b));若以杆 1 为机架,可得到双曲柄机构(图 12-11(c));若以杆 3 为机架,可得到双摇杆机构(图 12-11(d))。

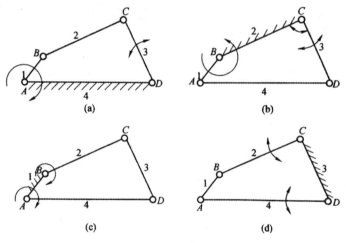

图 12-11　机架变更对机构类型的影响

根据以上分析,可得铰链四杆机构类型的判别通则如下。

(1) 当最长杆与最短杆的长度之和大于其余两杆长度之和时,只能得到双摇杆机构。

(2) 当最长杆与最短杆长度之和小于或等于其余两杆长度之和时:①最短杆为机架时,得到双曲柄机构;②最短杆的邻边为机架时,得到曲柄摇杆机构;③最短杆的对边为机架时,得到双摇杆机构。

12.2　铰链四杆机构的演化

在工程实际中所用到的平面四杆机构,除了上述的三种铰链四杆机构之外,还可以通过用移动副取代回转副、变更杆件长度、变更机架和扩大回转副等途径,得到铰链四杆机构的其他演化形式。

1. 偏心轮机构

偏心轮机构可以看成是通过扩大转动副演化而来,广泛应用于传力较大的剪床、冲床、破碎机等机械中。图 12-12(a)所示为曲柄摇杆机构,如果将曲柄 1 上的转动副 B 的半径扩大到超过曲柄 AB 的长度,如图 12-12(b)所示,在保持曲柄几何中心在 B 点、转动中心在点 A 的前提下,将曲柄的形状由杆状变为圆盘状。在机构运动时,曲柄 1 绕 A 点转动,因此该曲柄也称为偏心轮,A、B 之间的距离称为偏心距,用 e 表示。此时的机构被称为偏心轮机构,这种结构增大了轴颈的尺寸,提高了偏心轴的强度和刚度。

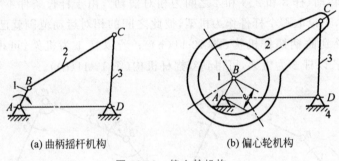

(a) 曲柄摇杆机构　　　　　　　　　(b) 偏心轮机构

图 12-12　偏心轮机构

2. 曲柄滑块机构

曲柄摇杆机构通过改变构件的形状和尺寸,可将转动副演变成移动副,演化为曲柄滑块机构,广泛应用在活塞式内燃机、空气压缩机、冲床等机械中。

图 12-13(a)所示的曲柄摇杆机构中,杆 1 为曲柄,杆 3 为摇杆,C 点运动轨迹是确定的一段圆弧,现将机架变形为弧形槽,槽的圆心在 D 点,把杆 3 变形为弧形滑块,与弧形槽相配合,如图 12-13(b)所示。当摇杆为无限长时,C 点的运动轨迹将变成一条直线,摇杆变为做直线运动的滑块,摇杆与机架之间的转动副 D 变为滑块与机架之间的移动副,曲柄摇杆机构则演化为图 12-13(c)所示的曲柄滑块机构。此时,C 点运动轨迹延长线与回转中心 A 之间存在偏距,则称为偏置曲柄滑块机构;若 C 点运动轨迹通过曲柄转动中心 A,则称为对心曲柄滑块机构,如图 12-13(d)所示。

同理,可将转动副 B 转化为移动副,即杆 2 改成滑块 2,滑块 3 改成带有弧形槽的导杆,得到双滑块机构,如图 12-13(e)所示;进一步将弧形槽圆心 C 移至无穷远处,弧形槽变成直槽,得到了正弦机构,如图 12-13(f)所示。

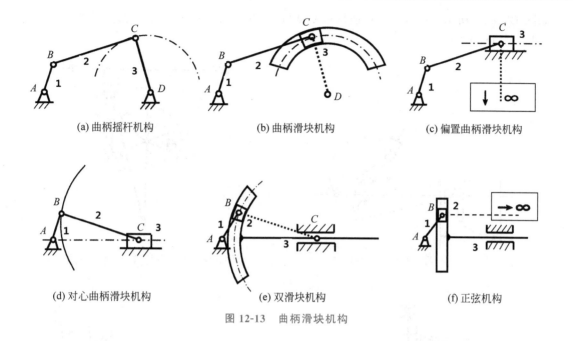

(a) 曲柄摇杆机构　　　　　　　(b) 曲柄滑块机构　　　　　　(c) 偏置曲柄滑块机构

(d) 对心曲柄滑块机构　　　　(e) 双滑块机构　　　　　　　(f) 正弦机构

图 12-13　曲柄滑块机构

3. 导杆机构

对于曲柄滑块机构,选取不同的构件作机架也可以得到不同形式的机构。

图 12-14(a)所示为对心曲柄滑块机构,当以构件 1 为机架时,可得到导杆机构,如图 12-14(b)所示。当杆 2 的长度大于机架 1 长度时,构件 2 和构件 4 均能做整周转动,称为转动导杆机构,图 12-15 所示的小型刨床采用了转动导杆机构。当杆 2 的长度小于机架 1 长度时,导杆 4 只能做来回摆动,称摆动导杆机构,图 12-16 所示牛头刨床中的主运动机构采用了摆动导杆机构。

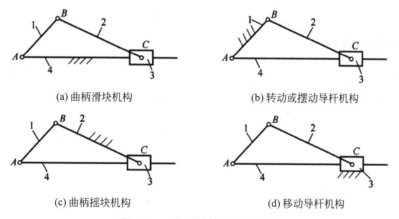

(a) 曲柄滑块机构　　　　　　　　　　(b) 转动或摆动导杆机构

(c) 曲柄摇块机构　　　　　　　　　　(d) 移动导杆机构

图 12-14　曲柄滑块机构的演化

4. 曲柄摇块机构

图 12-14(a)所示的对心曲柄滑块机构,当以构件 2 为机架时,可演化成曲柄摇块机构,

如图 12-14(c)所示。可以应用在插齿机驱动机构(图 12-17(a))中以及自卸汽车的翻斗机构(图 12-17(b))中。

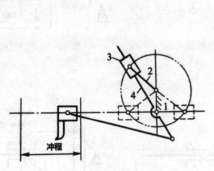

图 12-15   转动导杆机构在刨床的应用

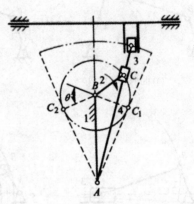

图 12-16   摆动导杆机构在刨床的应用

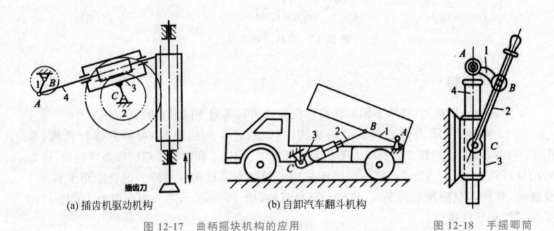

(a) 插齿机驱动机构   (b) 自卸汽车翻斗机构

图 12-17   曲柄摇块机构的应用   图 12-18   手摇唧筒

5. 移动导杆机构

图 12-13(a)所示的对心曲柄滑块机构,当以构件 3 为机架时,可演化成如图 12-14(d)所示的移动导杆机构,也称为定块机构,可应用于手摇唧筒中(图 12-18)。

12.3   平面连杆机构的工作特性

12.3.1   急回特性

1. 摆角和极位夹角

在图 12-19 所示的曲柄摇杆机构中,曲柄 AB 为原动件并做等速转动,BC 为连杆,CD 为摇杆,当 CD 杆处于 C_1D 位置为初始位置,C_2D 为终止位置,摇杆在两极限位置之间所夹角度称为摇杆的摆角,用 ψ 表示;相应的曲柄位置之间所夹的锐角称为极位夹角,用 θ

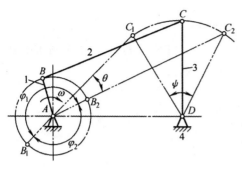

图 12-19　曲柄摇杆机构的急回特性

2. 急回特性和行程速比系数

当 AB 以等速顺时针从 AB_1 转到 AB_2 时，转过角度为 $\varphi_1 = 180° + \theta$，摇杆 CD 由 C_1D 摆动到 C_2D 位置，所需时间为 t_1，C 点的平均速度为 v_1；当 AB 以等速顺时针从 AB_2 转到 AB_1 时，转过角度为 $\varphi_2 = 180° - \theta$，摇杆 CD 由 C_2D 摆动到 C_1D 位置，所需时间为 t_2，C 点的平均速度为 v_2。由于曲柄 AB 等速转动，所以 $\varphi_1 > \varphi_2$，$t_1 > t_2$，因此，$v_2 > v_1$。

由此可见，主动件曲柄 AB 以等速转动时，从动件摇杆 CD 来回摆动的平均速度不相等，返回时速度较大，这种性质称为机构的急回特性；通常用行程速比系数 K 表示，即摇杆回程与工作行程平均速度之比。

$$K = \frac{v_2}{v_1} = \frac{\varphi_1}{\varphi_2} = \frac{180° + \theta}{180° - \theta} \tag{12-7}$$

3. 机构是否具有急回特性的判别

式(12-7)表明，机构具有急回特性的原因在于机构存在有极位夹角 θ。当 $\theta = 0$ 时，$K = 1$（即 $v_2 = v_1$），此时机构无急回特性；当 $\theta > 0$（$K > 1$）时，表示机构 $v_2 > v_1$，机构有急回特性。θ 角越大，K 值也越大，机构的急回特性就越显著。设计时，应根据其工作要求，恰当地选择 K 值，在一般机械中 $1 \leqslant K \leqslant 2$。

常见机构是否具有急回特性，判断如下。

(1) 对心曲柄滑块机构：因极位夹角 $\theta = 0$，机构没有急回特性。

(2) 偏置曲柄滑块机构：因极位夹角 $\theta \neq 0$，机构有急回特性，如图 12-20 所示。

(3) 摆动导杆机构：其摆角与极位夹角相等（$\psi = \theta$），机构有急回特性，如图 12-21 所示。

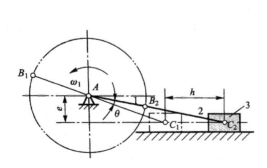

图 12-20　偏置曲柄滑块机构的急回特性图

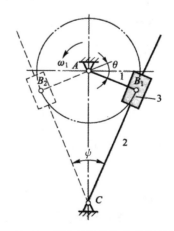

图 12-21　摆动导杆机构的急回特性

4．急回特性的应用

急回特性对于缩短机器非生产时间,提高劳动生产率是非常有利的,如牛头刨床中退刀速度明显高于工作速度,就是利用了摆动导杆机构的急回特性。

12.3.2　压力角和传动角

1．压力角

在生产中,不仅要求连杆机构能实现预定的运动规律,还希望运转轻便,效率高。图 12-22 所示的曲柄摇杆机构,如不计各杆质量和运动副中的摩擦,则连杆 BC 为二力杆,它作用于摇杆 CD 上的力 F 是沿 BC 方向的。作用在从动件上的驱动力 F 与该力作用点绝对速度 v_c 之间所夹的锐角 α 称为压力角。将力 F 沿从动件受力点速度方向和速度垂直方向进行分解,可分解为 $F_t = F\cos\alpha$；$F_n = F\sin\alpha$。

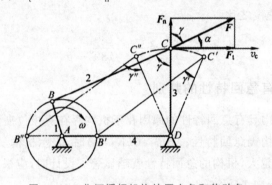

图 12-22　曲柄摇杆机构的压力角和传动角

F_t 是推动从动件运动的分力,称为有效分力；F_n 与从动件运动方向垂直,对从动件没有推动作用,还会增大铰链间的摩擦力。显然,F_t 越大越好,F_n 越小越好。因此,压力角 α 越大,F_t 越小,F_n 越大,机构传力性能越差。也就是说,压力角可作为判断机构传动性能的重要参数。

2．传动角

在工程中,为了度量方便,习惯用压力角 α 的余角 γ 来判断传力性能,γ 称为传动角。如图 12-22 所示,传动角等于连杆和从动件摇杆之间所夹的锐角；当夹角为钝角时,传动角为其补角。因 $\gamma = 90° - \alpha$,所以 α 越小,γ 越大,机构传力性能越好；反之,α 越大,γ 越小,机构传力越费力,传动效率越低；当 γ 过小时,不足以克服运动阻力,机构就会自锁。

3．机构具有良好传力性能的条件

由图 12-22 可知,机构运动时,传动角 γ 是变化的,为了保证机构正常工作,提高传动效率,必须规定最小传动角 γ 的下限。对于一般机械,通常取 $\gamma_{\min} \geqslant 40°$,对于颚式破碎机、冲床等大功率机械,最小传动角应当取大一些,可取 $\gamma_{\min} \geqslant 50°$；对于小功率的控制机构和仪表,可略小于 $40°$。

4. 最小传动角和最大压力角的确定

为了判定机构传力性能的好坏,应找出机构最小传动角 $\gamma_{\min}$ 的位置,看其是否满足 $\gamma_{\min} \geqslant [\gamma]$ 的条件。

1) 曲柄摇杆机构的最小传动角 $\gamma_{\min}$

如图 12-23 所示的曲柄摇杆机构中,曲柄 AB 为主动件,摇杆 CD 为从动件。

研究表明:最小传动角出现在主动件 AB 与机架 AD 两次共线位置之一处。比较两个位置处机构的传动角,其中较小的即为该机构的最小传动角 $\gamma_{\min}$。

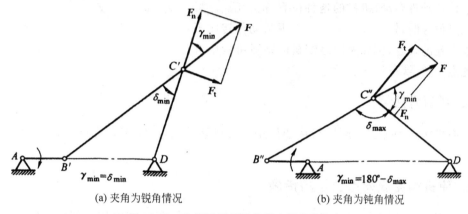

(a) 夹角为锐角情况　　　　　　　　(b) 夹角为钝角情况

图 12-23　曲柄摇杆机构的最小压力角 $\gamma_{\min}$

2) 曲柄滑块机构的最大压力角 $\alpha_{\max}$

如图 12-24 所示,对于曲柄滑块机构,确定压力角更方便,保证机构传力性能主要采用限制 $\alpha_{\max}$ 的方法。若机构的主动件为曲柄 AB,从动件为滑块 C,在曲柄与滑块导路垂直时,机构的压力角最大。

3) 摆动导杆机构的压力角 α

如图 12-25 所示的摆动导杆机构中,曲柄 AB 为主动件,导杆 BC 为从动件。由于在任何位置时,主动曲柄通过滑块传给从动件的力 F,和导杆上 B 点的速度都垂直于 BC,二者方向始终保持一致,所以压力角 α 为 0,传动角为 90°,故摆动导杆机构传力性能最好。

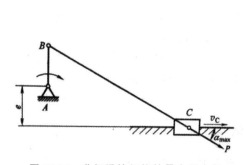

图 12-24　曲柄滑块机构的最大压力角

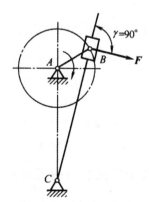

图 12-25　摆动导杆机构的压力角

12.3.3　死点

如图 12-26 所示曲柄摇杆机构,若摇杆 CD 为主动件,则当连杆 BC 与从动件 AB 共线(图中 AB_1C_1 和 AB_2C_2)时,摇杆 CD 通过连杆 BC 作用在从动件曲柄 AB 上的力将通过曲柄转动中心 A,转动力矩为零,因此不论连杆 BC 对曲柄 AB 的作用力有多大,都不能使从动件转动,机构的这种位置称为死点。机构在死点位置时,$\gamma=0,\alpha=90°$,将出现从动件转向不定或者卡死的现象,例如家用缝纫机的踏板机构中就存在死点位置。

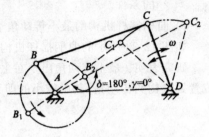

图 12-26　曲柄摇杆机构的死点

1. 判别方法

判断机构运动过程中连杆与从动件是否有可能共线,共线则有死点位置,否则无死点位置。

2. 使机构克服死点位置的措施

在工程上,可以利用惯性通过死点,在曲柄轴上安装飞轮,如家用缝纫机的踏板机构中大带轮就相当于飞轮;或采用相同机构错位排列方法来通过死点位置,如图 12-27 所示的机车车轮联动机构。

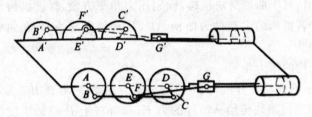

图 12-27　机车车轮联动机构

3. 机构死点位置的应用

在工程上,有时也利用死点来实现一定的工作要求。如图 12-28 所示的飞机起落架,当机轮放下时,BC 杆和 CD 杆共线,机构处以死点位置,地面对机轮的力不会使 CD 杆转动,使飞机起降可靠。又如图 12-29 所示的夹具利用死点位置特性可夹紧工件,铰链中心 B、C、D 处于同一条直线上,即使工件反力很大也不能使机构反转,当需要松开工件时,必须向上扳动手柄,才能松开夹紧的工件。

4. 几种常见机构有无死点位置的判别

(1) 曲柄摇杆机构:当曲柄为原动件时,连杆与从动件摇杆不可能共线,故不存在死点位置;当摇杆为原动件时,连杆和从动件曲柄将两次共线,即有两个死点位置。

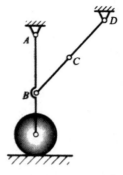

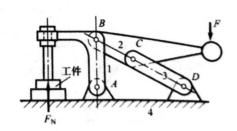

图 12-28　飞机起落架　　　　　　　　图 12-29　夹紧机构

（2）双曲柄机构：双曲柄机构没有极限位置，连杆与任意一个曲柄都不能共线，故不存在死点位置。

（3）双摇杆机构：两个摇杆有两个极限位置，摇杆处于极限位置时，连杆与从动件摇杆正好共线，因此，双摇杆机构有两个死点位置。

12.4　平面四杆机构的设计

平面四杆机构的设计是指根据已知条件来确定机构各构件的尺寸，一般可归纳为以下两类基本问题。

（1）实现给定的运动规律，例如要求满足给定的行程速比系数以实现预期的急回特性、实现连杆的几组给定位置等。

（2）实现给定的运动轨迹，例如要求连杆上某点能沿着给定轨迹运动等。

平面四杆机构的设计方法有图解法、解析法和实验法三种。图解法直观、清晰，一般比较简单易行，但精确程度稍差；实验法也有类似特点，而且设计工作比较烦琐；解析法精确程度较好，但计算求解较复杂。设计时到底选用哪种方法，应根据实际条件而定。本节仅讨论下述两种情况下如何用图解法设计平面四杆机构。

12.4.1　按照给定连杆位置设计四杆机构

如图 12-30 所示，已知连杆的长度 BC 以及它所处的三个位置 B_1C_1、B_2C_2、B_3C_3，要求设计该铰链四杆机构。

该机构设计的关键在于确定两个固定铰链 A 和 D 的位置。由于 B_1、B_2、B_3 三点位于以 A 为圆心的同一圆弧上，则可以根据已知三点求圆心的方法，作 B_1B_2 和 B_2B_3 的垂直平分线，其交点就是固定铰链中心 A。同理，作 C_1C_2 和 C_2C_3 的垂直平分线，其交点便是另一固定铰链中心 D，连接 AB_1C_1D 即为所求四杆机构。

由求解过程可知，给定 BC 的三个位置只有一个解，如给定两个位置，则 A、D 两点可分别在 b_{12} 和 c_{12} 上任取，因此有无穷多解，在设计时可按实际情况给定辅助条件，即可得一个确定的解。

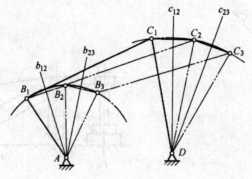

图 12-30　按给定连杆位置设计四杆机构

按给定连杆
位置设计四
杆机构

12.4.2　按照给定的行程速比系数设计四杆机构

在设计具有急回运动特性的四杆机构时,通常按实际需要,先给定行程速比系数 K,然后根据机构在极限位置的几何关系,结合有关辅助条件来确定机构运动简图的尺寸参数。

1. 曲柄摇杆机构

已知曲柄连杆机构摇杆 CD 的长度、摇杆最大摆角 ψ、行程速比系数 K,试设计该机构。

该机构设计的关键在于确定固定铰链位置,并求出机构中其余三个杆件长度,设计步骤如下。

(1) 由给定的行程速比系数 K,求出极位夹角:

$$\theta = 180° \cdot \frac{K-1}{K+1}$$

(2) 取适当的作图比例尺,任选固定铰链中心 D 的位置,由摇杆长度和摆角作出摇杆两个极限位置 C_1D 和 C_2D,如图 12-31 所示。

(3) 连接 C_1 和 C_2,作 $\angle C_1C_2O = \angle C_2C_1O = 90° - \theta$,直线 C_1O 与 C_2O 相交于 O 点。以 O 为圆心,C_1O 为半径画圆 L,则弦 C_1C_2 对应的圆心角为 2θ,在圆周上任取一点 A,则弦 C_1C_2 对应的圆周角为 θ,C_1A 与 C_2A 即摇杆处于极限位置时曲柄与连杆对应的位置,故曲柄的固定铰链中心可取圆周任意一点。

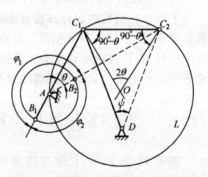

图 12-31　按给定 K 设计曲柄摇杆机构

(4) 根据机构运动的特点,$C_1A = BC - AB$,$C_2A = BC + AB$,可得 $AB = (C_2A - C_1A)/2$,$BC = (C_2A + C_1A)/2$,根据作图比例可求出三个杆件 AB、BC、AD 的长度。

由于 A 点是圆周上任选的点,若仅按行程速比系数 K 设计,可得无穷多的解。A 点位置不同,机构传动角的大小也不同。如想获得良好的传动性能,可按照最小传动角最优或其他辅助条件来确定 A 点的位置。

2. 曲柄滑块机构

已知曲柄滑块机构中滑块的行程 s、偏心距 e、行程速比系数 K，试设计该机构。

该机构设计的关键在于确定固定铰链 A 的位置，并求出机构中其余两个杆件的长度，作图方法与曲柄摇杆机构类似，其设计步骤如下。

（1）由给定的行程速比系数 K，求出极位夹角：

$$\theta = 180° \cdot \frac{K-1}{K+1}$$

（2）取适当的作图比例尺，由滑块行程 s 作出滑块两个极限位置 C_1 和 C_2，如图 12-32 所示。

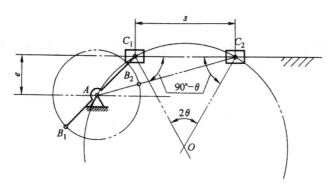

图 12-32　按给定系数 K 设计偏置曲柄滑块机构

（3）连接 C_1 和 C_2，作 $\angle C_1 C_2 O = \angle C_2 C_1 O = 90° - \theta$，直线 $C_1 O$ 与 $C_2 O$ 相交于 O 点。以 O 为圆心，$C_1 O$ 为半径画圆 L，则弦 $C_1 C_2$ 对应的圆心角为 2θ，在圆周上任取一点 A，则弦 $C_1 C_2$ 对应的圆周角为 θ，故固定铰链中心 A 一定在圆周上。

（4）作距离 $C_1 C_2$ 为 e 的平行线，此平行线与圆周的交点即为 A 点。根据机构运动的特点，$C_1 A = BC - AB$，$C_2 A = BC + AB$，可得 $AB = (C_2 A - C_1 A)/2$，$BC = (C_2 A + C_1 A)/2$，根据作图比例可求出二个杆件 AB、BC 的长度。

由于偏距 e 的限制，所得固定铰链 A 点是唯一解。

3. 摆动导杆机构

已知摆动导杆机构机架 AD 的长度、行程速比系数 K，试设计该机构。

由于导杆机构的摆角 ψ 等于曲柄的极位夹角 θ，故该机构设计的关键在于确定曲柄 AC 的长度，其设计步骤如下。

（1）由给定的行程速比系数 K，求出极位夹角 θ，也就是摆角 ψ

$$\psi = \theta = 180° \cdot \frac{K-1}{K+1}$$

（2）任选固定铰链中心 D 的位置，由导杆摆角 ψ 作出导杆两个极限位置 $C_1 D$ 和 $C_2 D$，如图 12-33 所示。

（3）作摆角 ψ 的角平分线 BD，并在角平分线 BD 上，选取适当

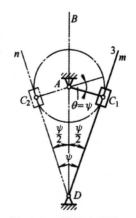

图 12-33　按给定系数 K 设计导杆机构

的长度比例尺量取机架长度 AD，则得到固定铰链中心 A 的位置。

（4）过 A 点作导杆极限位置的垂线 AC_1 或 AC_2，则曲柄的长度 AC_1 即为所求。

12.5　本章实训——观看机构模型

1. 实训目的

机构的类型很多，功能和特点也各不相同。通过本次实训，要求学生了解各种常用机构的功能和特点。

2. 实训内容

观看机构模型及其运动，对所观看的机构进行分类，总结不同类型机构的功能和特点，写出分析报告。

3. 实训过程

（1）观察机构静态模型。

（2）观察机构动态模型。

（3）观察机构模型的多媒体课件。

（4）写出分析报告（包括机构的分类，以及该类型机构的特点、主要功能及典型应用）。

4. 实训总结

通过本章的实训，学生应该掌握平面四杆机构的基本类型，能够分析平面四杆机构的运动特性。

拓展阅读

纺织女神——黄道婆

宋末元初，松江乌泥泾童养媳出身的棉纺织革新家黄道婆年轻的时候曾经流落到海南岛崖州，向黎族姐妹学习了棉纺织技术，元成宗元贞元年左右回到故乡，和当地的织妇一起，在纺织生产的实践中，把用于纺麻的脚踏纺车改成三锭棉纺车，并且总结了一套纺纱技术。

脚踏纺车是利用偏心轮工作原理，由纺纱和脚踏两部分机构组成。纺纱机构有锭子、绳轮和绳弦等机件；脚踏机构有曲柄、踏杆、凸钉等机件。黄道婆改革纺车使之适于纺棉，就是从改变轮径和锭子数着手的。三锭脚踏纺车最大的优点是解放了手，双手可以全神贯注用于引纱加捻，一手能纺三根纱，省时省力，大大提高了纺纱效率（图 12-34(a)）。黄道婆还革新了脚踏织布机、包括平纹织机和提花机。她结合自己的实践经验，总结出了一套"错纱配色、综线挈花"的工艺技术，并传授给乌泥泾妇女，使当时松江地区成为棉纺织中心之一，赢得了"松郡棉布，衣被天下"的美誉。

黄道婆推广棉花种植，革新棉纺织工具，改进并传授纺织技艺，不仅改善了乌泥泾和邻近地区人民的生活,对松江一带棉纺织业的迅速发展也起到了决定性的作用,甚至促进了整个长江下游棉纺织业的发展,对明清两代江南农村和城镇的经济繁荣产生了深远影响。黄道婆去世之后,为缅怀她的功绩,当地人将其奉为纺织之神,为其建立祠院,香火绵延不断。科技史专家李约瑟评价黄道婆为十三世纪杰出的棉纺织技术革新家,对她在棉纺织史上的革命性作用给予了高度认可。1980年,我国发行了一枚纪念邮票,表彰了黄道婆对中国棉纺织业发展做出的杰出贡献(图12-34(b))。至今,上海地区与黄道婆有关的祠、庙、堂等有十多处。可以说,黄道婆算得上是最广为人知的中国古代女性科技人物。

(a) 纺车　　　　　　　　　　(b) 黄道婆

图 12-34　三锭脚踏纺车

练 习 题

1. 填空题

(1) 在铰链四杆机构中,能够做360°回转的连架杆称为_____。

(2) 曲柄摇杆机构中行程速比系数 K 的大小取决于_____,K 值越大,机构的_____越显著。

(3) 在曲柄摇杆机构中,当_____与_____共线时,机构可能出现最小传动角。

2. 简答题

(1) 铰链四杆机构的基本形式有哪些? 它们的主要区别是什么?

(2) 铰链四杆机构曲柄存在的条件是什么?

(3) 曲柄摇杆机构具有死点位置的条件是什么?

(4) 铰链四杆机构有几种演化方式?

3. 综合设计题

(1) 在图 12-35 所示铰链四杆机构中,$l_{BC}=50$,$l_{CD}=30$,$l_{AD}=30$,AD 为机架。试问:

① 若此机构为曲柄摇杆机构,且 AB 为曲柄,求 l_{AB} 的最大值。

② 若此机构为双曲柄机构，求 l_{AB} 的最小值。

（2）根据图 12-36 所示的尺寸和机架，判断铰链四杆机构的类型。

（3）在曲柄摇杆机构中，已知曲柄的长度 $l_{AB}=30\text{mm}$，连杆的长度 $l_{BC}=60\text{mm}$，摇杆的长度 $l_{CD}=55\text{mm}$，机架的长度 $l_{AD}=45\text{mm}$。

① 当曲柄与机架的夹角 $\varphi=110°$，画出机构的位置图。

② 以曲柄为主动件时，画出该机构的压力角。

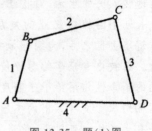

图 12-35 题（1）图

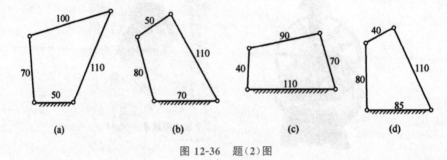

图 12-36 题（2）图

（4）设计一曲柄摇杆机构，已知摇杆 CD 的长度 $l_{CD}=75\text{mm}$，行程速比系数 $K=1.5$，机架 AD 的长度 $l_{AD}=100\text{mm}$，摇杆的一个极限位置与机架的夹角为 $45°$，求曲柄 AB 和连杆 BC 的长度 l_{AB} 和 l_{BC}

（5）在图 12-37 中，用铰链四杆机构作为加热炉炉门的启闭机构。要求加热时炉门关闭，处于垂直位置 B_1C_1；炉门打开后处于水平位置 B_2C_2，温度较低的一面朝上。已知炉门上两个链的中心距为 60mm，固定铰链安装在图示 yy 轴线上，其余相关尺寸如图所示。试用图解法设计该铰链四杆机构。

题（5）图

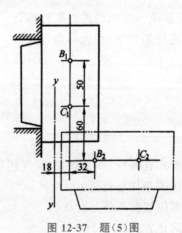

图 12-37 题（5）图

第13章

凸 轮 机 构

学习目标

本章主要讨论凸轮机构的特点及类型；从动件的常用运动规律；图解法设计平面凸轮轮廓；滚子半径、压力角和基圆半径之间的关系。通过本章的学习，要求学会按给定的从动件运动规律用图解法设计平面凸轮轮廓；熟悉从动件的常用运动规律；了解滚子半径、压力角和基圆半径之间的关系。

重点与难点

◇ 凸轮机构的特点与分类；
◇ 凸轮机构从动件常用运动规律；
◇ 图解法设计凸轮轮廓曲线；
◇ 凸轮机构的压力角及其许用值；
◇ 基圆半径与压力角的关系。

案例导入

内燃机配气机构

图 13-1 是内燃发动机的配气机构。当凸轮 1 连续转动时，带动从动件摆杆 2 摆动，在摆杆 2 和弹簧的作用下，气阀杆 3 相对于机架 4 做往复直线移动，从而控制进气阀和排气阀按一定的规律开启或关闭，可燃气体进入气缸或废气排出气缸，从而使内燃机正常工作。可以看出，进气和排气的运动规律主要取决于凸轮轮廓曲线的形状，设计凸轮的主要任务之一就是根据从动件的工作要求，确定凸轮轮廓曲线的形状。

凸轮是一种具有曲线轮廓或凹槽的构件，通过与从动件的高副接触，在运动时可以使从动件获得连续或不连续的任意预期运动。本章仅讨论凸轮与从动件做平面运动的平面凸轮机构，重点学习尖顶、滚子从动件盘形凸轮机构的设计问题。

摆动式凸轮
配气机构

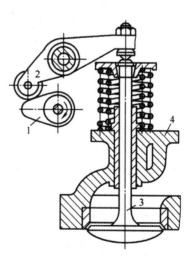

图 13-1　内燃机配气机构

13.1　凸轮机构概述

13.1.1　凸轮机构的应用与特点

凸轮机构是机械传动中的一种常用机构,在许多机器中,特别是各种自动化和半自动化机械、仪表及操控装置中,为实现各种复杂的运动要求,常采用凸轮机构。

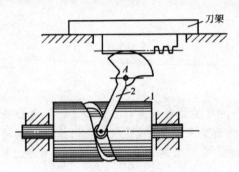

图 13-2　自动进刀机构

图 13-2 所示为自动机床的进刀机构。当圆柱凸轮 1 连续转动时,凹槽侧面迫使从动件 2 绕 A 点做往复摆动,再通过扇形齿轮与齿条的啮合传动,控制刀架的进刀和退刀运动。自动刀架的运动规律主要由圆柱凸轮凹槽曲线的形状所确定。

图 13-3 所示为靠模车削机构,工件 1 回转,凸轮 4 作为靠模被固定在床身上,刀架 2 在弹簧作用下与凸轮轮廓紧密接触。当刀架 2 通过滚子 3 在靠模板(凸轮)曲线轮廓的推动下做横向移动时,切削出与靠模板曲线一致的工件。

图 13-4 所示为分度转位机构,蜗杆凸轮 1 转动时推动从动轮 2 做间歇转动,从而完成高速、高精度的分度动作。

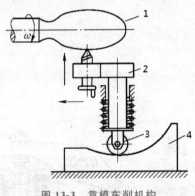

图 13-3　靠模车削机构

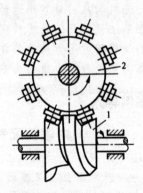

图 13-4　分度转位机构

由以上各例分析可知,凸轮机构是由凸轮、从动件和机架三个基本构件组成的高副机构,结构简单,只要设计出适当的凸轮轮廓曲线,就可以使从动件实现任何预期的运动规律。由于凸轮机构是高副机构,容易磨损,因此只适用于传递动力不大的场合。

13.1.2　凸轮机构的类型

凸轮机构通常可按凸轮的形状、从动件的结构形状、从动件的运动形式、从动件与凸轮保持接触的方式等进行分类。

1. 按凸轮的形状分

(1) 盘形凸轮机构：如图 13-5 所示，凸轮是一个绕定轴转动、具有变化向径的盘形零件。从动件与凸轮在同一平面内运动，并与凸轮轴垂直。

(2) 移动凸轮机构：如图 13-6 所示，移动凸轮实际上是曲率半径为无穷大时的盘形凸轮。凸轮相对于机架做直线往复移动，从动件与凸轮在同一平面内做往复移动或摆动。

(3) 圆柱凸轮机构：如图 13-2 所示，凸轮是一圆柱体，从动件可移动也可摆动，圆柱凸轮可以看成是将移动凸轮卷成圆柱体演化而来的。

盘形凸轮和移动凸轮机构属于平面机构，圆柱凸轮属于空间机构。盘形凸轮机构是凸轮机构中的最基本类型，也是应用最为广泛的一种，所以本章主要讨论盘形凸轮机构的设计。

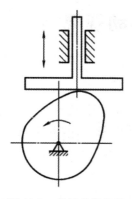

图 13-5　盘形凸轮机构

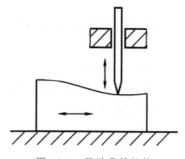

图 13-6　移动凸轮机构

2. 按从动件的结构形式分

(1) 尖顶从动件：如图 13-6 所示，结构最简单，尖顶能与任何形状的凸轮轮廓相接触，因而能实现复杂的运动规律。但由于尖顶的接触点处会产生较大压强和严重的磨损。因此，仅适用于受力不大的低速运动机构，如仪器和仪表中的凸轮机构。

(2) 滚子从动件：如图 13-3 所示，端部装有可自由转动的滚子。由于滚子与凸轮轮廓之间的摩擦为滚动摩擦，磨损较小，可承受较大的载荷，所以应用较广泛。缺点是凸轮上凹陷的轮廓未必能很好地与滚子接触，从而影响预期运动规律的实现。

(3) 平底从动件：如图 13-5 所示，与凸轮轮廓表面的接触为一平面。平底与凸轮接触处易形成油膜，故润滑状况良好，能大大减小磨损。当不考虑摩擦时，凸轮对从动件的作用力始终垂直于平底，从动件受力比较平稳，传动效率较高，故常用于高速凸轮机构中。缺点是仅能与轮廓全部外凸的凸轮相结合。

3. 按从动件的运动形式分

(1) 直动从动件：如图 13-5 所示，运动形式为从动件沿导路做直线往复移动。如果直动从动件导路中心线通过凸轮回转中心，则称为对心直动从动件；否则，称为偏置直动从动件。

（2）摆动从动件：如图 13-2 所示，运动形式为从动件绕自身轴线做往复摆动。

4. 按从动件与凸轮保持接触方式分

（1）力锁合：如图 13-3 所示，依靠零件自身的重力、弹簧力或其他外力，使从动件与凸轮保持始终接触。

（2）形锁合：如图 13-2 所示，依靠凸轮上的沟槽等特殊结构，使从动件与凸轮保持永久接触。除了沟槽凸轮，还有等径及等宽凸轮和共轭凸轮等，都是利用几何形状来锁合的凸轮机构。

将以上各种不同形式的从动件和凸轮组合起来，就可以得到各种不同类型的凸轮机构，如图 13-5 所示的凸轮机构可命名为偏置直动平底从动件盘形凸轮机构。

13.2　从动件的常用运动规律

13.2.1　凸轮机构的工作过程

如图 13-7(a)所示，以对心直动尖顶从动件盘形凸轮机构为例，说明凸轮机构的基本参数。以凸轮轮廓上的最小向径 r_b 为半径所作的圆称为凸轮的基圆，r_b 称为基圆半径，凸轮以等角速度 ω 逆时针转动。

对心直动尖顶从动件盘形凸轮机构

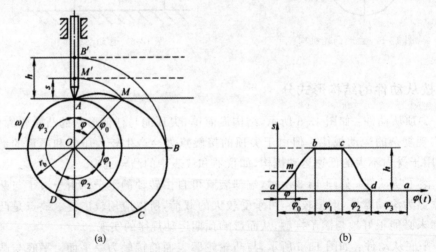

(a)　　　　　　　　　(b)

图 13-7　对心直动尖顶从动件盘形凸轮机构

1. 推程

在图示位置，从动件尖顶与凸轮轮廓 A 点接触，A 点是从动件上升运动时的起始点，此时从动件尖顶距离凸轮轴最近。当凸轮转过角度 φ_0 时，凸轮的 AB 段轮廓按一定运动规律将从动件尖顶从 A 点推至最远位置 B 点，这一过程称为推程，对应的凸轮转角 φ_0 称为推程运动角，从动件上升的距离 h 称为行程。

2. 远休止

当从动件到达最远位置 B 点后,凸轮继续转过角度 φ_1 时,因凸轮的 BC 段轮廓向径不变,所以从动件在最远位置处停止不动,这一过程称为远休止,对应的凸轮转角 φ_1 称为远休止角。

3. 回程

当凸轮继续转过角度 φ_2 时,由于凸轮的向径减小,从动件尖顶与凸轮圆弧 CD 段相接触,使从动件从最远位置逐渐回到起始位置,这一过程称为回程,对应的凸轮转角 φ_2 称为回程运动角。

4. 近休止

当凸轮继续转过角度 φ_3 时,从动件尖顶与凸轮基圆圆弧 DA 接触,从动件在最近位置处保持不动,这一过程称为近休止,对应的凸轮转角 φ_3 称为近休止角。

此时,凸轮机构完成了一个"升—停—降—停"的运动循环,当凸轮继续回转时,从动件将重复上述过程。在凸轮机构的一个运动周期中,远休止和近休止的过程根据机构的工作要求可有可无,但推程和回程是必不可少的。

5. 从动件位移线图

从动件的位移 s 与凸轮转角 φ 的关系可以用从动件的位移线图来表示,如图 13-7(b)所示。由于一般凸轮做等速转动,转角与时间成正比,因此横坐标也可代表时间。

由上述讨论可知,从动件的运动规律取决于凸轮的轮廓形状,因此在设计凸轮的轮廓曲线时,必须先确定从动件的运动规律。

13.2.2　从动件常用运动规律

凸轮机构的运动与动力特性取决于从动件的运动规律。下面以尖顶对心直动从动件盘形凸轮机构的推程为例,介绍几种从动件常用的运动规律。

1. 等速运动规律

等速运动规律指当凸轮以等角速度转动时,从动件上升或下降时的运动速度保持为一个常量,这种运动规律称为等速运动规律。

推程运动线图如图 13-8 所示,从动件在运动始末瞬时,速度存在突变。在理论上加速度为无穷大,会产生无穷大的惯性力,导致机构产生强烈冲击、振动和噪声,称这种冲击为刚性冲击。当载荷较大、速度较高且润滑不良时,容易导致凸轮轮廓和从动件接触表面严重磨损,使凸轮机构的工作性能变差,使用寿命缩短。因此,单纯的等速运动规律一般仅用于低速和轻载的凸轮机构中。在实际应用中,可将位移曲线始末两端用圆弧、抛物线等曲线过渡,以缓和冲击。

2. 等加速接等减速运动规律

等加速接等减速运动规律是指从动件在一个行程（升程或回程）中，前半程做等加速运动，后半程做等减速运动。通常前半程和后半程从动件的位移相等，均为 $h/2$，加速度与减速度的绝对值也相等。

推程运动线图如图 13-9 所示，从动件行程的起始点 A、中点 B 和终止点 C 处，加速度存在有限值突变，产生惯性力变化也是有限值，由此产生的冲击、振动和噪声对凸轮机构所造成的影响，要比等速运动规律的刚性冲击的影响小得多，称为柔性冲击。

这种具有柔性冲击的运动规律只适用于中、低速和轻载的凸轮机构。

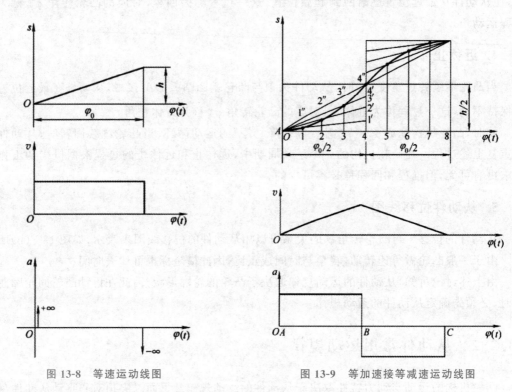

图 13-8　等速运动线图　　　　　　　　　　图 13-9　等加速接等减速运动线图

3. 简谐运动规律（余弦加速度运动规律）

当动点在一圆周上做匀速运动时，由该动点在此圆直径上的投影所构成的运动，称为简谐运动。从动件简谐运动规律的推程运动线图如图 13-10 所示，位移曲线为余弦曲线，速度曲线为正弦曲线，而加速度曲线则为余弦曲线，故简谐运动规律又常称为余弦加速度运动规律。

若从动件运动时，其升程和回程都采用简谐运动规律，同时凸轮的远休止角和近休止角都为零，即在升程—回程—升程的运动循环中，从动件始终处于运动状态，速度和加速度曲线是光滑连续的曲线，速度和加速度没有突变。此时凸轮机构既不存在刚性冲击也不存在柔性冲击，故可用于高速凸轮机构。

若从动件运动时，其升程和回程都采用简谐运动规律，同时凸轮的远休止角和近休止角都不为零,则在运动起始和终止位置(图中 A、B 两点处),加速度会发生有限值突变,存在柔性冲击。因此,该情况下的简谐运动规律只适用于中、低速和轻载的凸轮机构。

4. 摆线运动规律(正弦加速度运动规律)

从动件的摆线运动规律是指当一个圆在一直线上做纯滚动时,圆上一点所走过的轨迹在坐标轴上的投影。从动件摆线运动规律的推程运动线图如图 13-11 所示,摆线运动规律的速度曲线和加速度曲线始终是连续变化的。对于凸轮的远休止角和近休止角都为 0 或不为 0 的运动规律来说,按正弦曲线变化的加速度在从动件运动的起始位置和终止位置都为零,因此从动件的加速度不会产生突变。这种运动规律既没有刚性冲击,也没有柔性冲击,而且在中间部分的加速度变化也比较平缓,故机构传动平稳,振动、噪声和磨损都较小,可以用于运动速度较高的中载凸轮机构。

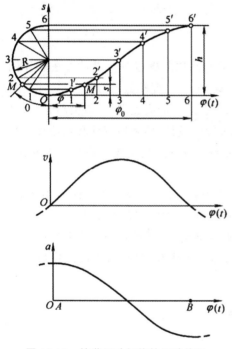

图 13-10　简谐运动规律的运动线图

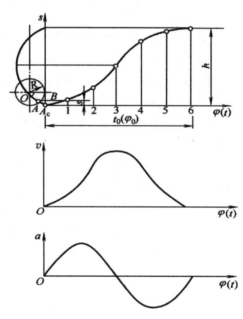

图 13-11　摆线运动规律的运动线图

从动件运动规律对凸轮机构的工作性能有很大的影响。因此,在设计凸轮机构时,要合理地选择从动件的运动规律。

13.3　凸轮机构的设计

13.3.1　凸轮机构类型的确定

设计凸轮机构时,要根据凸轮机构在传动链中的位置、作用和所要完成的动作及其过程,确定凸轮机构的类型。例如:确定采用摆动从动件还是直动从动件;采用对心从动件还是偏心从动件;采用滚子从动件还是平底从动件;采用盘形凸轮还是圆柱凸轮等。

13.3.2　从动件运动规律的选择

在选择从动件的运动规律时,应根据机器工作时的运动要求来确定。如机床中控制刀架进刀的凸轮机构,要求刀架进刀时做等速运动,则从动件应选择等速运动规律,至于行程始末端,可以通过拼接其他运动规律的曲线来消除冲击。对无一定运动要求,只需要从动件有一定位移量的凸轮机构,如夹紧送料等,可只考虑加工方便,采用圆弧、直线等组成的凸轮轮廓。对于高速机构,应减小惯性力,改善动力性能,可选用正弦加速度运动规律或其他改进型的运动规律。

13.3.3　图解法设计凸轮轮廓曲线

从动件的运动规律和凸轮基圆半径确定后,即可进行凸轮轮廓设计。设计方法有作图法和解析法两种。作图法简便易行,而且直观,但作图误差大、精度较低,适用于低速或对从动件运动规律要求不高的一般精度凸轮设计。对于精度要求高的高速凸轮、靠模凸轮等,必须用解析法列出凸轮轮廓曲线的方程式,借助于计算机辅助设计,精确地设计凸轮轮廓。另外,采用的加工方法不同,则凸轮轮廓的设计方法也不同。设计凸轮轮廓的原理是反转法,其内容如下。

如图 13-12 所示,当凸轮以等角速度 ω 绕轴心 O 转动时,从动件按预期运动规律运动。现设想在整个凸轮机构上叠加一个与凸轮角速度 ω 大小相等、方向相反的角速度 $-\omega$,于是凸轮静止不动,而从动件与导路一起以角速度 $-\omega$ 绕凸轮转动,且从动件仍以原来的运动规律相对导路移动(或摆动)。由于从动件的尖顶始终与凸轮轮廓线相接触,所以凸轮机构反转一圈后,从动件尖顶的运动轨迹就是实际的凸轮轮廓曲线。

反转法原理

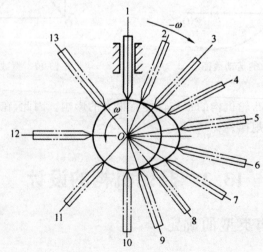

图 13-12　反转法原理

这种将凸轮看成是静止不动的,而将导路与原来往复移动的从动件看成是反转运动的方法称为反转法。如果从动件是滚子,则滚子中心可看作是从动件的尖顶,其运动轨迹就是凸轮的理论轮廓曲线,凸轮的实际轮廓曲线是与理论轮廓曲线相距滚子半径的一条等距曲线。

1. 对心直动尖顶从动件盘形凸轮轮廓绘制

已知从动件运动规律以及凸轮的基圆半径 r_b,凸轮以等角速度按顺时针方向转动,对心直动尖顶从动件盘形凸轮轮廓的设计步骤如下。

(1) 选取适当的比例尺 μ_l,根据从动件运动规律,作从动件的位移线图,如图 13-13(a) 所示。

(2) 将位移线图的升程转角和回程角分为若干等份,通过各点作纵坐标 s 轴的平行线与位移曲线相交,得到凸轮在各个转角时从动件的位移量 $11'$、$22'\cdots$。

(3) 取相同长度比例尺 μ_l,以 O 为圆心、以 r_b 为半径画基圆。此基圆与从动件导路中心线的交点 B_0 即为从动件尖顶的起始位置。

(4) 自 OB_0 沿 $-\omega$ 的方向,根据位移线图中各运动角的前后顺序分别画出推程运动角 $180°$、远休止角 $30°$、回程运动角 $90°$ 和近休止角 $60°$,并将它们分成与图 13-13(a)对应的若干等份,得到点 C_1、C_2、$C_3\cdots$,连接并延长 OC_1、OC_2、$OC_3\cdots$,它们便是反转以后从动件导路中心线的各个位置。

(5) 在位移线图中量取各位移量,并取 $C_1B_1=11'$、$C_2B_2=22'$、$C_3B_3=33'\cdots$,得出反转后从动件尖顶的一系列位置 B_1、B_2、$B_3\cdots$。

(6) 将 B_0、B_1、$B_2\cdots$各点连成光滑曲线,即得所要求的凸轮轮廓曲线,如图 13-13(b)所示。

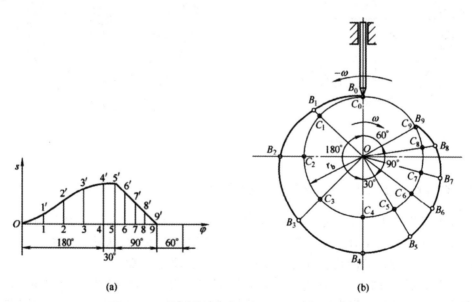

图 13-13 绘制对心直动尖顶从动件盘形凸轮轮廓

2. 对心直动滚子从动件盘形凸轮轮廓的绘制

对心直动滚子从动件盘形凸轮轮廓的绘制方法与对心直动尖顶从动件盘形凸轮的绘制方法基本相同。如图 13-14 所示,将滚子中心视为尖顶从动件的尖点,按上述方法求出的凸轮轮廓 η 称为凸轮的理论轮廓。然后以 η 上各点为圆心,以从动件滚子的半径为半径画一系列滚子圆,则此圆族的内包络线 η',即为滚子从动件盘形凸轮的实际轮廓。由以上作图过程可知,滚子从动件盘形凸轮的基圆半径 r_b 是在凸轮理论轮廓上度量的。

3. 对心直动平底从动件盘形凸轮轮廓的绘制

绘制平底移动从动件盘形凸轮轮廓的方法与上述方法相似。如图 13-15 所示,首先按照尖顶从动件盘形凸轮的设计方法求出从动件的各尖点 B_1、B_2、B_3…,将各点作为从动件导路中心线与平底的交点,然后过 B_1、B_2、B_3…作一系列表示平底位置的直线,此直线族的内包络线即为该凸轮的实际轮廓线。由于从动件平底与凸轮实际轮廓的切点是随机构位置而变化的,所以为了保证在所有位置上平底都能与轮廓相切,从动件平底左右两侧的单侧长度必须分别大于导路至最远切点的距离 L_{max},一般取平底的长度为 $L = 2L_{max} + (5 \sim 7)$mm。

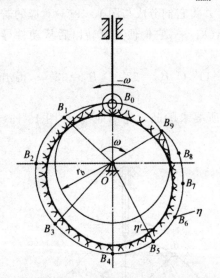

图 13-14　绘制对心直动滚子从动件盘形凸轮轮廓

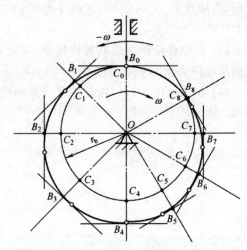

图 13-15　绘制平底移动从动件盘形凸轮轮廓

4. 偏置直动尖顶从动件盘形凸轮轮廓的绘制

偏置指移动从动件的轴线不通过凸轮的转动中心,到转动中心的距离称为偏心距 e。已知偏心距为 e,基圆半径为 r_b,凸轮以角速度 ω 顺时针转动,从动件位移线图仍采用图 13-13(a),设计该凸轮的轮廓曲线。如图 13-16 所示,设计步骤如下。

(1) 以与位移线图相同的比例尺作出偏距圆(以 e 为半径的圆)及基圆,过偏距圆上任一点 K 作偏距圆的切线作为从动件导路,并与基圆相交于 B_0 点,该点也就是从动件尖顶的起始位置。

(2) 自 OB_0 沿 $-\omega$ 的方向,根据位移线图中各运动角的前后顺序分别画出推程运动角

$180°$、远休止角 $30°$、回程运动角 $90°$ 和近休止角 $60°$，并将它们分成与图 13-13(a)对应的若干等份，得到点 C_1、C_2、C_3…。

（3）过各点 C_1、C_2、C_3…，向偏距圆作切线，作为从动件反转后的导路线。

（4）在以上的导路线上，从基圆上的点 C_1、C_2、C_3…开始向外量取相应的位移量得 B_1、B_2、B_3…，并取 $C_1B_1 = 11'$、$C_2B_2 = 22'$、$C_3B_3 = 33'$…，得出反转后从动件尖顶的一系列位置 B_1、B_2、B_3…。

（5）将 B_0、B_1、B_2…各点连成光滑曲线，即得所要求的凸轮轮廓曲线。

绘制偏置直动尖顶从动件盘形凸轮轮廓

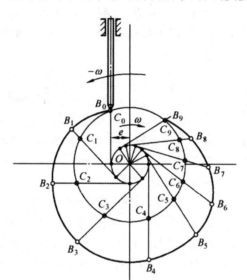

图 13-16　绘制偏置直动尖顶从动件盘形凸轮轮廓

13.3.4　解析法设计凸轮轮廓曲线

解析法设计凸轮轮廓的依据也是反转法原理，按照给定的从动件运动规律、基本尺寸及其他具体条件，求出凸轮理论轮廓线、实际轮廓线的方程，精确计算出轮廓线上各点的坐标。凸轮轮廓设计时，坐标原点取在凸轮回转中心，坐标系有直角坐标系和极坐标系两种。一般常用极坐标系，具体的设计方法与步骤可参阅有关资料。

13.4　凸轮机构基本尺寸的确定

设计凸轮机构不仅要保证从动件能实现预期的运动规律，还要求整个机构传力性能良好、结构紧凑。这些要求与凸轮机构的压力角、基圆半径、滚子半径等有关。

13.4.1　凸轮机构的压力角

凸轮机构中，从动件的受力方向与运动方向之间所夹的锐角，称为凸轮机构的压力角，

用 α 表示。在凸轮转动过程中,从动件与凸轮轮廓线的接触点位置是变化的,各接触点处的公法线方向是不同的,凸轮对从动件的作用力 F 的方向也不同,所以凸轮轮廓线上各处的压力角也不同。压力角是凸轮机构设计中的一个重要参数,机构传力性能的好坏与其压力角有关。

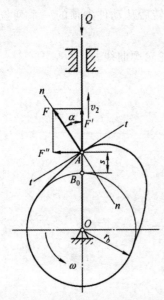

图 13-17　凸轮机构的压力角

1. 压力角与传力性能的关系

图 13-17 所示为对心直动尖顶从动件盘形凸轮机构在推程中的受力情况,不考虑摩擦时,Q 为作用在从动件上的载荷,包括工作阻力、重力、弹簧力和惯性力等。F 为凸轮作用于从动件的法向力,可分解为

$$F' = F\cos\alpha$$
$$F'' = F\sin\alpha \tag{13-1}$$

式中:F' 为凸轮推动从动件运动的有效分力,方向与从动件运动方向一致;F'' 方向与从动件运动方向垂直,该分力只能增加从动件与导路之间的摩擦阻力,称为有害分力;α 为凸轮机构的压力角。

从式(13-1)可以看出,压力角 α 越小,则有效分力 F' 越大,有害分力 F'' 越小,机构的受力情况和工作性能也就越好。反之,压力角 α 越大,则有效分力 F' 越小,有害分力 F'' 越大,由其所产生的摩擦阻力也就越大。当压力角 α 增大到某一数值时,有效分力将小于由有害分力所产生的摩擦阻力。此时,无论凸轮给从动件施加多大的作用力 F,都无法使从动件运动,机构处于自锁状态。

2. 压力角的许用值

为保证凸轮机构有良好的传力性能,避免产生自锁,必须限制凸轮机构的最大压力角,使 $\alpha_{max} \leqslant [\alpha]$,$[\alpha]$ 为许用压力角。在一般工程设计中,推荐的许用压力角 $[\alpha]$ 如下。

在推程(工作行程)中,为保证机构良好的传力性能,直动从动件 $[\alpha]=30°$,摆动从动件 $[\alpha]=45°$;在回程(空行程)中,因从动件受力较小且一般不会发生自锁,许用压力角可取得大些,一般推荐 $[\alpha]=80°$。

3. 压力角的校验

凸轮机构在凸轮轮廓曲线上各点处的压力角不相等,最大压力角 α_{max} 一般出现在推程的起始位置、理论轮廓线上比较陡和从动件有最大速度的轮廓附近。设计时,可根据经验在凸轮轮廓上取压力角可能最大的几点,如图 13-18 所示,用量角尺进行检验。如果测量结果超过许用值,根据实际情况可采取如下措施以减小 α_{max}。

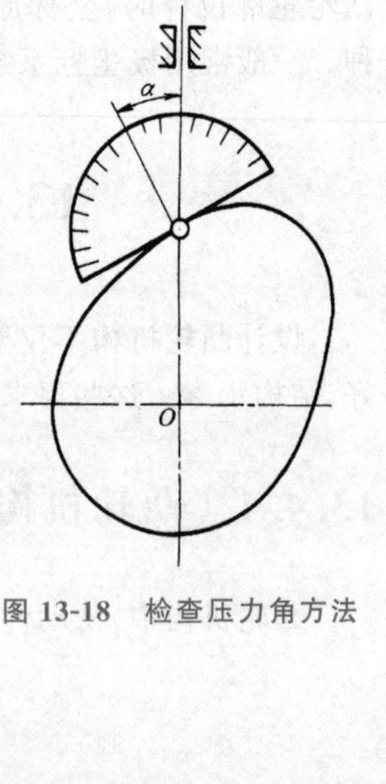

(1)增大基圆半径,图 13-19(a)为两个基圆半径不同的凸轮,当凸轮转过相同的角度 δ 时,从动件有相同的位移 h,基圆半径小

图 13-18　检查压力角方法

的凸轮轮廓较陡,压力角 α_1 较大,而基圆半径大的凸轮轮廓较平缓,压力角 α_2 较小。因此,在设计凸轮机构时可通过增大基圆半径来获得较小的压力角。

（2）将对心凸轮机构改为偏置凸轮机构,如图 13-19(b)所示,在其他条件不变的情况下,从动件偏置方向和偏心距大小的改变可以影响到凸轮机构压力角。因此合理地选择从动件的偏置方向和偏心距的大小,可以改善凸轮机构的受力情况,使凸轮机构的压力角控制在允许的范围之内。具体措施为：若凸轮逆时针转动,则从动件的轴线（或力的作用线）偏置于凸轮转动中心的右侧；若凸轮顺时针转动,则从动件的轴线（或力的作用线）偏置于凸轮转动中心的左侧。上述措施可以减小凸轮机构升程压力角,增大回程压力角。但由于回程时的许用压力角比升程时的许用压力角大,故这种措施是可行的。

（3）直动平底从动件凸轮机构（图 13-19(c)）,其压力角 α 始终等于零,故传力性能最好。

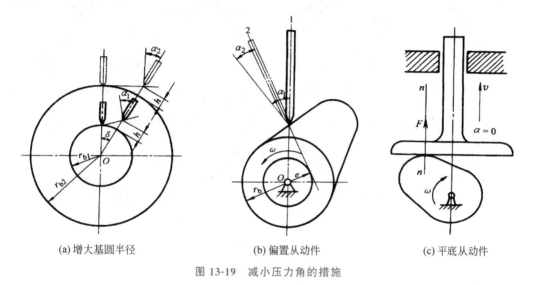

（a）增大基圆半径   （b）偏置从动件   （c）平底从动件

图 13-19 减小压力角的措施

13.4.2 基圆半径的确定

设计凸轮时,基圆半径取值较小时,可使凸轮机构结构紧凑,但基圆半径取得过小时凸轮机构的压力角会增大。

如对机构的体积没有严格要求时,可取较大的基圆半径,以便减小压力角,使机构具有良好的受力条件；但若要求凸轮机构的体积小、重量轻且结构紧凑,则可取较小的基圆半径,此时压力角会增大,最大压力角不得超过许用压力角。一般在工程设计中,受力状况和结构紧凑两方面的要求是兼顾的,一般的设计原则是在凸轮机构的最大压力角不超过许用压力角及满足强度和稳定性的前提下,尽量使凸轮的基圆半径小。因此凸轮基圆半径的选择需要综合考虑,目前常采用如下两种方法确定基圆半径。

1. 根据许用压力角确定 r_b

工程上常用如图 13-20 所示的诺模图,根据许用压力角来确定基圆半径,或校核已知凸轮机构的最大压力角。

【例】 一对心直动尖端从动件盘形凸轮机构,已知凸轮推程运动角 $\delta_0 = 55°$,从动件按简谐运动规律(余弦加速度运动规律)上升,行程 $h = 20\text{mm}$,并限定最大压力角 $\alpha_{\max} = [\alpha] = 35°$,试确定凸轮的最小基圆半径。

解:(1)按从动件运动规律选用如图 13-20(b)所示的诺模图。

(2)将图 13-20(b)中上半圆周凸轮转角 $\delta_0 = 55°$ 的刻度线和下半圆周最大压力角 $\alpha_{\max} = 35°$ 的刻度线所对应的两点用直线连接,如图 13-20(b)中虚线所示。

(3)虚线与简谐运动规律的标尺(直径线下部刻度)交于 0.60 处,即 $h/r_b = 0.60$。由此可得最小基圆半径为 $r_{b\min} \approx h/0.60 = 20/0.60 = 33.33\text{mm}$。

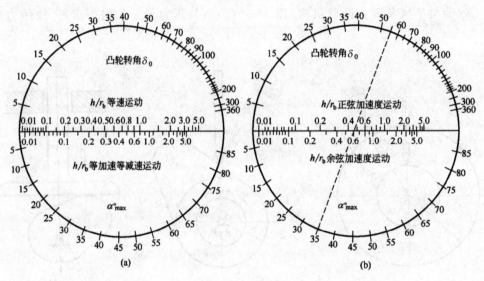

图 13-20　诺模图

2. 根据凸轮的结构确定 r_b

根据许用压力角所确定的基圆半径一般比较小,所以在实际设计中,经常根据凸轮的具体结构尺寸确定 r_b。

当凸轮和轴做成一体的凸轮轴时,$r_b = r + r_G + (2 \sim 5)\text{mm}$

当凸轮单独制作,需要安装到轴上时,$r_b = r_h + r_G + (2 \sim 5)\text{mm}$

其中,r 为凸轮轴的半径;r_G 为滚子半径,若非滚子从动件凸轮机构,则 $r_G = 0$;r_h 为凸轮轮毂的半径,一般取 $r_h = (1.5 \sim 1.7)r$。

13.4.3　滚子半径的确定

为提高凸轮传动的寿命,变从动件与凸轮的滑动摩擦为滚动摩擦,通常在凸轮机构中常采用滚子从动件。从滚子本身的结构设计和强度等方面考虑,将滚子半径取大些较好,有利于提高滚子的接触强度和寿命,也便于进行滚子的结构设计和安装。但是滚子半径的增大受到凸轮轮廓的限制,因为滚子半径的大小对凸轮实际轮廓线的形状有直接的影响。

设滚子半径为 r_G，凸轮理论轮廓线最小曲率半径为 ρ_{min}，实际轮廓线最小曲率半径为 ρ_{bmin}，能否做出合理的凸轮实际轮廓曲线，取决于滚子半径 r_G 和凸轮理论轮廓曲线 ρ_{min} 之间的相对大小，如图 13-21 所示，可分为以下几种情况。

1) 当理论轮廓曲线外凸时，$\rho_{bmin} = \rho_{min} - r_G$

(1) 当 $\rho_{min} > r_G$ 时，$\rho_{bmin} > 0$，如图 13-21(a) 所示，实际轮廓为平滑的曲线。

(2) 当 $\rho_{min} < r_G$ 时，$\rho_{bmin} < 0$，如图 13-21(b) 所示，实际轮廓出现交叉点，交点以外部分在加工时将被切去，运动产生失真，从动件不能实现预期的运动规律。

(3) 当 $\rho_{min} = r_G$ 时，$\rho_{bmin} = 0$，如图 13-21(c) 所示，实际线出现尖点，则极易磨损，导致运动失真，改变原定的运动规律。

2) 当理论轮廓曲线内凹时，$\rho_{bmin} = \rho_{min} + r_G$

如图 13-21(d) 所示，始终存在着实际轮廓曲线最小曲率半径 ρ_{bmin} 等于理论轮廓曲线最小曲率半径 ρ_{min} 与滚子半径 r_G 之和，恒大于 0，因此不管滚子半径取多大都可以做出平滑的实际轮廓曲线。

综上所述，为了避免失真并减小磨损，要求滚子半径 r_G 与理论轮廓线 ρ_{min} 满足：

$$r_G \leqslant 0.8\rho_{min} \tag{13-2}$$

并使实际轮廓线的最小曲率半径 $\rho_{bmin} \geqslant (3 \sim 5)\text{mm}$。

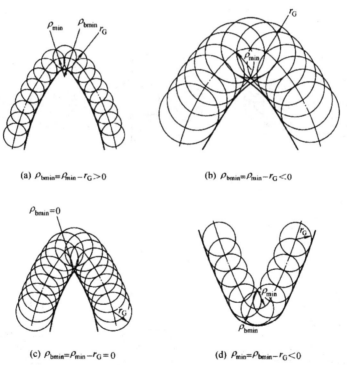

(a) $\rho_{bmin} = \rho_{min} - r_G > 0$　　　　**(b)** $\rho_{bmin} = \rho_{min} - r_G < 0$

(c) $\rho_{bmin} = \rho_{min} - r_G = 0$　　　　**(d)** $\rho_{min} = \rho_{bmin} - r_G < 0$

图 13-21　滚子半径的选择

当外凸的凸轮轮廓设计完成后，应当校核凸轮实际轮廓的最小曲率半径 ρ_{bmin}，有图解法和解析法两种。图解法的精度低，但使用方便；解析法很精确，但需要计算机辅助计算。

图解法校核凸轮实际轮廓曲率半径的方法是：当绘制完成凸轮实际轮廓线后，制作一个半径为凸轮实际轮廓线许用曲率半径 $[\rho_b]$ 的圆模板，用目测的方式将模板放在凸轮实际轮廓线曲率半径最小的位置,观察轮廓线是否满足式 $\rho_{bmin} \geqslant [\rho_b]$ 的条件。若不满足,则需增大凸轮基圆半径 r_b 或减小滚子半径 r_G。

13.5 凸轮的结构与材料

13.5.1 凸轮机构的结构

1. 凸轮的结构

当凸轮的基圆半径较小时,可将凸轮与轴做成一体,即为凸轮轴(图 13-22)。否则,应将凸轮与轴分开制造。凸轮与轴的联接方式有圆锥销联接式(图 13-23(a))、弹性开口锥套螺母联接式(图 13-23(b))和平键联接式(图 13-23(c))。其中,弹性开口锥套螺母联接式多用于凸轮与轴的角度需经常调整的场合。

图 13-22 凸轮轴

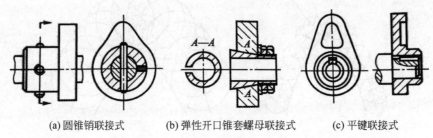

(a) 圆锥销联接式 (b) 弹性开口锥套螺母联接式 (c) 平键联接式

图 13-23 凸轮在轴上的固定形式

2. 从动件的端部结构

从动件的端部形式很多,图 13-24 所示为常见的滚子结构,滚子相对于从动件能自由转动。

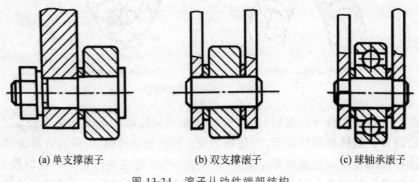

(a) 单支撑滚子 (b) 双支撑滚子 (c) 球轴承滚子

图 13-24 滚子从动件端部结构

13.5.2 凸轮和滚子的材料

凸轮机构的主要失效形式是磨损和疲劳点蚀。因此,凸轮和滚子的材料应具有较高的表面硬度和耐磨性,并且有足够的表面接触强度。对于经常承受冲击载荷的凸轮机构还要求凸轮心部有足够的韧性。

通常,凸轮用 45 钢或 40Cr 等材料制造,淬硬到 52~58HRC;要求更高时,可用 15 钢或 20Cr 渗碳淬火到 56~62HRC,渗碳深度一般为 0.8~1.5mm;或采用可进行渗氮处理的渗氮钢,经渗氮处理后,表面硬度达 60~67HRC,以提高其耐磨性。低速、轻载时可选用优质球墨铸铁或 45 钢调质处理。

滚子材料可选用 20Cr、18CrMoTi 等材料,经渗碳淬火,表面硬度达 56~62HRC,也可将滚动轴承作为滚子使用。

13.5.3 凸轮的加工方法

凸轮轮廓的加工方法通常有两种。

1. 铣、锉加工

对用于低速、轻载场合的凸轮,可以应用反转法原理,在未淬火凸轮轮坯上通过作图法绘制出轮廓曲线,采用铣床或用手工锉削加工而成。必要时可进行淬火处理,用这种方法加工出来的凸轮其误差难以得到修正。

2. 数控加工

即采用数控线切割机床对淬火凸轮进行加工,这是目前常用的一种凸轮加工方法。加工时采用解析法,求出凸轮轮廓曲线的极坐标值,应用专用编程软件切割而成。此方法加工出的凸轮精度高,适用于高速、重载的场合。

13.6 本章实训——图解法设计凸轮轮廓

1. 实训目的

学会用图解法设计平面凸轮轮廓。

2. 实训内容

1) 根据给定条件用图解法绘制凸轮的外形轮廓曲线

已知偏心直动滚子从动件盘形凸轮机构中,从动件的行程 $h=30\text{mm}$,从动件滚子半径 $r_G=10\text{mm}$。凸轮顺时针转动,凸轮的升程转角 $\varphi_0=60°$,远休止角 $\varphi_1=30°$,回程转角 $\varphi_2=45°$。升程时从动件不允许受到冲击,回程时允许有柔性冲击。升程许用压力角 $[\alpha]_s=35°$,

回程许用压力角$[\alpha]_h=70°$，凸轮实际轮廓线许用曲率半径$[\rho_b]=4mm$。

(1) 根据已知条件确定升程和回程的运动规律。

(2) 绘制凸轮从动件的位移曲线图。

(3) 确定凸轮的基圆半径。

(4) 根据位移线图，用图解法按1∶1的比例绘制凸轮的外形轮廓曲线。

(5) 校核实际轮廓最小曲率半径。

2) 观察凸轮模型

观察凸轮机构模型，绘制凸轮机构简图。

3. 实训过程

绘制凸轮轮廓实训过程可参照表13-1进行。

表 13-1　绘制凸轮轮廓的步骤

序号	内　容	说　明
1	确定升程和回程的运动规律	根据不同运动规律的冲击特性选择合适的运动规律。升程可选摆线运动规律；回程可选等加速等减速运动规律、简谐运动规律、摆线运动规律
2	绘制凸轮从动件的位移曲线图	参照13.2节的图例，按照1∶1比例绘制凸轮从动件位移线图
3	确定凸轮的基圆半径	参照13.4.2小节，使用诺模图确定凸轮的基圆半径
4	根据位移曲线图，按1∶1的比例绘制凸轮的外形轮廓曲线	按照13.3.3小节的方法，用图解法绘制凸轮的外形轮廓曲线
5	校核实际轮廓最小曲率半径	根据$[\rho_b]=4mm$制作一个半径4mm的模板，进行校核

4. 实训总结

通过本章的实训，应学会根据已知参数自行确定从动件运动规律、设计凸轮轮廓。

凸轮机构的设计按照表13-2进行时，可能一次成功，也可能反复几次才能成功。这主要表现在如下方面。

(1) 所设计的凸轮机构压力角是否在规定的范围之内。若大于允许值，则可能要增大凸轮基圆半径。若根据许用压力角，采用诺模图确定最小基圆半径，则可满足压力角条件。

(2) 所设计的凸轮轮廓线的曲率半径是否合适，若曲率半径过小，使凸轮轮廓线出现了尖点或交叉现象，则也要增大凸轮基圆半径。

 拓展阅读

国产民用大飞机航空发动机 CJ-1000A

航空发动机(图13-25)是飞机的"心脏"，是多学科耦合的产物，被誉为工业皇冠上的明珠，是国家综合国力和科技水平的集中体现。长期以来，中国航空工业在航空发动机领域处

于弱势,尤其是缺少大推力的航空发动机,一直难有自主研发型号。直到 21 世纪初,这一局面才开始改变,陆续开始有国产型号出现,2018 年 5 月 18 日,我国为国产民用大飞机配套研制的 CJ-1000AX 验证机首台整机"点火"成功,这是中国在航空领域取得的一项重大突破,我们拥有可以制造客机用的大型发动机了。

所谓的 CJ-1000AX,其中的 X 验证机的意思,CJ-1000A 才是其正式编号,又称:长江 1000,这是专门为国产 C919 客机配发的型号,真正意义上的民用发动机。CJ-1000A 是双转子大涵道比直驱涡扇发动机,直径 1.95m,长 3.29m,叶片数量为 18 片。其涵道比高达 9,推力约 125kN,未来还将继续在此基础上研制推力为 98～196kN 的 CJ-1000 系列发动机。CJ-1000A 结构复杂、试制难度大,由 1 级风扇、3 级增压级、10 级高压压气机、燃烧室、2 级高压涡轮及 7 级低压涡轮组成,总计近 35000 个零部件。采用全三维气动设计、贫油预混燃烧、主动间隙控制等先进技术,以及宽弦空心风扇叶片、整体叶盘、新一代单晶、粉末冶金等先进材料工艺。

CJ-1000A 最早在 2011 年被披露,在历时数年的努力,凝聚了国内众多高校和科研院所的心血和汗水,打破了国外的垄断,未来将代替 C919 客机上的进口发动机,成为可供选择的自主型号之一。

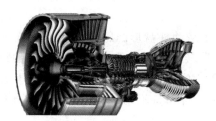

图 13-25　航空发动机

练　习　题

1. 判断题

(1) 有时凸轮机构中的从动件推杆或摆杆也可以作为主动件。　　　　　(　　)

(2) 凸轮机构属于高副机构。　　　　　　　　　　　　　　　　　　(　　)

(3) 尖顶从动件能实现复杂的运动规律,可以用于高速中载场合。　　　(　　)

(4) 因从动件以等速运动规律运动时,其加速度为零,故设计凸轮机构时,常使从动件按等速运动规律运动。　　　　　　　　　　　　　　　　　　　　　　　(　　)

(5) 摆线运动规律的加速度线是连续变化的,因此从动件的加速度不会产生突变,故该运动规律既没有刚性冲击,也没有柔性冲击。　　　　　　　　　　　　　　(　　)

(6) 外凸的滚子从动件盘形凸轮理论轮廓线的曲率半径大于相应点的实际轮廓线曲率半径。　　　　　　　　　　　　　　　　　　　　　　　　　　　　　　(　　)

(7) 凸轮机构的压力角越大,则有效分力越大。　　　　　　　　　　　(　　)

(8) 一般凸轮机构的升程许用压力角小于回程许用压力角。　　　　　　(　　)

2. 简答题

(1) 简述凸轮机构的特点。

(2) 试比较尖顶、滚子和平底从动件凸轮机构的特点。

(3) 简述凸轮从动件常用运动规律及特点。

(4) 简述滚子从动件凸轮机构理论轮廓线与凸轮实际轮廓线的关系。

(5) 简述凸轮机构压力角与基圆半径的关系。

(6) 简述滚子从动件凸轮实际轮廓线最小曲率半径、理论轮廓线最小曲率半径、滚子半径三者之间的关系。

3. 综合设计题

(1) 设计一对心直动尖顶从动件盘形凸轮机构,已知凸轮的基圆半径 $r_b = 25\text{mm}$。凸轮逆时针等速回转。在升程中,凸轮转过 150°时,从动件等速上升 40mm;凸轮继续转过 30°时,从动件保持不动;在回程中,凸轮转过 120°时,从动件以简谐运动规律回到原处;凸轮转过其余 60°时,从动件又保持不动。试用图解法绘制从动件的位移曲线图及凸轮的轮廓曲线。

(2) 设计一对心直动滚子从动件盘形凸轮机构,已知凸轮的基圆半径 $r_b = 30\text{mm}$。凸轮逆时针等速回转。凸轮升程转角为 90°,从动件按等加速等减速运动规律上升 20mm;凸轮继续转过 30°时,从动件保持不动;凸轮回程转角为 100°,从动件以摆线运动规律回到原处;凸轮转过其余角度时,从动件保持不动。试用图解法绘制从动件的位移曲线图及凸轮的轮廓曲线。

第14章

其他常用机构

 学习目标

本章主要介绍间歇运动机构(如棘轮机构、槽轮机构、不完全齿轮机构等)和螺旋传动机构的工作原理及特点。通过本章的学习,要求熟悉间歇运动机构的特点和应用,了解螺旋机构的特点和应用

重点与难点

◇ 棘轮机构的工作原理、类型和应用;

◇ 槽轮机构的工作原理、类型和应用;

◇ 不完全齿轮机构的工作原理和应用;

◇ 螺旋机构的工作原理、类型和应用。

 **案例导入**

电影放映机胶片卷片机构

图 14-1 所示为电影放映机卷片机构。其工作过程如下:当主动拨盘 1 上的凸圆弧锁住从动槽轮 2 上的凹圆弧时,槽轮保持静止不动,电影胶片 3 也静止不动,此时放映机的快门打开,灯光发出的射线将电影胶片上的静止影像投射到屏幕上。当拨盘上的圆柱销快要进入从动槽轮的径向槽时,放映机的快门关闭,此时无灯光通过胶片,圆柱销进入槽轮的径向槽后,带动槽轮转过 1/4 圈,槽轮带动卷片器,将下一张胶片送到快门前,此后拨盘的锁止圆弧锁住槽轮上凹圆弧,放映机的快门打开,灯光发出的射线将下一张胶片上的静止影像投射到屏幕上,如此循环下去,就能使静止的影像在人的视网膜上形成动态影像。因此我们所看到的有活动影像的影片,实际上是以每秒大于 24 张的速度快速放映静止影像的幻灯片。

上述电影放映机胶片卷片机构称为槽轮机构,它具有间歇运动特性。本章将介绍一些具有某些特殊性能的常用机构。

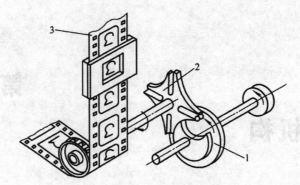

1—主动拨盘；2—槽轮；3—胶片

图 14-1　电影放映机卷片机构

14.1　间歇运动机构

在各种自动和半自动的机械中，常需要某些构件做周期性的间歇运动，实现这种运动的机构称为间歇运动机构。间歇运动机构应用很广泛，如机床中的进给机构、分度机构、自动送料和刀架的转位机构、印刷机的进纸机构、包装机的送进机构等。常用的间歇运动机构有棘轮机构、槽轮机构、不完全齿轮机构、蜗形凸轮机构和圆柱凸轮间歇运动机构等，下面仅简单介绍常用的几种。

14.1.1　棘轮机构

1．棘轮机构的工作原理

典型的外啮合齿式棘轮机构如图 14-2 所示，由棘轮 3、主动棘爪 2、止回棘爪 4 和机架等组成。当主动摇杆 1 逆时针摆动时，装在摇杆上的主动棘爪 2，嵌入棘轮 3 的齿槽内，推动棘轮同向转过一定角度；当主动摇杆顺时针摆动时，止回棘爪 4 阻止棘轮反向转动，此时主动棘爪在棘轮的齿背上滑回原位，棘轮则静止不动。从而实现将主动件的往复摆动转换为从动棘轮的单向间歇运动。为保证棘爪工作可靠，常利用弹簧 6 使棘爪紧压棘轮轮齿齿面。

2．棘轮机构的类型和特点

棘轮机构的分类方法、类型、图例和特点参见表 14-1。

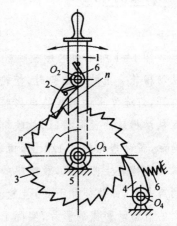

图 14-2　外啮合齿式棘轮机构

表 14-1　棘轮机构的类型和特点

分类方式	类型	图　例	特　点
按运动原理	棘齿式	 1—摇杆；2—棘轮；3—棘爪；4—轴； 5—止回棘爪；6—簧片	结构简单，制造方便，转角准确；棘轮转角可在较大的范围内调节，但只能做有级调节；棘爪在齿背上的滑行会引起噪声、冲击和磨损，故不宜用于高速场合
	摩擦式	 1—摇杆和楔块；2—摩擦轮；3—止动楔块	以偏心楔块代替齿式棘轮机构中的棘爪，以无齿摩擦轮代替有齿棘轮。传动平稳、无噪声；转角可无级调节。因靠摩擦力传动，过载时会出现打滑现象，一方面可起到超载保护的作用，另一方面使传动精度不高。适用于低速场合
按啮合方式	外啮合	 1—摇杆；2—棘轮；3—棘爪；4—轴； 5—止回棘爪；6—簧片	棘爪安装在从动棘轮的外部。外啮合式棘轮机构应用较广

分类方式	类型	图　例	特　点
按啮合方式	内啮合	1—大链轮；2—链条；3—棘轮；4—棘爪；5—后轮轴	棘爪安装在从动棘轮的内部。特点是结构紧凑，外形尺寸小
按运动形式	单动式	1—摇杆；2—棘轮；3—棘爪；4—轴；5—止回棘爪；6—簧片	只有一个主动棘爪，主动摇杆往复摆动的过程中，只能推动棘轮转动一次
	双动式	1—摇杆；2—棘轮；3—棘爪	主动摇杆往复摆动的过程中分别带动两个棘爪 3，两次推动棘轮转动

续表

分类方式	类型	图 例	特 点
按运动方向	单向式	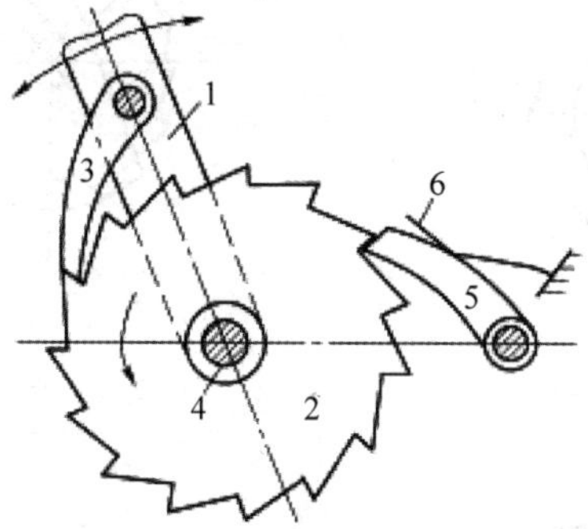 1—摇杆；2—棘轮；3—棘爪；4—轴； 5—止回棘爪；6—簧片	棘轮只能按一个方向做单向间歇运动
	双向式	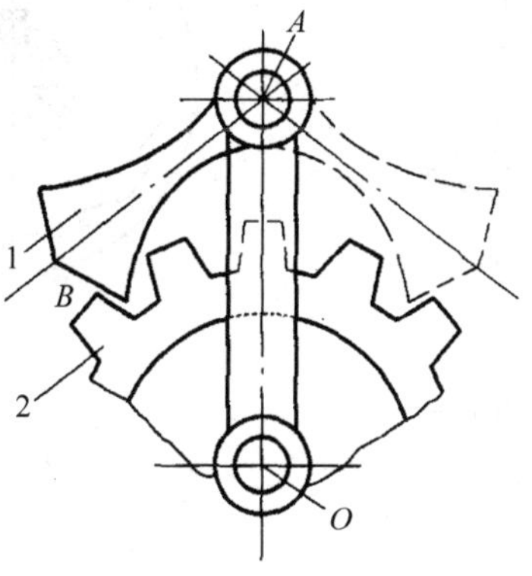 1—可换向棘爪；2—对称齿形棘轮	棘爪分别处于实线或虚线位置时，棘轮将沿逆时针或顺时针方向做间歇运动。双向式棘轮机构的齿形一般采用对称齿形

3. 棘轮转角的调节

1）调节摇杆摆动角度的大小，控制棘轮的转角

图 14-3 的棘轮机构利用曲柄摇杆机构带动棘轮做间歇运动，可以利用调节螺钉改变曲柄长度，从而实现摇杆摆角大小的改变，达到控制棘轮转角的目的。

2）用遮板调节棘轮转角

如图 14-4 所示，在棘轮的外面罩一遮板（遮板不随棘轮一起转动），使棘爪行程的一部分在遮板上滑过，不与棘轮的齿接触，通过变更遮板的位置即可改变棘轮转角的大小。

4. 棘轮机构的应用

根据运动特点，棘轮机构常用于低速、要求转角不太大或需要经常改变转角的场合。功能主要有间歇进给、制动、转位分度和超越离合。图 14-5 是棘轮机构在牛头刨床工作台进给装置中的应用。图 14-6 是带止动棘爪的棘轮机构，常用于起重机的制动装置，能使被提升的重物停留在任意位置上。

用遮板调节棘轮转角

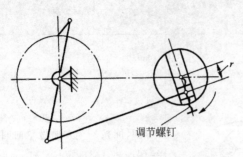

图 14-3　改变曲柄长度调节棘轮转角

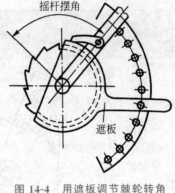

图 14-4　用遮板调节棘轮转角

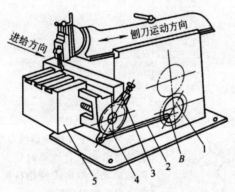

1—齿轮；2—连杆；3—摇杆；4—棘轮；5—工作台

图 14-5　牛头床工作台的进给装置图

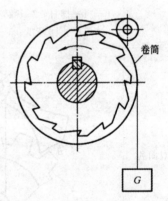

图 14-6　起重机的制动装置

14.1.2　槽轮机构

1. 槽轮机构的工作原理和类型

槽轮机构也是一种间歇运动机构,又称为马耳他机构,间歇运动时间不能调整,传动形式属于啮合传动。

槽轮机构由从动槽轮、主动拨盘和机架组成。按啮合方式分,有外啮合和内啮合两种类型,分别如图 14-7 和 图 14-8 所示。具有圆柱销的拨盘 1 是主动件,具有径向槽的槽轮 2 是从动件,当拨盘做连续回转运动,圆柱销进入从动槽轮的径向槽时,拨动槽轮转动;当圆柱销从径向槽滑出时,拨盘上的凸圆弧,又称为锁止圆弧,锁住槽轮上凹圆弧,槽轮停止运动。为使槽轮具有精确的间歇运动,当圆柱销脱离径向槽时,拨盘上的锁止弧应恰好卡在槽轮的凹圆弧上,迫使槽轮停止运动,直到圆柱销再次进入下一个径向槽时,锁止弧脱开,槽轮才能继续回转,机构重复上述运动循环。

由图 14-7 和图 14-8 可见,对于外啮合的槽轮机构,槽轮转向与拨盘的转向相反;内啮合的槽轮机构,槽轮与拨盘的转向相同。

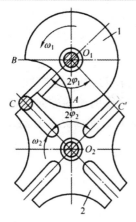

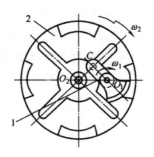

图 14-7　外啮合槽轮机构　　　　　图 14-8　内啮合槽轮机构

按圆柱销的数目,槽轮机构可分为单圆柱销槽轮机构和多圆柱销槽轮机构,图 14-9 所示为具有两个圆柱销的槽轮机构。拨盘转一周,槽轮间歇运动两次。

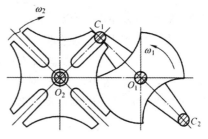

2. 槽轮机构的特点及应用

槽轮机构结构简单,工作可靠,在进入和退出啮合时,槽轮的运动要比棘轮的运动平稳。由于槽轮每

图 14-9　双圆柱销槽轮机构

次转过的角度大小与槽数有关,要想改变转角的大小,必须更换具有相应槽数的槽轮,所以槽轮机构多用于不需要经常调整转动角度的分度装置中,例如,一些自动机械和半自动机械中的转位机构中,间歇转动工作台或刀架。由于槽轮转动过程中有较大的角加速度,因此不宜用于转速过高的场合,尤其是从动系统的转动惯量较大时,将会引起较大的惯性力矩。此外,因槽轮的槽数不多,故转角较大,当要求间歇转过很小角度时,也不宜使用槽轮机构。图 14-10 所示机构可使传动链实现非匀速的间歇运动,进行自动流水线装配作业。

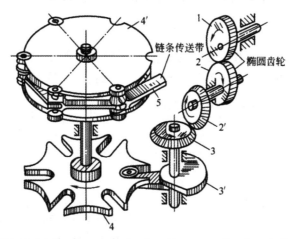

1、2—椭圆齿轮机构;2′、3—锥齿轮机构;3′、4—槽轮机构;4′、5—链传动机构

图 14-10　工件转位传送机构

3. 槽轮机构槽数 z 和圆柱销数目 K 的选取

1）槽数 z 的选择

图 14-7 所示的外槽轮机构中，为了避免槽轮在开始转动和停止转动时发生冲击，应使拨盘上的圆柱销在进槽和出槽时的瞬时速度方向沿着槽轮径向槽的方向，因此，要求 $O_1C \perp O_2C$ 和 $O_1C' \perp O_2C'$。由此可得，当拨盘转过角 $2\varphi_1$，两转角之间的关系为 $2\varphi_1 + 2\varphi_2 = \pi$，因为槽轮转角 $2\varphi_2$ 与槽轮的径向槽数 z 的关系为

$$2\varphi_2 = \frac{2\pi}{z}$$

由上式可得

$$2\varphi_1 = \pi - 2\varphi_2 = \pi - \frac{2\pi}{z} = \frac{z-2}{z}\pi \qquad (14\text{-}1)$$

由式（14-1）可以看出，外槽轮径向槽数 z 应至少不小于 3。当 $z=3$ 时，槽轮转动时将有较大的振动和冲击，所以一般 $z=4\sim8$。

2）圆柱销数目 K 的选取

槽轮运动时间 t_m 与拨盘回转一周时间 t 的比值用 τ 表示，称为运动系数。当拨盘做等速回转时，可用转角表征时间，对单圆柱销槽轮机构，槽轮运动时间 t_m 与拨盘回转一周时间 t 分别为 $2\varphi_1$ 和 2π，则运动系数可写成：

$$\tau = \frac{t_m}{t} = \frac{2\varphi_1}{2\pi} = \frac{z-2}{2z}$$

由上式可知，当 $z>3$ 时，$\tau<0.5$，这说明槽轮转动时间占的比例小，如果想增加槽轮运动时间的比例，可在拨盘上安装数个圆柱销。设拨盘上均布 K 个圆柱销，当拨盘回转一周时，则槽轮转动 K 次，这时槽轮运动系数：

$$\tau = K\frac{z-2}{2z} \qquad (14\text{-}2)$$

图 14-9 所示为二圆柱销槽轮机构，拨盘等速回转一周中，槽轮转动两次，$\tau = 0.5$。因为 τ 应该小于 1，$\tau = 1$ 时，槽轮将连续转动，不是间歇运动，故可得

$$K < \frac{2z}{z-2} \qquad (14\text{-}3)$$

由于圆柱销数目 K 和槽数 z 必须是正整数，所以从上式可以看出，圆柱销数目 K 和槽数 z 存在着对应关系，见表 14-2。对于内槽轮机构，圆柱销数目 K 只能是一个。

表 14-2　圆柱销数目 K 和槽数 z 的对应关系

槽数 z	3	4	5	$\geqslant 6$
圆柱销数目 K	1~5	1~3	1~3	1~2

14.1.3　不完全齿轮机构

普通齿轮的圆周上均匀地布满了轮齿，两个齿轮做啮合传动时，主动轮和从动轮的运动都是连续的。不完全齿轮机构的主动轮和从动轮的圆周上没有布满轮齿，运动形式是周期

性的间歇运动。

1. 不完全齿轮机构的工作原理

不完全齿轮机构是从渐开线齿轮机构演变而来的,与一般的齿轮机构相比,最大的区别在于齿轮的轮齿没有布满整个圆周。如图 14-11 所示,主动轮 1 为只有一个齿或几个齿的不完全齿轮,其余部分为外凸锁止弧,从动轮 2 上有与主动轮轮齿相应的齿槽和内凹锁弧相间布置。不完全齿轮机构的啮合方式也分为外啮合和内啮合,分别如图 14-11(a)和(b)所示。

不完全齿轮
机构

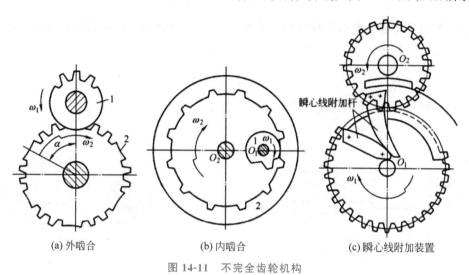

(a) 外啮合   (b) 内啮合   (c) 瞬心线附加装置

图 14-11   不完全齿轮机构

2. 不完全齿轮机构的特点及应用

不完全齿轮机构是由圆柱齿轮机构演变而来的,具有齿轮机构的某些特点。当不完全齿轮的有齿部分与从动轮啮合传动时,可以像齿轮传动那样具有定角速比。与棘轮机构和槽轮机构相比,从动轮的运动较为平稳,且承载能力较强。当不完全齿轮有齿部分在与从动轮啮合传动的开始与结束阶段,由于从动齿轮由停歇而突然达到某一转速,以及由某一转速而突然停止时,会像等速运动规律的凸轮机构那样产生刚性冲击。因此,对于转速较高的不完全齿轮机构,可以在两轮的端面分别装上瞬心线附加装置,来改善每次转动的起始与停止阶段的动力性能,如图 14-11(c)所示。

不完全齿轮机构常用于计数器、工位转换和某些做往复运动的间歇机构中。

14.2 螺 旋 机 构

14.2.1 螺旋机构的工作原理和类型

由螺旋副连接相邻构件而形成的机构称为螺旋机构,其作用主要是把回转运动变为直线运动。图 14-12 所示为最简单的螺旋机构,由螺杆 1、螺母 2 及机架 3 组成,A 为转动副,

B 为螺旋副,导程为 l_B,C 为移动副。当杆 1 转过角 φ 时,移动部件的位移 s 为

$$s = l_B \frac{\varphi}{2\pi} \tag{14-4}$$

若将图 14-12 中 A 处的转动副改成螺旋副,导程为 l_A 且螺旋方向与螺旋副 B 相同(同为左旋或同为右旋),如图 14-13 所示。参照式(14-4)可知,当螺杆 1 转过角 φ 时,移动部件的位移为两个螺旋副位移量之差,即

$$s = (l_A - l_B) \frac{\varphi}{2\pi} \tag{14-5}$$

这种螺旋机构称为差动螺旋机构。若图 14-13 所示机构中 A、B 两段螺旋的旋向相反,则移动部件的位移为

$$s = (l_A + l_B) \frac{\varphi}{2\pi} \tag{14-6}$$

使螺母产生快速移动,这种螺旋机构称为复式螺旋机构。

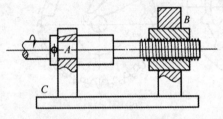

图 14-12　螺旋机构图

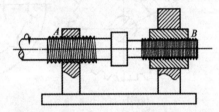

图 14-13　差动螺旋机构和复式螺旋机构

按螺杆与螺母之间的摩擦状态,螺旋机构可分为滑动螺旋机构和滚动螺旋机构。滑动螺旋机构中的螺杆与螺母的螺旋面直接接触,摩擦状态为滑动摩擦。滚动螺旋机构在螺杆与螺母的螺纹滚道间有滚动体,当螺杆或螺母转动时,滚动体在螺纹滚道内滚动,使螺杆和螺母为滚动摩擦,提高了传动效率和传动精度。滚动螺旋机构按滚动体的循环方式不同,分为外循环和内循环两种形式,如图 14-14 所示。

滚动螺旋
机构

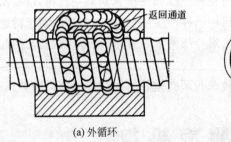

(a) 外循环

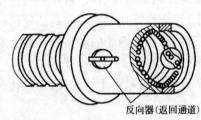

(b) 内循环

图 14-14　滚动螺旋机构

14.2.2　螺旋机构的特点和应用

螺旋机构的特点是结构简单,制造方便,运动准确性高,降速比大,可传递很大的轴向

力,工作平稳、无噪声,滑动螺旋机构可有自锁作用,但效率低,磨损较严重。

螺旋机构在机械、仪器仪表、工装夹具、测量工具等方面有着广泛的应用,如螺旋压力机、车床刀架和滑板的移动、台钳、螺旋测微器等。

14.3　本章实训——认识常用机构

1. 实训目的

除齿轮机构、凸轮机构、连杆机构外,机械设备中还有其他许多常用机构,本章所介绍的机构只是其中的几种。通过本实训,可以了解更多常用机构的工作原理和应用场合,从而具备初步的机械设计能力。

2. 实训内容

观看其他常用机构的实体模型和多媒体演示课件,了解这些机构的应用场合及特点,进一步加深对课堂教学的理解和认识。

3. 实训过程

观看常用机构(棘轮机构、槽轮机构、螺旋机构、不全齿轮机构和十字联轴器等)模型的演示。

观看以上机构的工作实例视频。

写出各机构的特点及应用场合,试举例说明。

4. 实训总结

通过本章的实训,应比较全面地了解常用机构的特点和应用场合。学生应能够自己给出应用的实例,真正了解这些机构的特点。

拓展阅读

国之重器——盾构机

挖一条隧道有多难? 钢钎加大锤、打眼又放炮,在几十年前的中国,这是要花费数年的巨大工程。然而,有了盾构机,只需一天,就能凿穿一座小山。2002 年列入国家重点项目,仅仅 6 年,首台具有中国自主知识产权的复合式土压平衡盾构机横空出世。突破核心技术封锁,此后十多年间,中国这个后来者,持续刷新着世界盾构机领域的纪录。

盾构机(图 14-15)基本工作原理是一个圆柱体的钢组件沿隧洞轴线边向前推进、边对土壤进行挖掘。该圆柱体组件的壳体即护盾,对挖掘出的还未衬砌的隧洞段起着临时支承作用,承受周围土层的压力,有时还承受地下水压以及将地下水挡在外面。挖掘、排土、衬砌等作业在护盾的掩护下进行。盾构机工作时,液压马达驱动刀盘旋转,同时开启盾构机推进油缸,将盾构机向前推进。刀盘持续旋转,被切削下来的渣土充满土仓。开动螺旋输送机将切削下来的渣土排送到带式输送机,用带式输送机运到渣土车的土箱,再通过竖井运到地面。

中国目前最大的盾构机是中国建设重工集团在长沙建造完成的京华号。京华号重达4300t,直径16m,长150m,相当于50层楼高。施工时,每小时能掘进3.5m。京华号是我国自主专利研发生产的第1000台国产盾构机,造价仅有几千万元人民币。相比动不动就要上亿元的国外盾构机,中国盾构机凭借着雄厚的技术实力,远销海外。2019年,国产盾构机出口数量达160台,约占国际盾构机市场份额的三分之二。中国盾构机依托国内完整的产业链整合资源,相比欧美国家的盾构机,中国产的盾构机性价比更高。盾构机价格也从20世纪90年代的3.8亿元一台,降到了现在的五千万元一台,此价格一出欧美企业难以招架,中国企业也顺势兼并了许多欧美企业。

1—开挖面;2—刀盘;3—土舱;4—主轴承;5—推进千斤顶;6—螺旋输送机;7—管片拼装器;8—管片

图 14-15　土压平衡盾构机

练　习　题

1. 判断题

(1) 间歇运动机构中活动构件的运动状态都是时停时动的。　　　　　　　　(　　)

(2) 棘轮机构中的主动件只能是棘爪。　　　　　　　　　　　　　　　　(　　)

(3) 棘轮机构适用于高速场合。　　　　　　　　　　　　　　　　　　　(　　)

(4) 槽轮机构中槽轮的槽数最小为3。　　　　　　　　　　　　　　　　(　　)

(5) 槽轮机构中槽轮的运动时间必然少于拨盘的运动时间。　　　　　　　(　　)

(6) 螺旋机构中的螺杆通常为主动件。　　　　　　　　　　　　　　　　(　　)

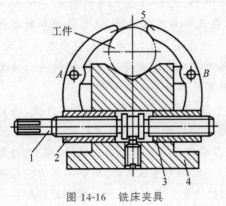

图 14-16　铣床夹具

2. 简答题

(1) 何谓间歇运动机构?

(2) 图 14-16 所示为铣床夹具。螺母 2 和 3 只能沿机座 4 移动而不能转动,并分别和夹爪 5 铰接。当转动螺杆 1 时,螺母 2 和 3 的移动使夹爪 5 分别绕支点 A 和 B 转动,从而夹紧或松开工件。试问应当怎样设计螺杆 1 两端的螺纹,才能保证两个夹爪同时夹紧或松开?

设计说明书与答辩

1.1 编写设计计算说明书

设计计算说明书是全部设计计算的整理和总结,是图纸设计的理论基础和基本依据,是审查设计是否合理、是否正确的重要技术文件。因此,编写设计计算说明书也是整个设计工作的重要组成部分。

1. 说明书内容

设计计算说明书的内容依据设计对象而定,应简要说明设计中所考虑的主要问题和全部计算项目。以减速器为主的传动装置的设计计算说明书主要包括如下内容。

(1) 目录写明标题并标明页次。

(2) 设计任务书包括所布置的设计任务。

(3) 传动方案的拟订通过对题目的分析,说明传动方案拟订的依据,并附上传动方案简图。

(4) 电动机的选择及传动装置的运动和动力参数计算,包括计算电动机所需功率和转速,选择电动机的型号,计算总传动比并分配各级传动比,计算各轴的转速、功率和转矩等内容。

(5) 传动零件的设计计算指确定传动件的主要参数和尺寸的过程。

(6) 轴的设计计算和校核计算包括初步估算轴径、进行结构设计和强度校核等设计内容。

(7) 键联接的选择和计算包括键的型号、尺寸的选择以及连接强度的校核等。

(8) 滚动轴承的选择和计算包括滚动轴承类型、代号的选择以及寿命计算、静强度计算和极限转速计算。

(9) 联轴器的选择根据具体使用情况,选择各联轴器的类型和型号,并给出其主要结构尺和性能指标。

(10) 箱体的设计主要是结构尺寸的设计计算,并附必要的简图及说明。

(11) 润滑和密封的选择包括传动件和滚动轴承的润滑方式、润滑剂的选择,密封方式、密封件的选择等。

(12) 减速器附件的选择和说明如吊环、吊耳、起盖螺钉、定位销、油标、放油塞、窥视孔、排气装置等的结构形式的选择和说明等。

(13) 其他技术说明如装拆、包装、运输中的注意事项等。

(14) 设计小结简要说明课程设计的体会,分析整个设计的优缺点,并提出改进意见。

(15) 参考资料按编号、作者、书名或文章名、出版社和期刊号、出版单位和时间顺序编写。

2. 编写设计计算说明书的要求和注意事项

编写设计计算说明书应准确、简要地说明设计中所考虑的主要问题和全部计算项目,并注意以下几点。

(1) 每一个自成单元的内容都应有大小标题,使其醒目突出。

(2) 计算部分的书写,只需列出计算公式,代入有关数据,略去计算过程,直接得出计算结果,并注明计量单位。计量单位要统一,写法要一致,即全用符号或全用汉字,不能混用。

(3) 为了清楚地说明计算内容,应附必要的简图,如传动方案简图,轴的结构、受力弯矩图和转矩图以及轴承组合形式简图等。

(4) 在传动方案简图中,对齿轮、轴等零件应统一编号,以便在计算中称呼或作脚注之用,在全部计算中所使用的参量符号和脚注,应前后一致且单位统一,不要混用。

(5) 对所引用的计算公式和数据,要标明来源,即参考资料的编号和页次。

(6) 所选主要参数、尺寸和规格及计算结果等,可写在每页的"结果"一栏内,或采用表格形式列出。

(7) 设计计算结果一般应予以圆整。但是,几何计算结果不得圆整,如圆柱齿轮的分度圆直径、圆锥齿轮的锥距都应精确到小数点后两位数,斜齿圆柱齿轮的螺旋角、圆锥齿轮的锥角和蜗杆的升角等都应精确到秒。

(8) 计算部分可用校核形式书写。应有对计算结果的简单结论,如应力计算中的"安全""计算应力低于许用应力,强度不够"或"在规定范围内"等,或用不等式表示。

(9) 要求计算正确、完整,文字精练、通顺,论述清楚明了,书写整洁、无勾抹,插图简明。

(10) 设计计算说明书一般用 A4 纸按合理的顺序及规定格式用蓝、黑钢笔书写。标出页次,编好目录,最后加封面装订成册。

3. 设计计算说明书的书写格式举例

设计说明书编写格式如附表 A-1 所示。

附表 A-1　设计说明书编写格式

计算项目及内容	主要结果和说明
⋯⋯ 四、带传动设计 1. 计算功率 $$P_c = K_A P = 1.2 \times 4.5 = 5.4\text{kW}$$ 式中:K_A 为工作情况系数,$K_A = 1.2$;P 为电动机额定功率 2. 选取普通 V 带型号 　根据 P_c 和 n_1 确定,选取 A 型普通 V 带 3. 计算直径 　选定小带轮基准直径 $d_{d1} = 100\text{mm}$ $$d_{d2} = i d_{d1} = (1440 \div 500) \times 100 = 288\text{mm}$$ 　选取 $d_{d2} = 280\text{mm}$ ⋯⋯	$P_c = 5.4\text{kW}$ 参考××资料 选用 A 型 V 带 参考××资料 大带轮基准直径 $d_{d2} = 280\text{mm}$ 参考××资料

(左侧竖排:装订线)

4. 编写计算说明书时的检查重点

（1）计算说明书的格式（画边框、计算格式、计算简图、计算结果、出处等）是否符合要求。

（2）计算内容是否齐全，计算步骤是否清楚。

（3）书写、画图是否端正、清楚。

（4）设计计算说明书是否包含要求的所有内容。

1.2　答辩准备

答辩是课程设计的最后一个环节，是对整个设计过程的总结和必要的检查，也是指导教师检查学生实际掌握设计知识情况、评价设计成果和评定成绩的重要方式。通过答辩准备和答辩，可以在回顾和总结的基础上加深对设计方法和步骤的领会理解，发现工艺性、经济性及可靠性等诸多方面可能存在的问题，可以对所做设计的优缺点进行全面分析，明确今后设计工作中应改进的方向，系统总结并进一步掌握设计方法，树立科学、正确的设计思想，培养发现问题、分析问题和解决工程实际问题的能力。充分做好课程设计的答辩准备非常重要。为使答辩能顺利进行，在答辩之前应做好如下工作。

（1）按课程设计任务书的要求完成全部图样和设计计算说明书。

（2）总结、巩固设计过程中所涉及的理论知识和设计经验，全面、系统地回顾、分析和总结设计全过程，通过总结和回顾，进一步把设计过程中涉及的方案确定、受力分析、材料选择、工作能力计算、零件的主要参数和尺寸的确定、结构设计、润滑、密封、零件的加工工艺性和使用维护等问题厘清、搞明白，尤其是设计中尚未弄懂、不甚清楚以及考虑不周的问题。对所绘制的装配图、零件工作图及设计计算说明书做认真的检查，以找出设计计算和图样中存在的问题和不足，应着重注意检查结构设计是否正确、图样是否符合国家标准、设计计算说明书是否有遗漏等细节方面，从而完善设计成果。

（3）整理全部图样和计算说明书，并将图纸（包括设计草图、装配图和零件工作图）按制图标准规定折叠为 A4 大小，与设计计算说明书一起装订成册，或者连同装订好的设计计算说明书一起装入图样袋内。

（4）在系统总结的基础上，认真复习答辩思考题，答辩时注意着装整洁、态度诚恳、自然大方、准确回答问题，以便顺利通过答辩，使答辩过程成为继续学习和提高的过程。

1.3　答辩思考题

在准备答辩的过程中，为了能够全面系统地回顾和总结设计的全过程，应该顺着设计思路系统地、集中地按照复习思考题进行复习与准备。以减速器装置为主的课程设计的复习思考题涉及方案确定、受力分析、材料选择、零件的主要参数和尺寸的确定、结构设计、润滑、密封、零件的加工工艺性和使用维护等各方面，认真复习、系统掌握，能够进一步加大课程设计的收获。应该说明的是，以下复习思考题是根据某些具体设计内容提出来的，考虑到设计题目和内容的不同，采用的设计手段和方法也不同，复习时应针对具体的设计内容对有关的问题进行思考。

1.3.1 传动方案的拟订

(1) 机械系统主要由哪几部分组成？各部分的作用是什么？

(2) 机械系统的总体设计包括哪些内容？设计原则有哪些？

(3) 合理的传动方案应满足哪些要求？可选总体设计方案有哪些，各有什么优缺点？实现设计任务可选用的机构有哪些，各有何优缺点？

(4) 简述减速器的作用和特点。常用的齿轮减速器有哪几种主要类型？从传动比范围、外廓尺寸、加工制造、适用场合等方面分析各种常用减速器的特点。根据任务书内容说明所选类型的依据。

(5) 简述常用的二级圆柱齿轮减速器的传动布置形式及其结构特点，分析设计展开式、分流式和同轴式二级齿轮减速器时应注意的问题。

(6) 带传动、齿轮传动、链传动和蜗杆传动等应如何布置？为什么？

(7) 分析所拟订的传动方案的优缺点。

1.3.2 运动和动力参数计算

(1) 进行运动和动力分析的目的是什么？

(2) 工业生产中广泛应用哪些类型的电动机？分析其特点。

(3) 如何确定工作机所需的功率？如何确定电动机的输出功率？如何确定电动机的额定功率？

(4) 传动装置中各相邻轴间的功率、转速、转矩有什么关系？同一轴的输入功率与输出功率是否相同？设计传动零件时应采用哪个功率进行计算？分别采用电动机的额定功率和输出功率进行计算，在计算结果和使用方面有什么差别？

(5) 如何确定传动装置的总效率？计算总效率时应注意哪些问题？

(6) 如何确定电动机的转速？分析电动机转速选择对传动方案的结构尺寸及经济性的影响。

(7) 什么是电动机的满载转速和同步转速？设计中采用哪种转速进行计算？在后续的传动零件设计计算中是否调整过各轴转速和各级传动比？误差为多大？工作机的实际转速与设计要求的误差范围不符合时如何处理？

(8) 为什么要合理分配各级传动比？分配传动比时要考虑哪些原则？分配的传动比与传动零件的实际传动比是否相同？

(9) 说明所选择的电动机代号的含义，并说明选用依据。

(10) 从设计结果分析传动比分配方案的合理性和存在的问题。若有充足的时间，准备如何进行改进？

1.3.3 传动零件的设计计算

(1) 在传动装置设计中为什么一般要先设计传动零件？在设计传动零件时为什么通常先设计减速器外的传动零件？

(2) 带传动的设计准则是什么？传动比大小对带传动有什么影响？为什么要限制最大传动比？

（3）为保证带传动的承载能力,应如何选择带的型号、长度、根数、带轮直径及初拉力等设计参数?

（4）如何确定带轮直径? 过大或过小对带传动有什么影响? 对电动机及减速器的安装有什么影响?

（5）设计 V 带传动时,如何选用带轮的结构类型? 确定带轮直径、带轮轮毂长度和轴孔直径时应注意哪些问题? 为缩小带传动的径向尺寸,应修改哪些参数?

（6）齿轮有哪些结构形式? 应如何选择? 锻造齿轮和铸造齿轮在结构上有什么区别? 减速器内的各齿轮属于何种结构形式? 什么情况下输入轴上的齿轮做成齿轮轴形式? 齿轮轴的轮齿的加工方法有哪两种? 各用在什么情况下?

（7）轮齿的主要失效形式有些? 如何防止? 软齿面闭式齿轮传动、硬齿面闭式齿轮传动和开式齿轮传动的设计准则分别是什么? 设计方法和步骤是什么?

（8）齿轮材料的选择原则是什么? 常用的齿轮材料和热处理方法有哪些? 分析齿轮的材料及热处理方式对齿轮尺寸大小的影响。

（9）如何划分软齿面和硬齿面? 分别在什么情况下选用? 对于软齿面齿轮,为什么大、小齿轮的材料或热处理方式不同? 应该怎样搭配? 对齿轮传动的设计结果有什么影响?

（10）在闭式齿轮传动的设计参数和几何尺寸中,哪些参数应取标准值? 哪些参数要精确计算? 哪些参数应该圆整? 为什么?

（11）在设计圆柱齿轮传动时,应从哪些方面考虑选用直齿或斜齿? 斜齿圆柱齿轮的设计与直齿圆柱齿轮的设计有什么不同?

（12）齿轮传动的设计中,如何选取齿宽系数? 齿宽系数的大小对齿轮传动的设计结果有何影响? 为什么大小齿轮齿宽不同? 由 $b = \varphi_d d_1$ 求得的齿宽是大齿轮的齿宽还是小齿轮的齿宽? 另一个齿轮的齿宽应怎样取值? 为什么?

（13）齿轮传动中,如何选取齿数? 取值的大小对传动有什么影响? 最大、最小齿数受什么限制?

（14）齿轮传动中,模数是怎样确定的? 它的大小对传动性能、结构尺寸、加工及承载能力有何影响? 减速器高速级和低速级齿轮的模数哪个大些? 为什么? 齿轮传动设计中,所取模数的大小对齿面强度和齿根强度有什么影响?

（15）设计圆柱齿轮传动时,怎样确定参数以使中心距符合标准值? 如果要将圆柱齿轮传动的中心距圆整成尾数为 0 或 5 的值,应如何调整模数 m、齿数 z 及螺旋角 β 等参数?

（16）计算一对啮合齿轮的接触应力和弯曲应力时,应按哪个齿轮所受的转矩进行计算? 校核计算时,一对啮合齿轮的接触应力相等吗? 弯曲应力相等吗? 设计计算时,利用接触疲劳强度设计小齿轮的分度圆直径,应按哪个齿轮的许用接触应力进行计算? 利用弯曲疲劳强度设计齿轮模数,应按哪个齿轮进行计算?

（17）影响一对啮合齿轮接触疲劳强度的主要参数是什么? 影响一对啮合齿轮弯曲疲劳强度的主要参数是什么? 设计时,可以采取哪些措施、改变哪些参数来提高齿面接触疲劳强度和弯曲疲劳强度呢? 在传动中心距一定的情况下,如减少齿数,可以提高齿面强度还是可以提高齿根强度? 为什么?

（18）齿轮变位有什么意义,对提高承载能力有什么影响?

（19）齿轮传动为什么要有侧隙? 侧隙用哪些公差项目来保证?

（20）齿轮精度分为哪几个等级？什么精度等级范围需要磨齿？什么精度等级范围只需插齿？如何选择齿轮精度？

1.3.4 装配草图的设计

1. 轴的结构设计

（1）为什么通常要进行装配草图设计？传动装置或减速器装配草图设计包括哪些内容？绘制装配草图前应做哪些准备工作？应确定哪些参数和结构？

（2）装配草图设计时，怎样初步估算轴的直径？初估的直径是指轴的哪个部位的直径？按转矩估算转轴轴径时，如何考虑弯曲应力的影响？初估轴径尺寸如何和带轮或联轴器的孔径协调一致？

（3）哪些轴段的直径必须圆整成标准值？说明轴的各段的直径和长度是如何确定的。确定轴的外伸段长度时要考虑哪些问题？为什么主动轴、中间轴和从动轴的直径是逐渐加大的？

（4）轴的结构设计要考虑哪些问题？为什么常将轴设计成阶梯轴？说明如何实现轴系各零件的定位和固定。说明轴系和轴上零件的装拆过程。结构设计中如何使轴上零件便于装拆？

（5）轴端的中心孔有几种形式？各在什么情况下采用？定位轴肩和非定位轴肩的高度如何确定？如何保证齿轮在轴上轴向固定可靠？为确保滚动轴承的拆卸，如何确定轴肩高度？

（6）轴系是如何在箱体中定位和固定的？说明所选的定位、固定方式，并说明其优缺点。轴向力是如何从传动件传到机座上的？由哪个轴承承受？若电动机反转，轴向力又是怎样传到机座上的？这时对轴和轴承的计算有无影响？轴向窜动是如何防止的？

（7）对轴的材料有什么要求？碳钢及合金钢各适用于什么情况？用合金钢代替碳钢对提高轴的强度和刚度效果如何？为什么？

（8）轴的强度计算方法有哪些？按弯扭合成强度计算时，许用应力按哪种应力循环性质选取？

（9）在用安全系数法对轴进行疲劳强度校核时，如何确定危险截面？如何确定轴的支点位置和传动零件上力的作用点？一个截面上有几种应力集中源时，如何确定综合影响系数？

（10）如何减小轴上的应力集中？轴肩处圆角与齿轮毂孔倒角有什么关系？轴哪些部位需要设置退刀槽？哪些部位需要留有越程槽？

（11）为什么要进行轴的安全系数校核？设计过程中应在何时进行？若安全系数不够，应从哪些方面考虑修改？

（12）如何提高轴的疲劳强度及刚度？

2. 滚动轴承的选择、计算及组合设计

（1）滚动轴承选型的根据是什么？减速器上有哪些类型的轴承，其型号各是什么？如何确定轴承在箱体轴承座中的位置？

（2）轴系的支承结构有哪些基本形式？各有何特点？蜗杆轴可采用哪些结构形式？轴系结构中，如何保证轴在受热伸长情况下仍能正常工作？如何考虑零件的轴系位置和游隙调整问题？如果采用嵌入式轴承盖，如何调整滚动轴承游隙？当采用游动端时，采用的轴承类型不同，游动端不同，内外圈可分离轴承如何固定？内外圈不可分离轴承如何固定？

（3）滚动轴承有哪些主要失效形式？为什么要进行轴承的寿命计算、静载荷计算及转速校核？分别是针对哪种失效形式的？轴承当量动载荷与基本额定动载荷是如何确定的？

（4）如何初选滚动轴承的直径系列？怎样计算轴承寿命？各轴承的计算寿命与其实际寿命应该保持什么样的关系？滚动轴承的寿命不能满足要求时，应如何解决？寿命计算中为什么要考虑载荷系数及温度系数？静载荷计算时要考虑这两个系数吗？为什么？

3. 键联接的选择和计算

（1）轴毂连接主要有哪些类型？键联接有哪些类型？其中最常用的是什么键联接？为什么？普通平键的 A、B、C 型结构有何不同？如何合理选用？

（2）普通平键有哪些失效形式？主要失效形式是什么？怎样进行强度校核？若按经验算法发现强度不足时，可采取哪些措施？如何采用两个键以满足强度要求，应如何布置？此时的强度计算有何特点？轴毂连接如果同时采用过盈配合和平键联接，应如何计算？

（3）键在轴上的位置如何确定？键联接设计中应注意哪些问题？轴在不同轴段上有两个键槽时，其位置如何？为什么？

4. 联轴器的选择

（1）常用联轴器有哪些类型？如何选择？主要依据是什么？高速轴和低速轴常用的联轴器有何不同？确定联轴器轴孔直径时要考虑什么问题？

（2）试述弹性联轴器的特点。说明为何弹性套柱联轴器多用于高速轴与电动机轴之间的连接。电动机轴与减速器输入轴在什么情况下可采用刚性联轴器？

（3）选择"十"字滑块联轴器主要考虑哪些因素？齿轮联轴器为什么能补偿所连接的两轴的综合偏移？

5. 箱体的结构设计

（1）减速器箱体有哪些结构形式？各有何特点？铸造箱体和焊接箱体各有何特点？使用条件有何不同？

（2）箱体的刚度对减速器齿轮的工作性能有什么影响？在设计箱体结构时，可采用哪些措施提高箱体刚度？

（3）箱体内传动件距离箱体内壁为何要留有一定距离？受哪些因素影响？如何确定？减速器箱体壁厚是怎样确定的？为什么要大于某一最小数值？

（4）观察箱体、箱盖上有哪些加工面？这些面为何要加工？是如何进行切削加工的？设计中如何考虑减少箱体的切削加工量？试说明箱体的机械加工过程和定位基准。

（5）箱体、箱盖上装轴承处为什么要加宽？箱体轴承孔的宽度是如何确定的？这个尺寸与轴承固定、润滑、密封及箱体连接螺栓的结构尺寸有何关系？轴承孔的长度如何确定？轴承应布置在轴承孔的哪个位置比较合适？箱体表面的筋起什么作用？分别置于箱体内和箱体外的优缺点各是什么？

（6）箱体上的轴承座孔是如何加工的？箱体上同一轴线的两轴承孔直径为何尽量相等？如何保证轴承孔的正确形状和同轴度？

（7）减速器箱体采用什么材料制造？毛坯是怎样制造的？若采用铸造，在结构设计时应怎样考虑铸造加工工艺？拔模斜度的作用是什么？

(8) 箱体高度是如何确定的？其长度和宽度又是如何确定的？设计轴承座旁的连接螺栓凸台时应考虑哪些问题？凸台高度是如何确定的？箱座凸缘厚度如何确定？箱盖凸缘厚度如何确定？箱座底凸缘厚度如何确定？

(9) 为保证箱体上连接螺栓的轴线与螺母或螺栓头支承面垂直,箱体结构应如何设计？箱体上的螺栓孔为什么要设计沉头座或凸台？如何加工？

(10) 上下箱体装配时用什么定位,目的是什么？箱体分箱面上的输油沟和回油沟各有么功用？是如何加工出来的？

(11) 减速器中心高是怎样确定的？该尺寸与齿轮润滑及箱外传动零件(或电动机)的安装有何关系？

6. 附件的选择

(1) 减速器有哪些必要的附属装置？其作用是什么？

(2) 减速器中,哪些地方使用了螺纹？用的是哪一类螺纹？为什么要用这种螺纹？都是如何防松的？选用的螺纹是细牙还是粗牙的？为什么？

(3) 地脚螺栓的直径及数目怎样确定？轴承旁连接螺栓的直径、长度和螺栓间距离如何确定？箱盖与箱座的连接螺栓直径和长度如何确定？轴承端盖连接螺钉直径和长度如何确定？箱体上螺栓联接处的扳手空间如何确定？箱体上吊环螺钉的直径根据什么参数估算？

(4) 轴承端盖有何作用？有几种类型？各有何特点？如何选用？

(5) 窥视孔有何作用？如何确定其尺寸大小和位置？

(6) 通气器有何作用？应设置在箱体什么部位？如何防止灰尘进入？

(7) 放油塞有何作用？结构上有什么特点和要求？如何确定其位置？

(8) 起盖螺钉有何作用？对其头部有何要求？一般应设置几个起盖螺钉？应怎样考虑其布置位置？

(9) 定位销有何作用？通常应有几个？如何布置？定位销的尺寸怎样确定？选用圆锥销与圆柱销有何不同？在箱体加工时,何时加工出销孔？如何加工？

(10) 油标有何作用？如何确定其位置和结构？如何避免油面波动的干扰？

(11) 减速器箱盖如何起吊？整体减速器如何起吊？起吊用的吊环(或吊耳、吊钩)各起什么作用？是怎样设计的？应设置在箱体什么部位较好？

7. 润滑和密封的选择

(1) 减速器内部的齿轮和滚动轴承常用的润滑方式有哪些？

(2) 滚动轴承采用脂润滑还是油润滑的根据是什么？

(3) 当轴承采用油润滑与脂润滑时,减速箱结构有哪些不同？当利用箱体油池中的油润滑轴承时,润滑油怎样进入轴承进行润滑？若采用脂润滑,润滑脂的添加量大致为多少？如何填充？为什么要限制油脂的装入量？

(4) 减速器箱体内传动零件的浸油深度和油池深度应如何确定？最低油面怎样确定？过多过少有何不好？油量多少怎样检测？为什么要限制润滑油的温升？

(5) 挡油环和封油环有何作用？什么情况下滚动轴承旁加挡油环？什么情况下轴上要加甩油环？

(6) 考虑到润滑的充分性,在两级齿轮减速器中传动件转向如何确定？

（7）分析油沟的种类与功用。轴承分别采用油润滑和脂润滑时,油沟有什么不同?

（8）减速器是如何保证密封的? 减速器箱体的哪些部位需要密封? 如何保证密封性能? 在箱体剖分面处应怎样保证密封? 加垫片是否合适? 为什么?

（9）轴外伸部位与轴承端盖间的密封有哪几种类型? 各有何特点? 应如何选择?

（10）放油塞在什么情况下必须有密封? 在结构上能否实现无密封?

1.3.5 装配图的设计

（1）减速器装配图的作用是什么? 应包括哪些内容? 可以省略哪些细节不画?

（2）减速器装配图上应标注哪些尺寸? 传动零件与轴、滚动轴承与轴和轴承座孔的配合和精度等级应如何选择? 配合代号怎样标注?

（3）哪些零件是标准件? 哪些是非标准件? 在设计中,为什么尽量选用标准件?

（4）明细表的作用是什么? 应填写哪些内容?

（5）技术要求作用是什么? 主要包括哪些内容? 各项要求中的数值限制是怎样的?

（6）为什么要控制齿轮中心距尺寸精度? 其误差对传动精度有何影响? 该尺寸偏差是如何确定的?

（7）减速器在装配时,为什么要检验接触斑点? 如何检验? 若不合格如何调整? 齿轮副的接触点偏向一端时,采用什么办法解决?

（8）试述减速器的装配工艺过程。在装配时哪些部位需要调整? 如何调整?

1.3.6 零件工作图的设计

（1）零件图的功用是什么? 应包括哪些内容?

（2）标注轴的轴向尺寸时如何选择基准? 标注原则是什么? 如何保证工作要求和设计要求?

（3）分析轴的加工过程。分析标注尺寸与加工工艺的关系。为什么轴的长度尺寸不能标成封闭尺寸?

（4）轴的零件图上一般要标注哪些形位公差? 为什么? 各形位公差是怎样选定的? 各代号是什么含义? 数据是怎样确定的? 怎样对这些形位公差进行检测?

（5）轴上键槽都要标注哪些尺寸公差和形位公差?

（6）对照零件图说明齿轮的加工工艺过程（包括毛坯、热处理、加工和检验）,分析齿轮的工艺基准及设计基准。

（7）齿轮（蜗轮）毛坯应标注哪些尺寸公差和形位公差? 为什么? 所标注公差项目的意义是什么? 如何确定公差数值? 分析齿轮轮坯的形位公差及对工作性能的影响。

（8）如何选择轴与齿轮表面的粗糙度? 对于零件图上不同粗糙度的表面,如何进行加工?

（9）在齿轮和轴的零件图中,标注了哪些技术要求? 说明理由。

（10）箱体零件图上的尺寸如何标注? 标注原则是什么?

（11）箱体零件图上一般要标注哪些形位公差? 箱体加工面的形位公差怎样考虑?

（12）分析尺寸公差和形位公差对工作性能的影响和代号的意义。

附录 $\mathcal{B}$

深沟球轴承

（GB/T 276—2003 摘录）

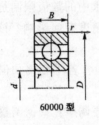 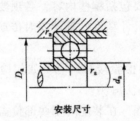 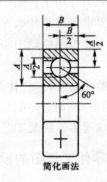

60000 型　　　　安装尺寸　　　　简化画法

标记示例：
滚动轴承 6210 GB/T 276

F_a/C_{0r}	e	Y	径向当量动载荷	径向当量静载荷
0.014	0.19	2.30		
0.028	0.22	1.99		
0.056	0.26	1.71	当 $\dfrac{F_a}{F_r} \leqslant e$，$P_r = F_r$	
0.084	0.28	1.55		$P_{0r} = F_r$
0.11	0.30	1.45		$P_{0r} = 0.6F_r + 0.5F_a$
0.17	0.34	1.31	当 $\dfrac{F_a}{F_r} > e$，$P_r = 0.56F_r + YF_a$	取上列两式计算结果的较大值
0.28	0.38	1.15		
0.42	0.42	1.04		
0.56	0.44	1.00		

轴承代号	基本尺寸/mm				安装尺寸/mm			基本额定动载荷/kN	基本额定静载荷/kN	极限转速/(r/min)	
	d	D	B	r_{smin}	d_{amin}	D_{amin}	r_{amin}	C_r	C_{0r}	脂润滑	油润滑
（1）0 尺寸系列											
6000	10	26	8	0.3	12.4	23.6	0.3	4.58	1.98	20000	28000
6001	12	28	8	0.3	14.4	25.6	0.3	5.10	2.38	19000	26000
6002	15	32	9	0.3	17.4	29.6	0.3	5.58	2.85	18000	24000
6003	17	35	10	0.3	19.4	32.6	0.3	6.00	3.25	17000	22000
6004	20	42	12	0.6	25	37	0.6	9.38	5.02	15000	19000

轴承代号	基本尺寸/mm				安装尺寸/mm			基本额定动载荷/kN	基本额定静载荷/kN	极限转速/(r/min)	
	d	D	B	r_{smin}	d_{amin}	D_{amin}	r_{amin}	C_r	C_{0r}	脂润滑	油润滑
(1) 0 尺寸系列											
6005	25	47	12	0.6	30	42	0.6	10.0	5.85	13000	17000
6006	30	55	13	1	36	49	1	13.2	8.30	10000	14000
6007	35	62	14	1	41	56	1	16.2	10.5	9000	12000
6008	40	68	15	1	46	62	1	17.0	11.8	8500	11000
6009	45	75	16	1	51	69	1	21.0	14.8	8000	10000
6010	50	80	16	1	56	74	1	22.0	16.2	7000	9000
6011	55	90	18	1.1	62	83	1	30.2	21.8	6300	8000
6012	60	95	18	1.1	67	88	1	31.5	24.2	6000	7500
6013	65	100	18	1.1	72	93	1	32.0	24.8	5600	7000
6014	70	110	20	1.1	77	103	1	38.5	30.5	5300	6700
6015	75	115	20	1.1	82	108	1	40.2	33.2	5000	6300
6016	80	125	22	1.1	87	118	1	47.5	39.8	4800	6000
6017	85	130	22	1.1	92	123	1	50.8	42.8	4500	5600
6018	90	140	24	1.5	99	131	1.5	58.0	49.8	4300	5300
6019	95	145	24	1.5	104	136	1.5	57.8	50.0	4000	5000
6020	100	150	24	1.5	109	141	1.5	64.5	56.2	3800	4800
(2) 2 尺寸系列											
6200	10	30	9	0.6	15	25	0.6	5.10	2.38	19000	26000
6201	12	32	10	0.6	17	27	0.6	6.82	3.05	18000	24000
6202	15	35	11	0.6	20	30	0.6	7.65	3.72	17000	22000
6203	17	40	12	0.6	22	35	0.6	9.58	4.78	16000	20000
6204	20	47	14	1	26	41	1	12.8	6.65	14000	18000
6205	25	52	15	1	31	46	1	14.0	7.88	12000	16000
6206	30	62	16	1	36	56	1	19.5	11.5	9500	13000
6207	35	72	17	1.1	42	65	1	25.5	15.2	8500	11000
6208	40	80	18	1.1	47	73	1	29.5	18.0	8000	10000
6209	45	85	19	1.1	52	78	1	31.5	20.5	7000	9000
6210	50	90	20	1.1	57	83	1	35.0	23.2	6700	8500
6211	55	100	21	1.5	64	91	1.5	43.2	29.2	6000	7500
6212	60	110	22	1.5	69	101	1.5	47.8	32.8	5600	7000
6213	65	120	23	1.5	74	111	1.5	57.2	40.0	5000	6300
6214	70	125	24	1.5	79	116	1.5	60.8	45.0	4800	6000
6215	75	130	25	1.5	84	121	1.5	66.0	49.5	4500	5600
6216	80	140	26	2	90	130	2	71.5	54.2	4300	5300
6217	85	150	28	2	95	140	2	83.2	63.8	4000	5000
6218	90	160	30	2	100	150	2	95.8	71.5	3800	4800
6219	95	170	32	2.1	107	158	2.1	110	82.8	3600	4500
6220	100	180	34	2.1	112	168	2.1	122	92.8	3400	4300

轴承代号	基本尺寸/mm				安装尺寸/mm			基本额定动载荷/kN	基本额定静载荷/kN	极限转速/(r/min)	
	d	D	B	r_{smin}	d_{amin}	D_{amin}	r_{amin}	C_r	C_{0r}	脂润滑	油润滑
（3）3尺寸系列											
6300	10	35	11	0.6	15	30	0.6	7.65	3.48	18000	24000
6301	12	37	12	1	18	31	1	9.72	5.08	17000	22000
6302	15	42	13	1	21	36	1	11.5	5.42	16000	20000
6303	17	47	14	1	23	41	1	13.5	6.58	15000	19000
6304	20	52	15	1.1	27	45	1	15.8	7.88	13000	17000
6305	25	62	17	1.1	32	55	1	22.2	11.5	10000	14000
6306	30	72	19	1.1	37	65	1	27.0	15.2	9000	12000
6307	35	80	21	1.5	44	71	1.5	33.2	19.2	8000	10000
6308	40	90	23	1.5	49	81	1.5	40.8	24.0	7000	9000
6309	45	100	25	1.5	54	91	1.5	52.8	31.8	6300	8000
6310	50	110	27	2	60	100	2	61.8	38.0	6000	7500
6311	55	120	29	2	65	110	2	71.5	44.8	5300	6700
6312	60	130	31	2.1	72	118	2.1	81.8	51.8	5000	6300
6313	65	140	33	2.1	77	128	2.1	93.8	60.5	4500	5600
6314	70	150	35	2.1	82	138	2.1	105	68.0	4300	5300
6315	75	160	37	2.1	87	148	2.1	112	76.8	4000	5000
6316	80	170	39	2.1	92	158	2.1	122	86.5	3800	4800
6317	85	180	41	3	99	166	2.5	132	96.5	3600	4500
6318	90	190	43	3	104	176	2.5	145	108	3400	4300
6319	95	200	45	3	109	186	2.5	155	122	3200	4000
6320	100	215	47	3	114	201	2.5	172	140	2800	3600
（4）4尺寸系列											
6403	17	62	17	1.1	24	55	1	22.5	10.8	11000	15000
6404	20	72	19	1.1	27	65	1	31.0	15.2	9500	13000
6405	25	80	21	1.5	34	71	1.5	38.2	19.2	8500	11000
6406	30	90	23	1.5	39	81	1.5	47.5	24.5	8000	10000
6407	35	100	25	1.5	44	91	1.5	56.8	29.5	6700	8500
6408	40	110	27	2	50	100	2	65.5	37.5	6300	8000
6409	45	120	29	2	55	110	2	77.5	45.5	5600	7000
6410	50	130	31	2.1	62	118	2.1	92.2	55.2	5300	6700
6411	55	140	33	2.1	67	128	2.1	100	62.5	4800	6000
6412	60	150	35	2.1	72	138	2.1	108	70.0	4500	5600
6413	65	160	37	2.1	77	148	2.1	118	78.5	4300	5300
6414	70	180	42	3	84	166	2.5	140	99.5	3800	4800
6415	75	190	45	3	89	176	2.5	155	115	3600	4500
6416	80	200	48	3	94	186	2.5	162	125	3400	4300
6417	85	210	52	4	103	192	3	175	138	3200	4000
6418	90	225	54	4	108	207	3	192	158	2800	3600
6420	100	250	58	4	118	232	3	222	195	2400	3200

LT 型弹性套柱销联轴器

（GB/T 4323—2017 摘录）

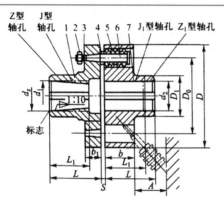

1、7—半联轴器；

2—螺母；

3—弹簧垫圈；

4—挡圈；

5—弹性套；

6—柱销

标记示例：LT3 联轴器 $\dfrac{ZC16\times30}{JB18\times42}$ GB/T 4323

主动端：Z 型轴孔，C 型键槽，$d_z=16\text{mm}$，$L=30\text{mm}$

从动端：J 型轴孔，B 型键槽，$d_2=18\text{mm}$，$L=42\text{mm}$

型号	公称转矩 T_n/ (N·m)	许用转速 $[n]$/ (r/min)	轴孔直径 d_1、d_2、d_z/ mm	轴孔长度/mm Y 型 L	轴孔长度/mm J、J_1、Z 型 L_1	轴孔长度/mm Z 型 L	$L_{推荐}$	D/ mm	A/ mm	质量 m/ kg	转动惯量/ (kg·m²)
LT1	6.3	8800	9	20	14	—	25	71	18	0.82	0.0005
			10,11	25	17						
			12,14	32	20						
LT2	16	7600	12,14	32	20		35	80		1.20	0.0008
			16,18,19	42	30	42					
LT3	31.5	6300	16,18,19	42	30	42	38	95	35	2.20	0.0023
			20,22	52	38	52					
LT4	63	5700	20,22,24	52	38	52	40	106	35	2.84	0.0037
			25,28	62	44	62					
LT5	125	4600	25,28	62	44	62	50	130		6.05	0.0120
			30,32,35	82	60	82					
LT6	250	3800	32,35,38	82	60	82	55	160	45	9.57	0.0280
			40,42	112	84	112					
LT7	500	3600	40,42,45,48	112	84	112	65	190		14.01	0.0550

续表

型号	公称转矩 T_n/ (N·m)	许用转速 $[n]$/ (r/min)	轴孔直径 d_1、d_2、d_z/ mm	轴孔长度/mm Y型 L	J、J_1、Z型 L_1	L	$L_{推荐}$	D/ mm	A/ mm	质量 m/ kg	转动惯量/ (kg·m²)
LT8	710	3000	45,48,50,55,56	112	84	112	70	224	65	23.12	0.1340
			60,63	142	107	142					
LT9	1000	2850	50,55,56	112	84	112	80	250		30.69	0.2130
			60,63,65,70,71	142	107	142					
LT10	2000	2300	63,65,70,71,75				100	315	80	61.40	0.6600
			80,85,90,95	172	132	172					
LT11	4000	1800	80,85,90,95				115	400	100	120.70	2.1220
			100,110	212	167	212					
LT12	8000	1450	100,110,120,125				135	475	130	210.34	5.3900
			130	252	202	252					
LT13	16000	1150	120,125	212	167	212	160	600	180	419.36	17.5800
			130,140,150	252	202	252					
			160,170	302	242	302					

HL 型弹性柱销联轴器

（GB/T 5014—2017 摘录）

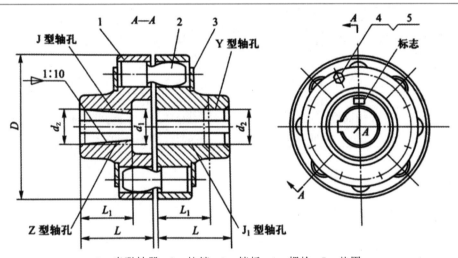

1—半联轴器；2—柱销；3—挡板；4—螺栓；5—垫圈

标记示例：HL7 联轴器 $\dfrac{ZC75\times107}{JB70\times107}$ GB 5014

主动端：Z 型轴孔，C 型键槽，$d_z=75\text{mm}$，$L_1=107\text{mm}$

从动端：J 型轴孔，B 型键槽，$d_2=70\text{mm}$，$L=107\text{mm}$

型号	公称转矩 T_n/ (N·m)	许用转速/ (r/min) 铁	许用转速/ (r/min) 钢	轴孔直径 d_1、d_2、d_z/ mm	轴孔长度/mm Y 型 L	轴孔长度/mm J、J_1、Z 型 L_1	轴孔长度/mm J、J_1、Z 型 L	D/ mm	质量 m/ kg	转动惯量/ (kg·m²)
HL1	160	7100	7100	12,14	32	27	32	90	2	0.0064
				16,18,19	42	30	42			
				20,22,(24)	52	38	52			
HL2	315	5600	5600	20,22,24	52	38	52	120	5	0.253
				25,28	62	44	62			
				30,32,(35)	82	60	82			
HL3	630	5000	5000	30,32,35,38	82	60	82	160	8	0.6
				40,42,(45),(48)	112	84	112			

型号	公称转矩 T_n/ (N·m)	许用转速/ (r/min) 铁	许用转速/ (r/min) 钢	轴孔直径 d_1、d_2、d_z/ mm	轴孔长度/mm Y型 L	轴孔长度/mm J、J_1、Z型 L_1	轴孔长度/mm J、J_1、Z型 L	D/ mm	质量 m/ kg	转动惯量/ (kg·m²)
HL4	1250	2800	4000	40,42,45,48,50,55,56 (60),(63)	112	84	112	195	22	3.4
HL5	2000	2500	3550	50,55,56,60,63,65, 70,(71),(75)	142	107	142	220	30	5.4
HL6	3150	2100	2800	60,63,65,70,71,75,80 (85)	172	132	172	280	53	15.6
HL7	6300	1700	2240	70,71,75	142	107	142	320	98	41.1
HL7	6300	1700	2240	80,85,90,95	172	132	172	320	98	41.1
HL7	6300	1700	2240	100,(110)				320	98	41.1
HL8	10000	1600	2120	80,85,90,95,100,110, (120),(125)	212	167	212	360	119	56.5
HL9	16000	1250	1800	100,110,120,125				410	197	133.3
HL9	16000	1250	1800	130,(140)	252	202	252	410	197	133.3
HL10	25000	1120	1560	110,120,125	212	167	212	480	322	273.2
HL10	25000	1120	1560	130,140,150	252	202	252	480	322	273.2
HL10	25000	1120	1560	160,(170),(180)	302	242	302	480	322	273.2

参 考 文 献

[1] 濮良贵,纪名刚.机械设计[M].8 版.北京:高等教育出版社,2006.

[2] 孙建东,李春光.机械设计基础[M].北京:清华大学出版社,2007.

[3] 陈立德,罗卫平.机械设计基础[M].5 版.北京:高等教育出版社,2019.

[4] 陈立德.机械设计基础课程设计指导书[M].5 版.北京:高等教育出版社,2019.

[5] 柴鹏飞,赵大民.机械设计基础[M].4 版.北京:机械工业出版社,2021.

[6] 柴鹏飞,王晨光.机械设计课程设计指导书[M].3 版.北京:机械工业出版社,2020.

[7] 胡家秀.机械设计基础[M].3 版.北京:机械工业出版社,2016.

[8] 吴宗泽.机械零件设计手册[M].北京:机械工业出版社,2004.

[9] 骆素君.机械设计课程设计实例与禁忌[M].北京:化学工业出版社,2009.